大学物理实验

（第四版）

主　编　付丽萍

副主编　李秀燕　方玉宏　叶兴梅

编写者　郑锦良　罗运文　陈景东

　　　　唐为民　张国金

厦门大学出版社 国家一级出版社
XIAMEN UNIVERSITY PRESS 全国百佳图书出版单位

图书在版编目（CIP）数据

大学物理实验 / 付丽萍主编. -- 4 版. -- 厦门：
厦门大学出版社，2023.12
ISBN 978-7-5615-9193-2

Ⅰ．①大… Ⅱ．①付… Ⅲ．①物理学-实验-高等学
校-教材 Ⅳ．①O4-33

中国版本图书馆CIP数据核字(2023)第229255号

出 版 人　郑文礼
责任编辑　眭　蔚
美术编辑　李嘉彬
技术编辑　许克华

出版发行　厦门大学出版社
社　　址　厦门市软件园二期望海路 39 号
邮政编码　361008
总　　机　0592-2181111　0592-2181406(传真)
营销中心　0592-2184458　0592-2181365
网　　址　http://www.xmupress.com
邮　　箱　xmup@xmupress.com
印　　刷　厦门市明亮彩印有限公司

开本　787 mm×1 092 mm　1/16
印张　19.25
字数　505 千字
版次　2007 年 9 月第 1 版　2023 年 12 月第 4 版
印次　2023 年 12 月第 1 次印刷
定价　45.00 元

厦门大学出版社
微信二维码

厦门大学出版社
微博二维码

内 容 提 要

　　本书依据《理工科类大学物理实验课程教学基本要求》(2023 年版)的文件要求,根据大学物理实验教学的特点与任务,结合闽南师范大学基础物理实验教学中心长期的教学实践编写、修订而成。

　　全书共分五章,第一章为物理实验基础知识,主要介绍实验误差、有效数字和不确定度的基本概念以及实验数据处理的常用方法;第二章对物理实验基本方法和基本操作及调整技术进行归纳介绍;第三章为基础性实验;第四章为综合性实验;第五章为设计性实验。全书共编入 44 个实验,书中的实验内容由浅入深,循序渐进,层次分明。本书可作为理工科类大学物理实验课程的教材或教学参考书。

前　言

物理实验是科学实验的先驱,体现了大多数科学实验的共性,在实验思想、实验方法和实验手段等方面是各学科实验的基础。大学物理实验课是高等学校理工科类专业对学生进行科学实验基本训练必修的基础课程,是学生实验技能培养与科学训练的开端。通过对本课程物理实验知识和方法的系统学习,学生得到实验技能的训练,了解物理实验的主要过程和基本方法,具备一定的物理实验能力,具有实事求是的科学作风、认真严谨的科学态度、积极主动的探索精神,为今后的学习和工作奠定良好的基础。

本书在内容的编排上由浅入深,循序渐进,突出了学生的"学"。在每一个实验的开篇都提供了实验导读,书中的实验仪器设备都配有实物照片,目的是引导学生在课前预习时能对实验有一个直观的了解。基础性实验部分对要测量的物理量大都给出了比较完整的数据记录表格和不确定度的计算方法,其目的是使学生掌握物理实验的基本知识和基本实验技能,学会用误差理论科学地处理实验数据,规范书写实验报告。在综合性实验中,实验原理与实验数据处理简明扼要,数据记录表格一般也不再给出,着重培养学生独立实验的能力。设计性实验部分只提供实验仪器和设计要求,以期培养学生的创新思维及理论与实践结合的能力。

本版修订以"为党育人、为国育才"的二十大精神为宗旨,以教材要发挥"培根铸魂、启智增慧的作用"为指导思想,以"加强基础、重视应用、提高素质、培养能力、开拓创新"为教学目标,依据《理工科类大学物理实验课程教学基本要求》(2023 年版),删去和精简了部分实验内容,新增了 12 个实验,订正了一些错漏,更新了一些参考文献。

本书编写与修订的具体分工为:付丽萍、陈景东、罗运文编写绪论、第一章、第二章、第五章设计性实验的基本知识及附录,以及实验 1、2、3、4、5、6、7、8、9、10、11、12、13、14、15、28、29、30、31、32、33、34,郑锦良、唐为民、张国金、方玉宏编写实验 16、17、18、19、20、21、35、36、41、42,李秀燕、叶兴梅编写实验 22、23、24、25、26、27、37、38、39、40、43、44,全书由付丽萍组织编写和主持修订。

实验教学是一项集体性的教学工作,实验教材凝聚了所有从事过实验教学的教师和实验技术人员共同劳动的成果。本书在编写以及修订的过程中,得到了闽南师范大学物理与信息工程学院领导的重视和支持,也参考了兄弟院校的相关教材,汲取了许多优秀思想和内容,在此一并表示衷心的感谢!

书中难免会出现不妥之处,恳请同行、专家及读者批评指正!

编者

2023 年 9 月

目 录

绪　　论

物理学是自然科学中最重要、最活跃的带头学科之一，它的基本理论渗透于自然科学的各个领域，应用于生产技术的许多部门，是其他自然科学和工程技术的基础。物理实验是物理学的基础，物理规律的发现和物理理论的建立，都是以严格的物理实验为基础的，并受到实验的检验。例如，赫兹的电磁波实验使麦克斯韦的电磁理论获得普遍承认；杨氏的干涉实验使光的波动理论得以确立。据调查统计，70％以上的诺贝尔物理学奖获得者是由于实验方面的贡献而得奖的，90％以上的物理学工作者是在实验物理学各个领域工作的。物理实验是科学实验的先驱，体现了大多数科学实验的共性。

物理实验是对学生进行科学实验基本训练的一门独立设置的必修基础课程，是学生在高等学校受到系统实验方法和技能训练的开端。在培养学生运用实验方法、实验手段去发现、观察、分析和研究、解决问题的能力方面，在提高学生科学实验素质方面，都起着重要的作用。同时，也为学生今后的学习、工作奠定一个良好的实验基础。因此，学好物理实验是十分重要的。

一、物理实验课的目的与任务

（1）通过对实验现象的观察分析和对物理量的测量，掌握物理实验的基本知识、基本方法和基本技能，并能运用物理学原理研究物理实验现象和规律，加深对物理学原理的理解，提高理论知识应用水平。

（2）培养从事科学实验的素质。包括：理论联系实际和实事求是的科学作风；严肃认真的工作态度；不怕困难、主动进取的探索精神；爱护公共财物的优良品德；以及在实验过程中同学间相互协作、共同探索的合作精神。

（3）培养科学实验的能力。包括：

自学能力。能自行阅读实验教材或参考资料，正确理解实验内容，在实验前做好准备。

动手实验能力。能借助教材和仪器说明书，正确调整和使用常用仪器。

思维判断能力。能运用物理学理论，对实验现象进行初步的分析和判断。

表达书写能力。能正确记录和处理实验数据，绘制图线，说明实验结果，撰写合格的实验报告。

简单的设计能力。能根据课题要求，确定实验方法和条件，合理选择仪器，拟定具体的实验程序。

二、物理实验课的主要教学环节

物理实验是学生在教师指导下独立进行实验的一种实践活动，要取得良好的效果，达到实验课教学的目的和要求,学生须重视物理实验教学的三个重要环节。

1. 课前预习

实验能否顺利进行并达到预期效果,很大程度上取决于预习是否充分。课前要认真阅读实验教材中给出的预习要求,应做到明确实验要达到的目的及所使用的仪器,以及实验依据的理论、采用的实验方法,明确实验过程的关键及必要实验条件,计划实验步骤,设计相应的数据表格,分析实验中可能出现的问题。

2. 实验操作

实验操作是实验课的重要环节,在实验过程应探究实验设计、安排的道理,掌握正确的调整、操作方法,观察实验现象,明确达到规定要求的实验现象。出故障时,根据现象分析产生的可能原因,判断数据的科学性,如实、清晰、准确地记录实验数据。

学生进入实验室后应按下列要求进行实验。

(1)认真听取教师对本实验的要求及注意事项的讲解(或仔细观看实验室中播放的教学录相),对照仪器认真阅读使用方法和操作注意事项。

(2)仪器安装(或连接电路)、调试。

(3)观测记录。实验过程中,每个学生必须仔细观察,积极思维,认真操作,防止急躁,进行认真、实事求是的观察和测量。仪器发生故障时应在教师指导下学习排除故障的方法,在实验中要有意识地培养自己独立工作的能力。

(4)记录。要详细记录实验步骤、实验条件、实验现象、实验原始数据,并将原始数据记在统一印制的记录表上,注意不能用铅笔书写。数据如果确实记错了,也不要涂改,应轻轻画上一道,在旁边写上正确的值。

(5)整理好仪器,填写实验桌上"仪器设备使用记录本",并交给实验教师签字。

(6)实验过程中,鼓励多观察、多动手、多分析、多判断,反对饶幸心理,反对机械操作,反对盲目实验。

3. 书写实验报告

实验报告是对实验过程的全面总结,应做到数据真实、图表规范、结果完备正确、字迹整洁;文字简明通顺,表达清楚。培养书面形式分析、总结科学实验结果的能力。

实验报告内容包括:

(1)实验名称。

(2)实验目的。明确本实验的实验任务。

(3)实验仪器。写明具体做实验时所用的仪器。

(4)实验原理。用自己理解的语言对实验原理做简要叙述,画出原理图,写出主要测量公式。不要照抄教材。

(5)实验内容。简明写出实验过程中所操作的实验步骤。

(6)数据记录与处理。将由老师签字的原始数据用胶水粘在实验报告内。将实验数据重新整理列表画至实验报告中,根据实验原理对实验过程中获得的实验数据进行处理(要求给出数据处理的基本过程),并对结果是如何获得的进行必要的说明。若有作图要求,要用专用的坐标纸。按要求进行不确定度计算。

(7)结果与讨论。可完成思考题或写出实验体会,如完成一个实验后,有什么收获、可获得什么样的实验结论。也可对实验本身的设计思想、实验仪器的改进等提出建设性意见。

4. 实验报告要求

要用指定的实验报告纸书写,画出原理图(光路图、电路图等),写明图题和表题。注意结果的有效数字及单位。分析误差及回答思考题。数据处理过程不规范按不及格处理。严禁抄袭。用"侧翻"的方式将数据记录表粘贴在实验报告纸中间。

三、学生实验制度

(1)学生做实验前,必须认真预习,明确实验目的、实验公式、实验调节目标、实验测量物理量,了解实验原理和操作规程,并设计数据记录表格。

(2)学生迟到15分钟以上,本实验以不及格处理。无故缺席者本次实验记零分。

(3)要保持实验室的整洁肃静,严禁在实验室穿拖鞋和背心上课,不准大声喧哗。

(4)实验过程中,必须严格遵守操作规程,要耐心细致。对于电学类实验,未经指导教师检查线路,不得接通电源。

(5)实验中,不准随便动用或调换其他实验桌上的仪器。仪器用毕后要保持清洁整齐。

(6)实验中要认真观察物理现象,实事求是地记录,严禁凑数据、捏造等假象。实验时记录的数据要经指导教师审阅签字,经审核正确后才算完成实验。

(7)实验结束后,检查仪器用具,并填写"仪器设备使用记录本"。

(8)要爱护仪器设备,如有损坏,要填写实验仪器破损登记表,说明损坏原因。如违反操作规程导致仪器损坏,照章赔偿。

第一章　物理实验基础知识

第一节　测量、误差和不确定度

1. 测量的基本概念

1.1　测量

对物理量进行测量是物理实验的重要任务之一。测量是对物理量定量描述的手段，是将待测的物理量与规定作为标准单位的同类物理量（标准量）进行比较，其倍数即为待测量的测量值。物理学上各物理量的单位采用中华人民共和国法定计量单位，它以国际单位制（SI）为基本单位。国际单位制是在 1960 年第 11 届国际计量大会上确定的，它以米（长度）、千克（质量）、秒（时间）、安培（电流）、开尔文（热力学温标）、摩尔（物质的量）和坎德拉（发光强度）作为基本单位，称为国际单位制的基本单位。其他量（如力、能量、电压、磁感应强度等）的单位均可由这些基本单位导出，称为国际单位导出单位。

1.2　直接测量与间接测量

按获得结果的方法，测量分为直接测量和间接测量。

（1）直接测量。直接将待测物理量与选定的同类物理量的标准单位相比较直接得到测量值。例如，用米尺量长度，用天平称质量，用温度计测温度，用秒表测量时间，以及用电表测量电流强度、电压等都是直接测量。

（2）间接测量。利用直接测量的量与被测量之间的已知函数关系，求得该被测物理量。

例如，对铜圆柱密度的测量，还没有一种仪器可以直接测量出其大小，但可以用游标卡尺直接测量出它的高 h 和直径 d 的大小，用天平称出它的质量 m，再根据铜圆柱的密度与铜柱体的质量、高度、直径间的关系式 $\rho = \dfrac{4m}{\pi d^2 h}$ 计算出密度的大小。

1.3　等精度测量和不等精度测量

通过重复测量并按平均值的计算方法来确定一个物理量的大小的测量方法称为多次测量。多次测量按照测量条件的不同，又可分为等精度多次测量和不等精度多次测量。在测量条件相同的情况下进行的一系列测量是等精度多次测量。如：同一个人，在同一仪器上，采用同样的测量方法，对同一待测量进行连续多次测量，每一次测量的可靠程度相同，故称为等精度多次测量。等精度多次测量的测量结果按算术平均值方法计算。而在不同测量条件下进行的一系列测量，如仪器不同，方法不同，测量人员不同，各次测量结果的可靠程度自然也不相同，这样的测量称为不等精度多次测量。等精度多次测量的误差分析和数据处理较容易，作为基础实验，本教材所介绍的误差和数据处理知识只针对等精度多次测量。

1.4　实验测量结果的表示

完整的测量结果表示应该包括被测量的数值、测量的不确定度以及被测量的单位三部分。例如,用分度值为 0.02 mm 的游标卡尺测量圆柱的直径,其结果表示为

$$D = \overline{D} \pm U_D = (3.284 \pm 0.003) \text{mm} \quad (P = 0.95)$$

2. 误差的基本概念

2.1　测量误差

在一定的条件下,任何一个物理量的大小是客观存在的,这个客观存在的量值称为物理量的真值。测量的目的就是要力图得到被测量的真值。然而在具体测量时,要经过一定的方案设计,运用一定的实验方法,在一定的条件下,借助仪器由实验人员去完成。由于实验理论的近似性,实验仪器灵敏度和分辨能力的局限性,实验环境的不稳定性及人的实验技能和判断能力的差异等因素的影响,使得测量所得的值与客观真值有一定差异。我们称这种差异为测量误差。

测量误差可以用绝对误差表示,也可以用相对误差表示。在理论上测量结果与被测量真值之差称为绝对误差。绝对误差是一个有量纲的代数值,表示测量值偏离真值的程度。测量的绝对误差与被测量真值之比称为相对误差。相对误差反映了测量结果的准确度,是一个无量纲的量,通常用百分数表示。

误差自始至终存在于一切测量中,随着科学技术水平的不断提高,测量误差可以被控制得越来越小,但不会降到零。

2.2　误差的分类

误差的产生有多方面的原因。根据误差的性质及产生的原因,可分为系统误差、随机误差(偶然误差)和粗大误差三类。

2.2.1　系统误差

在一定实验条件下,对同一物理量进行多次重复测量时,误差的大小和符号(正、负)均保持不变,或测量条件改变时,误差按某种确定的规律变化,这类误差称为系统误差。

(1)按数值特征分类,系统误差可分为定值系统误差与变值系统误差。

① 定值系统误差。在整个测量过程中,误差的大小和符号保持不变的叫定值系统误差。这类系统误差可经高一级仪器校验后,定出其误差值,以便在实际测量中加以修正。

②变值系统误差。在测量条件变化时,按一定规律变化(线性变化、周期变化)的系统误差叫变值系统误差。

(2)按掌握程度分类,系统误差可分为已定系统误差与未定系统误差。

①已定系统误差。已定系统误差的符号和绝对值可以确定,一般在实验中通过修正测量数据和采用适当的测量方法(如交换法、替换法、补偿法等)予以消除。能确定其大小和正负,可以进行修正和消除。

②未定系统误差。这类误差在实验过程中不能确定其大小和正负。在数据处理中,这类误差常用估计误差限的方法得出,这与后面介绍的 B 类不确定度有大致的对应关系。

(3)系统误差的来源有以下几个方面:

①仪器的结构和标准不完善或使用不当引起的误差。例如:刻度不准;零点没有调准;仪器水平或铅直未调整;砝码未经校准等。

②理论或方法误差。它是由测量所依据的理论公式本身的近似性或实验条件达不到理论公式所规定的要求等引起的。例如:单摆测重力加速度时所用公式的近似性;称重量时未考虑

空气浮力;采用伏安法测电阻时没有考虑电表内阻的影响等。

③环境的影响或没有按规定的条件使用仪器引起的误差。例如:标准电池是以 20℃时的电动势数值作为标准值的,若在 30℃条件下使用,不加以修正,就引入了系统误差。

④实验者生理或心理特点,或缺乏经验引入的误差。例如,有的人习惯于侧坐斜视读数,就会使估读的数值偏大或偏小。

2.2.2　随机误差

在极力消除或修正一切明显的系统误差之后,在相同条件下对同一物理量进行多次测量时,每次测量的误差大小、正负没有规律,是随机变化的,这类误差称为随机误差。

随机误差来源:

(1)多次测量的条件有无法控制的微小变化,如电磁波的干扰、温度与气压的涨落、地壳震动等。

(2)人的感官的灵敏程度的限制。如用米尺测量长度时,由于各人眼睛分辨力的限制和不同,在读数时就会有误差且各不相同。

(3)测量对象本身的不均匀性。如圆柱的直径在各处不同,有大有小。

随机误差在单次测量时可大可小,可正可负,但是当测量次数足够多时,即 $n\rightarrow\infty$ 时随机误差服从统计分布规律,可以用统计学方法估算随机误差。

2.2.3　粗大误差

由于测量系统偏离所规定的测量条件和方法,或在记录、计算数据时出现失误而产生的误差。粗大误差实际上是一种测量错误。含粗大误差的测量值称坏值或异常值,正确的结果中不应包含粗大误差。在实验测量中要极力避免过失错误,对这种错误数据应予以剔除。

2.3　测量的正确度、精密度和精确度

对同一物理量进行多次等精度测量,其结果也不完全相同。定性评价测量结果,常用到精密度、正确度和精确度这三个概念。

(1)精密度。表示重复测量所得的各测量值相互接近的程度,它表示测量结果重复性的优劣,反映了测量中随机误差的大小。精密度高是指测量数据的离散性小,各次测量值的分布密集,随机误差小。但是精密度不能确定系统误差的大小。

(2)正确度。表示测量结果与真值相接近的程度,反映系统误差大小的程度。正确度高是指测量数据的算术平均值偏离真值较小,测量的系统误差小。但是正确度不能确定数据分散的情况,即不能反映随机误差的大小。

(3)精确度。是对测量结果的精密性与正确性的综合评定,反映系统误差与随机误差综合大小的程度。精确度高是指测量结果既精密又正确,即随机误差与系统误差均小。

现以图 1-1 所示射击打靶的弹着点分布为例,形象说明以上三个量的意义。

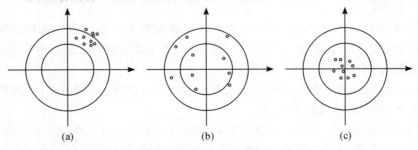

图 1-1　精密度、正确度、精确度示意图

　　图 1-1 中图(a)表示精密度高而正确度低,相当于随机误差小而系统误差大;图(b)表示正确度高而精密度低,即系统误差小而随机误差大;图(c)表示精密度、正确度均高,即精确度高,总的误差小。

3. 随机误差的统计处理方法

3.1　随机误差的正态分布规律

　　大量的实验事实和统计理论证明,在等精度测量中,当测量次数 n 很大时($n \to \infty$),测量列的随机误差大部分接近于正态分布。

　　为了显示测量列的正态分布规律,我们用一组测量数据来形象地说明。例如用秒表测量电子节拍器的五个周期的时间间隔,测量结果统计如表 1-1 所示。

　　将所测的数据按大小划分若干个区间,再统计落入某个区间的数据个数,这个数据称为频数 Δn,频数除以数据个数称为相对频数 $\dfrac{\Delta n}{n}$。

表 1-1　电子节拍器的频数和相对频数统计表

时间区间/s	Δn(频数)	$\dfrac{\Delta n}{n}$ /%
5.310~5.339	2	1.0
5.340~5.369	3	1.5
5.370~5.398	5	2.5
5.399~5.427	8	4.0
5.428~5.457	14	7.0
5.458~5.486	22	11.0
5.487~5.515	29	14.5
5.516~5.544	32	16.0
5.545~5.574	28	14.0
5.575~5.603	21	10.5
5.604~5.632	15	7.5
5.633~5.662	10	5.0
5.663~5.691	6	3.0
5.692~5.720	4	2.0
5.721~5.750	1	0.5

　　以测量值时间 T 为横坐标,相对频数 $\dfrac{\Delta n}{n}$ 为纵坐标,用统计直方图表示测量结果如图 1-2 所示。当 $n \to \infty$ 时,上述曲线变成光滑曲线。这表示测量值 T 与相对频数 $\dfrac{\Delta n}{n}$ 的对应关系呈连续变化的函数关系。显然频数与测量值 T 的取值有关,且与时间间隔的大小成正比,连续分布时它们之间的关系可以表示成

$$\frac{\mathrm{d}n}{n} = f(T)\mathrm{d}T$$

　　函数 $f(T) = \dfrac{\mathrm{d}n}{n\mathrm{d}T}$ 称为概率密度函数,其含义是在测量值 T 附近单位时间间隔内测量值

出现的概率。

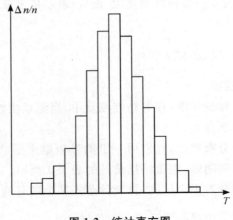

图 1-2　统计直方图

当测量次数足够多即 $n \to \infty$ 时，其误差分布将服从统计分布规律。在大部分的物理测量中，随机误差 Δx 服从正态分布（或称高斯分布）规律，对于正态分布可以证明其分布概率密度函数的表达式为

$$f(\Delta x) = \frac{1}{\sigma\sqrt{2\pi}} e^{-\frac{\Delta x^2}{2\sigma^2}} \tag{1-1}$$

式（1-1）中的特征量 σ 称为标准误差。

服从正态分布的随机误差具有下面的一些特性：

(1)单峰性。绝对值小的误差出现的概率比绝对值大的误差出现的概率大。

(2)对称性。绝对值相等的正负误差出现的概率相等。

(3)有界性。在一定的测量条件下，误差的绝对值不超过一定限度。

(4)抵偿性。随机误差的算术平均值随着测定次数的增加而越来越趋于零。也就是说，若测量误差只是随机误差分量，则随测量次数的增加，测量列的算术平均值越来越趋近于真值。因此，增加测量次数可以减小随机误差的影响。抵偿性是随机误差最本质的特征，原则上凡是具有抵偿性的误差都可以按随机误差的方法来处理。

$$\lim_{n \to \infty} \frac{1}{n} \sum_{i=1}^{n} \Delta x_i = 0 \tag{1-2}$$

3.2　标准误差 σ 的统计意义

标准误差 σ 表示的统计意义可以从 $f(\Delta x)$ 函数式求出。随机误差落在 $(\Delta x, \Delta x + \mathrm{d}\Delta x)$ 区间内的概率为 $f(\Delta x)\mathrm{d}\Delta x$，所以误差出现在 $(-\sigma, +\sigma)$ 区间内的概率 p 就是图 1-3 中该区间内 $f(\Delta x)$ 曲线下的面积。

从（1-1）式可以看出，当 $\Delta x = 0$ 时，

$$f(0) = \frac{1}{\sqrt{2\pi\sigma^2}}$$

可见，σ 值越小，$f(0)$ 的值就越大。由于曲线与横坐标轴包围的面积恒等于 1，即 $\int_{-\infty}^{+\infty} f(\Delta x)\mathrm{d}\Delta x = 1$，所以曲线

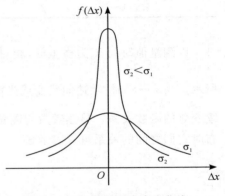

图 1-3　不同 σ 的概率密度曲线

峰值高,两侧下降就较快。这说明测量值的误差集中,小误差占优势,各测量值的离散性小,重复测量所得的结果相互接近,测量的精密度高。相反,如果 σ 值大,$f(0)$ 就小,曲线较平坦,说明测得值的离散性大,误差分布的范围就较大,测量的精密度就低。

标准误差的数学表达式为

$$\sigma = \lim_{n \to \infty} \sqrt{\frac{1}{n} \sum_{i=1}^{n} (x_i - x_0)^2} \qquad (1-3)$$

可以证明测量误差分布在区间 $(-\sigma, +\sigma)$ 内的概率

$$P(-\sigma, +\sigma) = \int_{-\sigma}^{+\sigma} f(\Delta x) \mathrm{d}\Delta x = \int_{-\sigma}^{+\sigma} \frac{1}{\sigma\sqrt{2\pi}} \mathrm{e}^{-\frac{\Delta x^2}{2\sigma^2}} \mathrm{d}\Delta x = 68.3\% \quad (1-4)$$

由此可见,标准误差 σ 所表示的意义是:任做一次测量,测量误差落在 $-\sigma$ 到 $+\sigma$ 区间的概率为 68.3%。σ 并不是一个具体的测量误差值,它提供了一个用概率来表达测量误差的方法。

区间 $(-\sigma, +\sigma)$ 称为置信区间,其相应的概率 $P(\sigma)=68.3\%$ 称为置信概率。显然,置信区间扩大,则置信概率提高。置信区间取 $(-2\sigma, +2\sigma)$、$(-3\sigma, +3\sigma)$,相应的置信概率 $P(2\sigma)=95.4\%$,$P(3\sigma)=99.7\%$。

对应于 $\pm3\sigma$ 这个置信区间,其置信概率为 99.7%,即在 1 000 次的重复测量中,随机误差超过 $\pm3\sigma$ 的仅有 3 次。对于一般有限次测量来说,测量值误差超过这一区间几乎不可能,因此常将 $\pm3\sigma$ 称为极限误差。

可见标准误差给出了测量结果出现在某一区间内的置信概率以及误差界限。以上统计意义是针对标准误差而言的,实际测量中用标准偏差 S_x 来表示随机误差的统计结果。

3.3　标准偏差与算术平均值的标准偏差

3.3.1　算术平均值

从理论上说,对某一物理量 x 进行了 n 次等精度的测量,就能得到包含 n 个测量值 $x_1, x_2, \cdots, x_i, \cdots, x_n$ 的一个测量列。由于是等精度测量,我们无法断定哪个值更可靠,概率论可以证明,测量结果的算术平均值

$$\bar{x} = \frac{1}{n} \sum_{i=1}^{n} x_i \qquad (1-5)$$

为最佳值(也称期望值),是可以信赖的,所以测量结果可用多次测量的算术平均值作为接近真值的最佳值。

3.3.2　标准偏差

在实际测量中,测量次数 n 总是有限的而且真值也不可知,因此标准误差只有理论上的价值。我们只能用多次测量结果的平均值来近似地代替真值,因而只能用各测量值 x_i 与算术平均值 $\bar{x}$ 之差(即 $v_i = x_i - \bar{x}$,称为偏差)来估计误差。估算标准误差的方法很多,我们常用贝塞尔法,它用多次测量的平均值作为真值的近似值来计算测量列的标准误差 σ,并用符号 S_x 表示,下标 x 为该物理量的符号。可以证明标准偏差的计算公式为

$$S_x = \sqrt{\frac{1}{n-1} \sum_{i=1}^{n} (x_i - \bar{x})^2} \qquad (1-6)$$

上式表示的是一测量列中各测量值所对应的标准误差。S_x 为标准误差的估计量,称此估计值为测量列的标准偏差(贝塞尔公式)。它反映了测量列的离散程度,即多次测量中每次测量值的分散程度,S_x 小表示每次测量值很接近,反之则比较分散。

3.3.3　算术平均值的标准偏差

我们进行了有限的几次测量后,可得最佳值 $\bar{x}$,平均值 $\bar{x}$ 也是一个随机变量,随 n 的增减而变化,即在完全相同的条件下,进行 m 组有限的 n 次重复测量的平均值为 $\bar{x}_1,\bar{x}_2,\cdots,\bar{x}_m$。每次测量的平均值不尽相同,也具有离散性,也就是说有限次测量的算术平均值也是随机的,存在偏差。为了评定算术平均值的离散性,我们引入算术平均值的标准偏差,用符号 $S_{\bar{x}}$ 表示,下标 $\bar{x}$ 为物理量 x 的平均值符号。由误差理论可以证明,算术平均值的标准偏差与标准偏差之间满足

$$S_{\bar{x}} = \frac{S_x}{\sqrt{n}} = \sqrt{\frac{1}{n(n-1)}\sum_{i=1}^{n}(x_i-\bar{x})^2} \qquad (1-7)$$

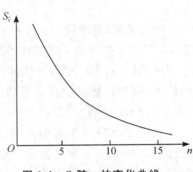

的关系。$S_{\bar{x}}$ 表示平均值偏离真值的多少,$S_{\bar{x}}$ 小则接近真值,$S_{\bar{x}}$ 大则远离真值。由(1—7)式可以看出,平均值的标准偏差比任一次测量的标准偏差小。增加测量次数,可以减小平均值的标准偏差,提高测量的精度。但是,单纯凭增加测量次数来提高精度的作用是有限的。如图 1-4 示,当 $n \geq 10$ 时,$S_{\bar{x}}$ 随测量次数 n 的增加而减小变得缓慢。实际测量中一般做 6~10 次的测量即可。

图 1-4　$S_{\bar{x}}$ 随 n 的变化曲线

4. 仪器误差和灵敏阈

在测量仪器中,把国家技术标准或检定规程规定的计量器具的最大允许误差定为仪器误差,用符号 Δ_m 表示。它表示在正确使用仪器的条件下,仪器示值与被测量真值之间可能产生的最大误差的绝对值。它通常是由制造工厂或计量部门使用更精确的仪器、量具,通过检定比较给出的,一般写在仪器的标牌上或仪器使用说明书中。游标卡尺、螺旋测微计等一般分度仪表常用"示值误差"来表示仪器误差,而电工仪表常用"基本允许的误差极限"来表示仪器误差。实验教学中的仪器误差限,一般简单地取计量器具的允许误差限(或示值误差限或基本误差限)。它可参照计量器具的有关标准,由准确度等级或允许误差范围得出。例如符合国标 GB776-76 规定的电(压)表,其准确度等级 a 分为 0.1,0.2,0.5,1.0,1.5,2.5,5.0 共七级,在规定条件下使用时,其基本允许误差为

$$\Delta X = \pm X_m \times a\%$$

式中 a 为准确度等级,X_m 为满量程。

例如,0.5 级电压表量程为 3 V 时,其基本允许误差为:

$$\Delta U = \pm 3 \times \frac{0.5}{100} = \pm 0.015 \text{ V}$$

在我们不知道仪器的示值误差(限)或准确度等级的情况下,也可以取其最小分度值的一半作为示值误差(限)。

仪器的灵敏阈是指足以引起仪器示值可察觉变化的被测量的最小变化值,即当被测量值小于这个阈值时,仪器将不反应。例如,数字式仪表最末一位数所代表的量就是数字式仪表的灵敏阈;对指针式仪表,由于人眼能察觉到的指针改变量一般为 0.2 分度值,于是可以把 0.2 分度值所代表的量作为指针式仪表的灵敏阈。灵敏阈越小说明仪器的灵敏度越高。一般来说,测量仪器的灵敏阈应该小于示值误差(限),而示值误差(限)应该小于最小分度值。但是也有一些仪器,特别是实验室中频频使用的仪器,可能准确度等级降低了或灵敏阈变大了,因而使用这样的仪器前,应先检查其灵敏阈。当仪器灵敏阈超过仪器示值误差(限)时,仪器示值误

差(限)便应由仪器的灵敏阈来代替。

在大学物理实验中,通常把由国家技术标准或检定规定的仪器误差限作为仪器误差。表1-2列出物理实验教学中几种常用仪器的仪器误差。详细的内容见附录 B。

表 1-2　实验教学常用的仪器误差 Δ_m

仪器名称	最小分度值	仪器误差 Δ_m	规格
钢直尺	1 mm	0.1 mm	测量范围 150 mm
游标卡尺	0.02 mm	0.02 mm	测量范围 0~150 mm
螺旋测微计	0.01 mm	0.004 mm	0~25,25~50 mm
读数显微镜	1′	约分度值的 $\frac{1}{2}$	
分光计	1′	分度值	
砝码	1 kg	0.005 kg	
电磁仪表		量程·$a\%$	a 为仪表准确度等级
各类数字式仪表		示值×准确度等级＋n	n 一般取 1~2 字
电阻箱、直流电桥、直流电位差计		示值×准确度等级%	或见说明书

5. 不确定度

长期以来,人们用误差来表征测量结果可信程度的好坏,定义误差为测量值与"真值"的偏差。但是误差是一个理想概念,其本身是不确定的。所以早在 1978 年国际计量大会(CIPM)责成国际计量局(BIPM)协同各国的国家计量标准局制定一个表述不确定度的指导文件。1993 年,以国际标准化组织(ISO)等 7 个国际组织的名义制定了一个指导性的文件,即《测量不确定度表示指南》(GUM)。因而,国际上有了一致的普遍承认的表征测量结果质量的概念。我国于 1999年颁布了适合我国国情的《测量不确定度评定与表示》的技术规范(JJF1059-1999),其内容原则上采用了《测量不确定度表示指南》的基本方法,以利于国际间的交流与合作,与国际接轨。

5.1　测量不确定的概念

不确定度是表征测量结果具有分散性的一个参数,是被测量的真值在某个量值范围内的一种评定。它表示由于测量误差的存在而对被测量值不能确定的程度,即测量结果不能肯定的误差范围。每个测量结果总存在着不确定度,作为一个完整的测量结果不仅要标明其量值大小,还要标出测量的不确定度,以表明该测量结果的可信赖程度。

不确定度和误差是两个不同的概念,它们之间既有联系,又有根本的区别。误差是指测量值与真值之差,一般来说它是未知的,是无法确切表达的量。而不确定度是指误差可能存在的范围,这一范围的大小能够用数值表达。不确定度是一个恒为正值的量。误差可能为正,可能为负,也可能十分接近于零。它们都是由测量结果的不完善性引起的。

数据处理时人们通常先作误差分析,修正已定系统误差,剔除粗差,然后评定不确定度。不确定度的评定方法是一个复杂的问题,在基础物理教学中,只能采用简化的、具有一定近似性的不确定度评定方法。直接测量量由于误差的来源很多,测量结果的不确定度一般包含几个分量,按其数值评定方法可分为 A 类评定和 B 类评定。

(1)不确定度A类分量:指多次重复测量用统计方法进行评定的分量,记作 U_{xA}。

　　(2)不确定度 B 类分量:根据经验或其他信息进行估计时,用非统计方法评定的分量,记作 U_{xB}。

　　(3)不确定度的合成:测量结果的总不确定度通常简称不确定度,用符号 U_x 表示,下标 x 为测量物理量的符号,是 A 类不确定度分量和 B 类不确定度分量的合成。在各不确定度分量相互独立的情况下,将两类不确定度分量按"方和根"的方法合成,即

$$U_x = \sqrt{U_{xA}^2 + U_{xB}^2} \tag{1-8}$$

5.2　直接测量结果的不确定度

5.2.1　多次直接测量的不确定度评定

　　(1)不确定度 A 类分量的计算

　　在实际测量中,一般只能进行有限次测量,这时,测量误差不完全服从正态分布规律,而是服从 t 分布(又称学生分布)的规律。对有限次测量,要得到与无限次测量相同的置信概率,显然要扩大置信区间,即在标准偏差公式(1-6)的基础上再乘上一个因子。

$$U_{xA} = \frac{t}{\sqrt{n}} S_x \tag{1-9}$$

其中 t 对应于 t 分布因子,n 为测量次数。当测量次数 n 确定后,概率 $P = 0.95$ 时,t 及 $\frac{t}{\sqrt{n}}$ 如表 1-3 所示。

表 1-3　$P = 0.95$ 时,t 因子和 $\frac{t}{\sqrt{n}}$ 的值

测量次数 n	2	3	4	5	6	7	8	9	10	15	20	∞
t 因子的值	12.71	4.30	3.18	2.78	2.57	2.45	2.36	2.31	2.26	2.14	2.09	1.96
$\frac{t}{\sqrt{n}}$ 的值	8.99	2.48	1.59	1.24	1.05	0.93	0.84	0.77	0.72	0.55	0.47	1.96
$\frac{t}{\sqrt{n}}$ 近似值	9.0	2.5	1.6	1.2	$\frac{t}{\sqrt{n}} \approx 1$					$\frac{t}{\sqrt{n}} \approx \frac{2}{\sqrt{n}}$		

　　大学物理实验中测量次数 n 一般不大于 10。从表中可看出,当 $6 \leqslant n \leqslant 10$ 时因子 $\frac{t}{\sqrt{n}} \approx 1$,此时

$$U_{xA} = \frac{t}{\sqrt{n}} S_x = \sqrt{\frac{1}{n-1} \sum_{i=1}^{n} (x_i - \bar{x})^2} \quad (6 \leqslant n \leqslant 10) \tag{1-10}$$

　　当测量次数 n 介于 2 和 5 之间,要求误差估计比较精确时,要在数据表中查出相应因子的值由式(1-9)计算 U_{xA}。即

$$U_{xA} = \frac{t}{\sqrt{n}} \cdot S_x = \frac{t}{\sqrt{n}} \cdot \sqrt{\frac{1}{n-1} \sum_{i=1}^{n} (x_i - \bar{x})^2} \tag{1-11}$$

　　(2)不确定度 B 类分量的估计

　　估计 B 类不确定度分量是比较困难的,因为实际实验中影响测量的因素有许多,B 类不确定度原则上应考虑影响量的各种可能值。这是一个比较复杂的问题,我们只考虑测量仪表、器具的示值误差限或基本允许误差限,或测量条件不符合要求而引起的附加误差所带来的 B 类分量。作为基础训练,我们简化处理,取仪器误差 Δ_m(请查阅附录 B)当作 B 类分量

$$U_{xB} \approx \Delta_m \tag{1-12}$$

（3）合成总不确定度

使用方和根合成法评定直接测量量的不确定度，即

$$U_x = \sqrt{U_{xA}^2 + U_{xB}^2} \qquad (1-13)$$

（4）多次直接测量结果的表示

多次直接测量量 x 的测量结果表示成

$$x = \bar{x} \pm U_x（单位） \qquad (1-14)$$

按照国家技术监督局发布的文件规定，当置信概率 $P=0.95$ 时，不必在结果表示式后面注明 P 值。

对于测量结果，同时常用相对不确定度补充说明测量的不确定度。相对不确定度用符号 E_x 表示，定义为：

$$E_x = \frac{U_x}{\bar{x}} \times 100\% \qquad (1-15)$$

5.2.2　单次直接测量量不确定度评定

由于单次测量不存在数学统计问题，就不必计算 A 类不确定度分量，所以单次测量的不确定度计算只要求估计 B 类不确定度分量，即

$$U_x = \sqrt{U_{xA}^2 + U_{xB}^2} = U_{xB} \qquad (1-16)$$

5.2.3　多次直接测量量不确定度评定

假设对某直接测量物理量 x 进行 n 次重复测量，其不确定度评定的步骤归纳如下：

（1）计算测量的算术平均值 $\left(\bar{x} = \frac{1}{n}\sum_{i=1}^{n} x_i\right)$ 作为测量结果的最佳值。

（2）用标准偏差公式求出测量列的标准偏差 S_x，确定 A 类不确定度分量 U_{xA}：

$$U_{xA} = \frac{t}{\sqrt{n}} \cdot S_x = \frac{t}{\sqrt{n}} \cdot \sqrt{\frac{1}{n-1}\sum_{i=1}^{n}(x_i - \bar{x})^2}$$

（3）分析测量仪器的误差，估计 B 类不确定度的分量 U_{xB}：

$$U_{xB} = \Delta_m$$

（4）求合成不确定度

$$U_x = \sqrt{U_{xA}^2 + U_{xB}^2}$$

（5）给出最终的测量结果，表达为：

$$x = \bar{x} \pm U_x$$

$$E_x = \frac{U_x}{\bar{x}} \times 100\%$$

例 1　用 0～25 mm 螺旋测微计测某物体厚度，测量 8 次，测量结果用 L 表示，如表 1-4 所示。螺旋测微计的零点读数为 −0.004 mm，数据处理如下：

表 1-4　物体长度的测量数据

测量次数	L'/mm	测量次数	L'/mm
1	3.784	5	3.778
2	3.779	6	3.782
3	3.786	7	3.780
4	3.781	8	3.778

解:(1)算术平均值

$$\overline{L'} = \frac{1}{n}\sum L_i' = 3.781 \text{ mm}$$

(2)测量量 L' 的标准偏差为

$$S_{L'} = \sqrt{\frac{1}{n-1}\sum_{i=1}^{n}(L_i' - \overline{L'})^2} = 0.0029 \text{ mm}$$

(3)$n=8$，A类不确定度分量的估算值取标准偏差

$$U_{L'A} = S_{L'} = 0.0029 \text{ mm}$$

(4)B类不确定度分量的估算，取仪器极限误差 $\Delta_m = 0.004$ mm

$$U_{L'B} = 0.004 \text{ mm}$$

(5)合成不确定度

$$U_{L'} = \sqrt{U_{L'A}^2 + U_{L'B}^2} = \sqrt{0.0029^2 + 0.004^2} \approx 0.0049 \text{ mm} \approx 0.005 \text{ mm}$$

(6)考虑零点误差 $L_0 = -0.004$ mm，有

$$L = L' - L_0 = 3.781 - (-0.004) = 3.785 \text{ mm}$$

$$U_L = \sqrt{U_{L'}^2 + U_{L_0}^2} \approx U_{L'} = 0.005 \text{ mm}$$

(7)测量结果

$$L = (3.785 \pm 0.005) \text{ mm}$$

$$E_L = \frac{0.005}{3.785} \times 100\% = 0.13\%$$

5.3　误差的传递　间接测量的不确定度评定

5.3.1　误差传递的基本公式

(1)间接测量量的最佳值。在直接测量中，我们以算术平均值 $\overline{x},\overline{y},\overline{z}\cdots$ 作为最佳值。间接测量量的最佳值等于把各直接测量量的算术平均值代入函数关系式进行计算所得的值，即

$$\overline{N} = f(\overline{x},\overline{y},\overline{z}\cdots) \tag{1-17}$$

(2)误差的传递。由于直接测量量具有误差而导致间接测量量也具有误差，叫作误差的传递。下面介绍传递规律。

设 $\overline{x},\overline{y},\overline{z}\cdots$ 是彼此独立的直接测量量，对(1-17)式取微分

$$\mathrm{d}N = \frac{\partial f}{\partial x}\mathrm{d}x + \frac{\partial f}{\partial y}\mathrm{d}y + \frac{\partial f}{\partial z}\mathrm{d}z + \cdots$$

以微小量 $\Delta N,\Delta x,\Delta y,\Delta z\cdots$ 代替微分量 $\mathrm{d}N,\mathrm{d}x,\mathrm{d}y,\mathrm{d}z\cdots$ 得

$$\Delta N = \frac{\partial f}{\partial x}\Delta x + \frac{\partial f}{\partial y}\Delta y + \frac{\partial f}{\partial z}\Delta z + \cdots \tag{1-18}$$

上式对于加减运算的函数用起来方便。对于以乘、除运算为主的函数，可以先对(1-17)式两边取自然对数，再取微分，得

$$\ln N = \ln f(x,y,z\cdots)$$

$$\frac{\Delta N}{N} = \frac{\partial \ln f}{\partial x}\Delta x + \frac{\partial \ln f}{\partial y}\Delta y + \frac{\partial \ln f}{\partial z}\Delta z + \cdots \tag{1-19}$$

式(1-18)和式(1-19)是误差传递的基本公式。可见，一个量的测量误差对于总误差的贡献，不仅取决于误差本身的大小，还取决于各直接测量量前面的系数——误差传递系数 $\frac{\partial f}{\partial x}$，$\frac{\partial f}{\partial y},\frac{\partial f}{\partial z}\cdots$ 或 $\frac{\partial \ln f}{\partial x},\frac{\partial \ln f}{\partial y},\frac{\partial \ln f}{\partial z}\cdots$。

5.3.2　间接测量量不确定度的合成

设间接测量量 N 与直接测量物理量 $x,y,z\cdots$ 的函数关系为

$$N=f(x,y,z\cdots) \qquad\qquad (1-20)$$

由于 $x,y,z\cdots$ 具有不确定度 $U_x,U_y,U_z\cdots$，那么 N 也必然具有不确定度 U_N，所以对间接测量量 N 的结果也需采用不确定度评定。

因为不确定度是一个微小量，故可借助微分手段来研究。当直接测量量彼此独立，且误差服从正态分布时，利用式（1—18）、（1—19）和不确定度的定义可以求得间接测量量 N 的不确定度计算公式

$$U_N=\sqrt{\left(\frac{\partial f}{\partial x}U_x\right)^2+\left(\frac{\partial f}{\partial y}U_y\right)^2+\left(\frac{\partial f}{\partial z}U_z\right)^2+\cdots} \qquad\qquad (1-21)$$

$$E_N=\frac{U_N}{N}=\sqrt{\left(\frac{\partial \ln f}{\partial x}U_x\right)^2+\left(\frac{\partial \ln f}{\partial y}U_y\right)^2+\left(\frac{\partial \ln f}{\partial z}U_z\right)^2+\cdots} \qquad\qquad (1-22)$$

式（1—21）、（1—22）是等价的，用哪个算式来计算要视函数的具体形式。对于单纯加减运算的函数用式（1—21）求不确定度 U_N 比较简便；而对于包含乘除和乘方运算的函数则先用式（1—22）求出其相对不确定度 E_N，再用 $U_N=\overline{N}\cdot E_N$ 求不确定度则比较简便。

常用函数的不确定度传递公式如表 1-5 所示。

表 1-5　常用函数的不确定度传递公式

函数表达式	不确定度传递公式
$N=x+y,N=ax+by$	$U_N=\sqrt{U_x^2+U_y^2},U_N=\sqrt{(aU_x)^2+(bU_y)^2}$
$N=x\cdot y$ 或 $N=\dfrac{x}{y}$	$E_N=\dfrac{U_N}{\overline{N}}=\sqrt{\left(\dfrac{U_x}{\overline{x}}\right)^2+\left(\dfrac{U_y}{\overline{y}}\right)^2}$
$N=kx$	$U_N=\|k\|U_x,\dfrac{U_N}{\overline{N}}=\dfrac{U_x}{\overline{x}}$
$N=x^n$	$\dfrac{U_N}{\overline{N}}=n\dfrac{U_x}{\overline{x}}$
$N=\sqrt[n]{x}$	$\dfrac{U_N}{\overline{N}}=\dfrac{1}{n}\cdot\dfrac{U_x}{\overline{x}}$
$N=\dfrac{x^p y^q}{z^r}$	$E_N=\dfrac{U_N}{\overline{N}}=\sqrt{p^2\left(\dfrac{U_x}{\overline{x}}\right)^2+q^2\left(\dfrac{U_y}{\overline{y}}\right)^2+r^2\left(\dfrac{U_z}{\overline{z}}\right)^2}$
$N=\sin x$	$U_N=\|\cos x\|U_x$
$N=\ln x$	$U_N=\dfrac{U_x}{\overline{x}}$

5.3.3　间接测量结果不确定度评定的步骤

（1）先分析各直接测量量的平均值 $\overline{x},\overline{y},\overline{z}\cdots$ 及不确定度 $U_x,U_y,U_z\cdots$。

（2）求间接测量量的最佳值，即

$$\overline{N}=f(\overline{x},\overline{y},\overline{z}\cdots)$$

（3）求出间接不确定度合成公式式（1—21）式（1—22），或查表 1-5 直接代入相应的公式。

对和差形式的函数求微分，对积商形式的函数先取对数再求微分；代入式（1—21）或式（1—22）分别求出 N 的不确定度 U_N 以及相对不确定度 E_N。

（4）表示出最后的测量结果

$$N = \overline{N} \pm U_N$$

$$E_N = \frac{U_N}{N} \times 100\%$$

例 2　已知质量 $m = (213.04 \pm 0.05)$g 的铜圆柱体，用 $0 \sim 150$ mm，分度值为 0.02 mm 的游标卡尺测量其高度 h，用一级 $0 \sim 25$ mm 千分尺测量其直径 D，重复测量 6 次，其测量数据如表 1-6 所示。试计算铜圆柱体密度及其不确定度。

表 1-6　圆柱体高度、外径的测量数据

测量次数	h/cm	D/cm
1	8.038	1.946 5
2	8.036	1.946 6
3	8.036	1.946 5
4	8.038	1.946 4
5	8.036	1.946 7
6	8.038	1.946 6

解：

（1）高度 h 的最佳值及不确定度

$$\overline{h} = \frac{1}{n}\sum h_i = 8.037\ 0\ \text{cm}, S_h = \sqrt{\frac{\sum(h_i - \overline{h})^2}{n-1}} = 0.001\ 1\ \text{cm}, U_{hA} = S_h = 0.001\ 1\ \text{cm}$$

游标卡尺的仪器误差 $\Delta_m = 0.002$ cm，$U_{hB} = 0.002$ cm

$$U_h = \sqrt{U_{hA}^2 + U_{hB}^2} = \sqrt{0.001\ 1^2 + 0.002^2} = 0.002\ 3\ \text{cm}$$

（2）直径 D 的最佳值及不确定度

$$\overline{D} = 1.946\ 55\ \text{cm}, S_D = 0.000\ 10\ \text{cm}, U_{DA} = S_D = 0.000\ 10\ \text{cm}$$

一级千分尺的仪器误差 $\Delta_m = 0.000\ 4$ cm，$U_{DB} = 0.000\ 4$ cm

$$U_D = \sqrt{U_{DA}^2 + U_{DB}^2} = \sqrt{0.000\ 10^2 + 0.000\ 4^2} = 0.000\ 4\ \text{cm}$$

（3）铜圆柱体密度的算术平均值

$$\overline{\rho} = \frac{4\overline{m}}{\pi \overline{D}^2 \overline{h}} = \frac{4 \times 213.04}{3.141\ 59 \times 1.946\ 55^2 \times 8.037\ 0} = 8.907\ 3\ \text{g/cm}^3$$

（4）铜圆柱体密度的不确定度

铜圆柱体密度的函数公式为积、商形式，先计算相对不确定度较方便。

先取对数再偏微分

$$\ln\rho = \ln 4 + \ln m - \ln\pi - 2\ln D - \ln h$$

上式两边分别对 m、D、h 求微分

$$\frac{\partial\ln\rho}{\partial m} = \frac{1}{m}, \frac{\partial\ln\rho}{\partial D} = -\frac{2}{D}, \frac{\partial\ln\rho}{\partial h} = -\frac{1}{h}$$

由式（1—22）得

$$E_\rho = \frac{U_\rho}{\bar{\rho}}$$

$$= \sqrt{\left(\frac{U_m}{\overline{m}}\right)^2 + \left(2\frac{U_D}{\overline{D}}\right)^2 + \left(\frac{U_h}{\overline{h}}\right)^2}$$

$$= \sqrt{\left(\frac{0.05}{213.04}\right)^2 + \left(2 \times \frac{0.000\,4}{1.946\,55}\right)^2 + \left(\frac{0.002\,3}{8.037\,0}\right)^2}$$

$$= 0.06\%$$

$$U_\rho = \bar{\rho} \times E_\rho = 8.907 \times 0.06\% = 0.005 \text{ g/cm}^3$$

(5)铜圆柱体密度最后的测量结果为

$$\rho = (8.907 \pm 0.005) \text{g/cm}^3$$

$$E_\rho = 0.06\%$$

第二节　有效数字及其运算

1. 有效数字

物理量的测量值都有误差,即这些测量值都是一些近似数,因此它们与数学中的数字应该有不同的意义和处理方法,必须采用有效数字及其运算规则。

1.1　有效数字的概念

任何测量中,所得数据包括两部分,一部分是从仪器的刻度上准确地读出来的,称为可靠数字,在仪器最小分度值以下还可估读一位数字,称为可疑数字。有效数字是由测量结果中所有的可靠数字加上紧接在可靠数字后面的一位可疑数字组成的。

1.2　有效数字基本性质

(1)有效数字的位数与仪器的精度(最小分度值)有关,也与被测量大小有关。

对于同一被测量,如果使用不同精度的仪器进行测量,测得的有效数字的位数是不同的。通常用一个测量结果具有的有效数字的个数的多少来说明测量的精确度,一个测量结果的有效数字越多,说明这个测量结果精确度越高。

例如,用不同精度的量具测同一物体的长度,测量结果如下:

用最小分度值为 1 mm 的米尺测量

$$L = 23.5 \text{ mm}, \Delta_m = 0.5 \text{ mm}, E_L = \frac{0.5}{23.5} = 2\%$$

用最小分度值为 0.02 mm 的游标卡尺测量

$$L = 23.52 \text{ mm}, \Delta_m = 0.02 \text{ mm}, E_L = \frac{0.02}{23.52} = 0.08\%$$

用最小分度值为 0.01 mm 的千分尺测量

$$L = 23.518 \text{ mm}, \Delta_m = 0.004 \text{ mm}, E_L = \frac{0.004}{23.518} = 0.02\%$$

有效数字的位数还与被测量本身的大小有关。若用同一仪器测量大小不同的被测量,其有效数字位数也不相同。被测量越大,测得结果的有效数字位数也就越多。

(2)有效数字的位数与小数点的位置无关。

有效数字的个数与十进制的单位变换无关,即与小数点的位置无关。例如,5.830 cm 和

0.058 30 m 都是四位有效数字,数字"5"前面的 0 只是表示小数点的位置,而非有效数字,数字"3"后面的 0 是有效数字,表示测量的误差位,切勿随意舍去。

又如用 1⁄₅ g 的物理天平称得物体质量为 15.48 g,有 4 位有效数字。以 mg 为单位时若写成 15 480 显然是不合理的。为解决这个问题,采用科学记数法。科学记数法的表达方法为:保留正确的有效数字个数,而乘以 10 的方幂来表示数值的数量级。例如,0.034 2 m 可写成 3.42×10^{-2} m,15.48 g 可以写成 1.548×10^{4} mg 等。

2. 有效数字尾数的修约法则

在处理测量数据时,经常涉及尾数的修约问题。目前普遍采用的是:"四舍六入五凑偶",即小于 5 舍去,大于 6 进位,等于 5 凑偶的规则来修约。例如,将下列数据保留三位有效数字的修约结果是:

$3.542\underline{5} \rightarrow 3.54$　小于 5 舍去　　　　　$3.545\underline{0} \rightarrow 3.54$　等于 5 凑偶

$3.546\underline{6} \rightarrow 3.55$　大于 5 进位　　　　　$3.546\underline{01} \rightarrow 3.55$　大于 5 进位

$3.535\underline{0} \rightarrow 3.54$　等于 5 凑偶　　　　　$3.544\underline{99} \rightarrow 3.54$　小于 5 舍去

3. 有效数字的运算规则

间接测量量是由直接测量通过函数关系求得的。计算结果也应该用有效数字表示,所得结果也只有最后一位是可疑数字。其运算过程依照下列定则来判断数字性质。

(1)准确数字与准确数字进行四则运算,结果为准确数字;

(2)准确数字与可疑数字以及可疑数字与可疑数字进行四则运算,结果为可疑数字。

从有效数字运算规则出发,可得到四则运算中运算结果有效数字的确定方法。

3.1　加减运算结果有效数字的确定

如果若干个物理量参与单纯的加、减运算,那么所得结果有效数字末位的数位与参加运算的各数据中小数点后位数最少的相同。（下面算式加一横线的为可疑数字）

例 3　$60.\overline{4} + 122.2\overline{5} = 182.\overline{6}\overline{5} = 182.\overline{6}$（尾数 5 不凑偶舍去）

$50.3\overline{6} - 48.10\overline{8} = 2.2\overline{5}\overline{2} = 2.2\overline{5}$

3.2　乘除运算结果有效数字的确定

如果有若干个物理量参与乘除运算,运算结果的有效数字的位数一般与参加运算的各数据项中有效数字位数最少的相同。

例 4　$834.\overline{5} \times 23.\overline{9} = 199\overline{4}\overline{4}.\overline{55} = 1.9\overline{9} \times 10^{4}$

$2\,569.\overline{4} \div 19.\overline{5} = 131.\overline{7}\overline{6}\overline{4}\overline{1} \cdots = 13\overline{2}$

3.3　其他几种函数运算结果的有效数字确定

(1)乘方、开方运算中,结果的有效数字位数一般取与底数的有效数字位数相同。如:

$7.32\overline{5}^{2} = 53.6\overline{6}, \sqrt{32.\overline{8}} = 5.7\overline{3}$

(2)对数运算。对数运算,所取对数结果尾数的有效数字位数应与真数有效数字位数相同。如:

$\lg 21.308 = 1.328\,54, \ln 5.374 = 1.681\,6$

(3)对于其他函数形式运算结果的有效数字的确定,可以根据级数展开的方法,再根据四则运算的有效数字的确定方法来加以确定。

(4) 常数 π、e 等有效数字位数可以认为是无限制的,在计算中一般应取比运算各数中有效数字位数最多的还多一位。

4. 测量结果有效数字的确定方法

4.1　直接测量结果有效数字的确定

一般而言,仪器的分度值是考虑到仪器误差所在位来划分的。由于仪器多种多样,正确读取有效数字的方法大致归纳如下:

(1)一般读数应读到最小分度以下再估一位。但不一定估读十分之一,也可根据情况(如分度的间距、刻线及指针的粗细、分度的数值等)估读最小分度值的 $\frac{1}{10}$、$\frac{1}{5}$ 或 $\frac{1}{2}$。但无论怎样估,最小分度位总是准确位,最小分度的下一位是估计数。

(2)有时读数的估计位,就取在最小分度位。如仪器的最小分度值为 0.5,则 0.1、0.2、0.3、0.4 及 0.6、0.7、0.8、0.9 都是估计的;如仪器最小分度值为 0.2,则 0.3、0.5、0.7、0.9 都是估计的。此时不必再估到下一位。

(3)游标类量具,只读到游标分度值,一般不估读,特殊情况估读到游标分度值的一半。

(4)数字式仪表及步进读数仪器(如电阻箱)不需要进行估读,一般仪器所显示的末位,就是可疑数字。

(5)特殊情况下,直读数据的有效数字由仪器的灵敏阈决定。如:在"灵敏电流计研究"实验中,测临界电阻时,调节电阻箱的"×10"Ω(仪表上才刚有反应,尽管电阻箱的最小步进值为 0.1 Ω,电阻值也只能记录到"×10"Ω),如记 $R_C = 8.53 \times 10^3$ Ω。在读取数据时,如果测量值恰好为整数,则必须补"0",一直补到可疑位。例如:用最小刻度为 1 mm 的钢板尺测量某物体的长度恰好为 12 mm 时,应记为 12.0 mm;如果改用游标卡尺测量同一物体,读数也为整数,应记为 12.00 mm;如再改用千分尺来测量,读数仍为整数,则应记为 12.000 mm。切不可都记为 12 mm。

(6)计算算术平均值,其个数与原始数据相同即可,不必增加个数。

4.2　间接测量结果有效数字的确定

间接测量结果的有效数字应该严格按照有效数字运算法则进行确定。在需要进行多层的复杂计算,才能确定测量的最后结果时,属于中间计算过程应该多保留一个有效数字,避免由于进行多次的数字尾数修约积累造成计算结果偏差。比如直接测量结果可能作为间接测量计算的上一层的计算,那么直接测量量结果的有效数字应多保留一个数字。不知道不确定度的大小时也应多保留一个数字。

4.3　最后测量结果的有效数字确定

最后测量结果规范的表达形式中应以正确的有效数字给出测量的算术平均值(即测量的最佳值)、测量的不确定度以及相对不确定度的数值。

(1)不确定度的有效数字保留方法。在一般情况下,不确定度的有效数字只取一位,其尾数采用"四舍六入五凑偶"的方法修约。

(2)相对不确定度有效数字保留方法。相对不确定度的有效数字可以保留 1~2 个有效数字,如果相对不确定度计算结果中第一位为 1、2、3 时应保留 2 个,第一位大于 3 时保留 1 个即可。相对不确定度的有效数字应按"四舍六入五凑偶"的方法修约。

(3)表示测量值最后结果的有效数字尾数与不确定度尾数要对齐。如表达式 $m = (117.24 \pm 0.5)$g 中,不确定度 0.5,说明数字 1、1、7 是可靠的,2 是可疑的,式中多了一个可疑数字,表达式中的有效数字是错误的,正确表达为: $m = (117.2 \pm 0.5)$g。测量值的尾数修约遵从"四舍六入五凑偶"的规则。以上是对最后测量结果的有效数字来说的,中间量的测量结果要求多保留一个数字,以避免多次的尾数修约可能造成修约累积使最后测量结果出现附加偏差。

5. 有效数字的确定实例

例 5　求 $N = A + B - C$,其中,$A = (98.7 \pm 0.3)$ cm,$B = (6.238 \pm 0.006)$ cm,$C = (14.36 \pm 0.08)$ cm。

解　$\overline{N} = A + B - C$

$\qquad = 98.7 + 6.24 - 14.36$

$\qquad = 90.58$ cm

$U_N = \sqrt{U_A^2 + U_B^2 + U_C^2}$(因为 U_B 远小于 U_A 和 U_C,所以 U_B 可忽略)

$\qquad = \sqrt{(0.3)^2 + (0.08)^2}$

$\qquad \approx 0.31$ cm $= 0.3$ cm

$N = \overline{N} \pm U_N = (90.6 \pm 0.3)$ cm

$E_N = \dfrac{U_N}{\overline{N}} = \dfrac{0.3}{90.6} \times 100\% = 0.33\%$

第三节　实验数据处理

物理实验的目的和任务不只是对某一物理量进行测量,更重要的是要找出各物理量之间的依赖关系和变化规律,以便确定它们的内在联系和函数关系表达式。对实验测量收集的大量数据进行科学分析和处理是实现上述目的的重要手段。常用的数据处理方法有列表法、图示法、图解法、逐差法和最小二乘法。

1. 列表法

列表法是记录和处理数据的基本方法。数据列成表格,可以简单而明确地表示出有关物理量之间的对应关系,便于检查、对比和分析,有助于找出有关量之间的规律性联系,进而建立经验公式。列表的要求:一个表格通常由表头、项目栏和数据栏组成。

(1)表头。表头即表格的名称,简称表名。表格名称应尽可能取得能够反映出表格中所表达的信息。表格名称应该放在表格的上方。如果涉及多个表格,还应该给表格编序号。

(2)项目栏。项目栏用于描述与数据相关的物理量以及单位。物理量通常采用表示该物理量的符号,物理量与单位之间以"/"分隔。若名称用自定符号,则需要加以说明。

(3)数据栏。列入表中的数据应是原始测量数据,处理过程中的一些重要中间结果也可以列入表中。但不可以在每个数据上标单位。数据的有效数字必须正确。

(4)若是函数测量关系的数据表,则应按自变量由小到大或由大到小的顺序排列。

2. 图示法与图解法

2.1　图示法

物理规律既可以用解析函数关系表示,也可以借助图线表示。定量图线能形象直观地表明两个变量之间的关系。特别是对那些尚未找到适当函数解析表达式的实验结果,可以从图示法所画出的图线中去寻找相应的经验公式。

制作一幅完整而正确的图,其基本步骤包括:选择作图纸;分度和标记坐标;标出每个实验点;作出一条与多数实验点基本相符的图线;注解和说明等。

2.1.1　选用合适的坐标纸

图纸通常有直角坐标纸、对数坐标纸、半对数坐标纸、极坐标纸等,应根据物理量之间的函数性质合理选取坐标纸的类型。因为图线中直线最易绘制,也便于使用,所以在已知函数关系的情况下,作两变量之间的关系图线时,最好通过变量变换将某种函数关系的曲线变换为线性函数关系的直线。本课程主要采用直角坐标纸。

2.1.2　坐标的分度和标记

绘制图线时,应以自变量为横坐标,以因变量为纵坐标,并标明各坐标轴所代表的物理量(可用相应的符号表示)及其单位。

坐标的分度要根据实验数据的有效数字和对结果的要求来确定。原则上,数据中的可靠数字在图中也应是可靠的,而最后一位的可疑数在图中亦是估计的,即不能因作图而引进额外的误差。在坐标轴上每隔一定间距就均匀地标出分度值,标记所用的有效数字位数与原始数据的有效数字位数相同,单位应与坐标轴的单位一致。

坐标的分度应以不用计算便能确定各点的坐标为原则,通常只用 1、2、5 进行分度,避免用 3、7 等进行分度。坐标分度值不一定从零开始,可以用低于原始数据的某一整数作为坐标分度的起点,用高于测量所得最高值的某一整数作为终点,这样图线就能充满所选用的整个图纸。

2.1.3　标点

根据测量数据,用"+"或"⊙"记号在坐标纸标出各数据点的位置,记号的交叉点或圆心应是测量点的坐标位置。"+"中的横竖线段、"⊙"中的半径表示测量的误差范围。欲在同一图纸上画出不同图线,标点应该用不同的符号,如"⊙"、"×"、"△"、"+"等,以便区分。在坐标纸上清楚地描出对应的数据点。

2.1.4　连接实验图线

作一条与标出的实验点基本相符合的图线。连线时必须使用工具(最好用透明的直尺、三角板、曲线板等),所绘的曲线或直线,应光滑匀称,而且要尽可能使所绘的图线通过较多的测量点,但不能连成折线。对那些严重偏离曲线或直线的个别点,应检查一下标点是否有误,若没有错误,在连线时可舍去不考虑,其他不在图线上的点,应使它们均匀分布在图线的两侧。

对于仪器仪表的校正曲线,连线时应将相邻的两点连成直线,整个校正曲线呈折线形式,如图 1-5 所示。

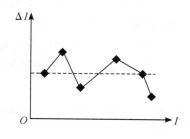

图 1-5　安培表校正曲线

2.1.5　图题、图注和说明

图作完后,在图纸的明显位置应写清图的名称,注明作者、作图日期和必要的简短说明。最后将图粘在实验报告上。

2.2　图解法

利用已作好的图线,定量地求得待测量或得出经验方程,称为图解法。尤其当图线为直线时,采用此法更方便。

直线图解一般是求出斜率和截距,进而得出完整的线性方程,其步骤如下。

2.2.1　选取解析点

为求直线的斜率,通常用两点法,不用一点法,因为直线不一定通过原点。在直线的两端任取两点 $A(x_1,y_1)$,$B(x_2,y_2)$(不用实验点,而是在直线上选取),并用与实验点不同的记号表示,两点应尽量分开些,如果两点太靠近计算斜率时会使结果的有效数字减少;但也不能取超出实验范围以外的点,因为选这样的点无实验依据。两点用不同的记号标记在直线上,可选横坐标相差"1,2,5"的两个点,以便于计算斜率。

2.2.2　计算斜率

设直线方程 $y=a+bx$,将两点坐标代入,可得直线斜率

$$b=\frac{y_2-y_1}{x_2-x_1}$$

2.2.3　求截距

若坐标原点为 $(0,0)$,则可将直线用虚线延长,得到与坐标轴的交点,即可求得截距。若起点不为零,则可经计算得

$$a=\frac{x_2 y_1-x_1 y_2}{x_2-x_1}$$

2.3　曲线的改直

在实际工作中,许多物理量之间的关系不是线性关系,拟合曲线有些麻烦。但可以通过适当的数学变换使其图线用直线表示,这称为曲线改直。曲线改直能给实验数据的处理带来很大的方便。

举例如下:

(1)$s=v_0 t+\frac{1}{2}at^2$,若两边同除以 t,则得 $\frac{s}{t}=v_0+\frac{1}{2}at$,$\frac{s}{t}$-$t$ 为一直线,斜率为 $\frac{1}{2}a$,截距为 v_0。

(2)$y=ax^b$,取对数,则 $\lg y=\lg a+b\lg x$。用直角坐标纸作 $\lg y$-$\lg x$ 关系图线,为一直线,其直线斜率为 b,截距为 $\lg a$,从斜率 b 可确定函数的指数。

(3)$y=ae^{bx}$,取自然对数,则 $\ln y=\ln a+bx$。用直角坐标纸上作 $\ln y$-x 关系图线,为一直线,斜率为 b,截距为 $\ln a$。

下面以测量热敏电阻的阻值随温度变化的关系为例进行图示和图解。

根据理论,热敏电阻的阻值 R_T 与温度 T 函数关系为

$$R_T=ae^{\frac{b}{T}}$$

式中,a、b 为待定常数,T 为热力学温度,为了能变换成直线形式,将两边取对数,得

$$\ln R_T=\ln a+\frac{b}{T}$$

并作变换,令 $y=\ln R_T$,$a'=\ln a$,$x=\frac{1}{T}$,则得直线方程 $y=a'+bx$,实验测得了热敏电阻在不同温度下的阻值后,以变量 x、y 作图。若 y-x 图线为直线,就证明了 R_T 与 T 的理论关系式是正确的。

实验测量数据和变量变换值列于表 1-7 中,图 1-6 为 R_T-T 关系曲线,图 1-7 为 $\ln R_T$-$\frac{1}{T}$ 关系直线。

$$A(3.050,7.175),B(3.325,8.120)$$

可得

$$b' = \frac{\ln R_2 - \ln R_1}{\dfrac{1}{T_2} - \dfrac{1}{T_1}} = \frac{8.120 - 7.175}{(3.325 - 3.050) \times 10^{-3}} = 3.50 \times 10^3$$

$$a' = \frac{\dfrac{1}{T_2}\ln R_1 - \dfrac{1}{T_1}\ln R_2}{\dfrac{1}{T_2} - \dfrac{1}{T_1}}$$

$$= \frac{(3.325 \times 7.175 - 3.050 \times 8.120) \times 10^{-3}}{(3.325 - 3.050) \times 10^{-3}} = -3.367$$

因为 $a' = \ln a$，所以 $a = 0.034\ 5$，最后可得该热敏电阻与温度关系为

$$R_T = 0.034\ 5\mathrm{e}^{3.50 \times 10^3}\ (\Omega)$$

表 1-7　测量热敏电阻的阻值随温度变化的关系

序号	$t/^\circ\mathrm{C}$	T/K	$R_T/10^3\ \Omega$	$x = \dfrac{1}{T}/10^{-3}\ \mathrm{K}^{-1}$	$y = \ln R_T$
1	27.0	300.2	3.427	3.331	8.139
2	29.5	302.7	3.124	3.304	8.047
3	32.0	305.1	2.824	3.277	7.946
4	36.0	309.2	2.494	3.234	7.822
5	38.0	311.2	2.261	3.213	7.724
6	42.0	315.2	2.000	3.173	7.601
7	44.5	317.7	1.826	3.148	7.510
8	48.0	321.2	1.634	3.113	7.399
9	53.5	326.7	1.353	3.061	7.210
10	57.5	330.7	1.193	3.024	7.084

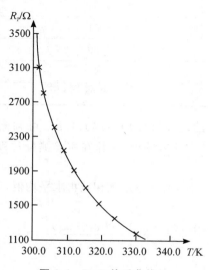

图 1-6　R_T-T 关系曲线

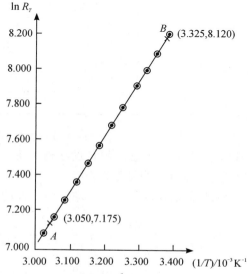

图 1-7　$\ln R_T$-$\dfrac{1}{T}$ 关系直线

3. 逐差法

逐差法是物理实验中经常采用的数据处理方法之一。该方法常用于自变量 x 是等间隔变化的线性函数关系的处理中,可以方便地求其线性关系 $y=ax+b$ 中的斜率。逐差法的优点是可以充分利用实验中所有的测量数据,对数据取平均,可保持多次测量的优越性,减少随机误差,同时也可以最大限度保证不损失有效数字,减少相对误差。

例如,对某物理量 x 每变化 Δx 进行了 n 次测量,测得数据分别为 $x_1,x_2,\cdots,x_n$,要求出相邻二量之间差数的平均值,则有

$$\overline{\Delta x}=\frac{(x_2-x_1)+(x_3-x_2)+\cdots+(x_n-x_{n-1})}{n-1}=\frac{x_n-x_1}{n-1}$$

结果实际上只用了首末两个数据,其余数据不起作用,未达到多次测量减小随机误差的目的。为了保持多次测量的优越性,可以在数据的处理方法上作一些变化。通常是把数据分为两组(设 $n=10$):一组是 $x_1,x_2,\cdots,x_5$,另一组是 $x_6,x_7,\cdots,x_{10}$。取相应的差值 $(x_{m+i}-x_i)_1$,$(x_{m+i}-x_i)_2,\cdots,(x_{m+i}-x_i)_5$,则算术平均值为

$$\overline{(x_{m+i}-x_i)}=\frac{(x_6-x_1)+(x_7-x_2)+\cdots+(x_{10}-x_5)}{5}$$

这里,$\overline{(x_{m+i}-x_i)}$ 是相隔 5 个数据的差数的平均值。这样处理,每个测量数据都可用上,就达到了多次测量减小随机误差的目的。这种数据处理方法就称为隔项逐差法。逐差法的不确定度计算可以把 $x_{m+i}-x_i$ 当作一个新物理量来处理,视作对 $x_{m+i}-x_i$ 进行多次测量。

例如:用拉伸法测定弹簧劲度系数 k,已知在弹性限度范围内,伸长量 Δx 与拉力 F 之间满足 $F=kx$ 的关系。等间隔地改变拉力(负荷),将测得一组数据列于表 1-8 中。

表 1-8　用拉伸法测定弹簧劲度系数 k

次数	拉力 $F/10^{-3}$ N	伸长量 $x/10^{-2}$ m
1	0	0.00
2	2×9.8	1.50
3	4×9.8	3.02
4	6×9.8	4.50
5	8×9.8	6.01
6	10×9.8	7.50
7	12×9.8	9.00
8	14×9.8	10.50

逐差相减得 $\Delta x_i=x_{i+1}-x_i$ 分别为 1.50,1.52,1.48,1.51,1.49,1.50,1.50,可判断出 Δx_i 基本相等,验证了 Δx_i 与 F 的线性关系。实际上,这一"逐差验证"工作在实验测量过程中可随即进行,以判断测量是否正确。

但是,如果求弹簧负荷 $2×9.8×10^{-3}$ N 的平均伸长量 $\overline{\Delta x_i}$,用上述逐项相减再求平均值,有

$$\overline{\Delta x}=\frac{\sum\limits_{i=1}^{n}\Delta x_i}{n}=\frac{(x_2-x_1)+(x_3-x_2)+\cdots+(x_7-x_6)+(x_8-x_7)}{7}$$

$$=\frac{x_8-x_1}{7}=\frac{(10.50-0.00)×10^{-2}}{7}=1.5×10^{-2}\ \text{m}$$

中间值全部没用,只有始、末次两次测量值起作用,与负荷 $14 \times 9.8 \times 10^{-3}$ N 的单次测量等价。

若改用多项间隔逐差,将上述数据分成高组 (x_8, x_7, x_6, x_5) 和低组 (x_4, x_3, x_2, x_1),然后对应项相减求平均值,得

$$\overline{\Delta x} = \frac{1}{4} \big[(x_8 - x_4) + (x_7 - x_3) + (x_6 - x_2) + (x_5 - x_1) \big]$$

各个数据全部都用上了。相当于重复测量了 4 次,每次负荷 $8 \times 9.8 \times 10^{-3}$ N。这样处理可以充分利用数据,体现出多次测量的优点,减小了测量误差。此种方法在本课程的后续实验中,如"拉伸法测杨氏模量"、"牛顿环实验"、"迈克耳孙干涉实验"、"声速测量"等都会用到。

4. 最小二乘法

由一组实验数据拟合出一条最佳直线,常用的方法是最小二乘法。设物理量 y 和 x 之间满足线性关系,则函数形式为

$$y = a + bx$$

最小二乘法就是要用实验数据来确定方程中的待定常数 a 和 b,即直线的截距和斜率。

我们讨论最简单的情况,即每个测量值都是等精度的,且假定 x 和 y 值中只有 y 有明显的测量随机误差。如果 x 和 y 均有误差,只要把误差相对较小的变量作为 x 即可。由实验测量得到一组数据为 (x_i, y_i),$i = 1, 2, \cdots, n$,其中 $x = x_i$ 时对应 $y = y_i$。由于测量总是有误差的,我们将这些误差归结为 y_i 的测量偏差,并记为 $\varepsilon_1, \varepsilon_2, \cdots, \varepsilon_n$,见图 1-8。这样,将实验数据 (x_i, y_i) 代入方程 $y = a + bx$ 后,得到

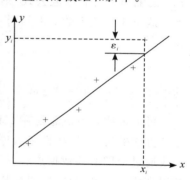

图 1-8　y_i 的测量偏差

$$\left. \begin{array}{l} y_1 - (a + bx_1) = \varepsilon_1 \\ y_2 - (a + bx_2) = \varepsilon_2 \\ \vdots \\ y_n - (a + bx_n) = \varepsilon_n \end{array} \right\}$$

我们要利用上述的方程组来确定 a 和 b,那么 a 和 b 要满足什么要求呢? 显然,比较合理的 a 和 b 是使 $\varepsilon_1, \varepsilon_2, \cdots, \varepsilon_n$ 数值上都比较小。但是,每次测量的误差不会相同,反映在 $\varepsilon_1, \varepsilon_2, \cdots, \varepsilon_n$ 大小不一,而且符号也不尽相同。所以只能要求总的偏差最小,即

$$\sum_{i=1}^{n} \varepsilon_i^2 \to \min$$

令

$$S = \sum_{i=1}^{n} \varepsilon_i^2 = \sum_{i=1}^{n} (y_i - a - bx_i)^2$$

使 S 为最小的条件是

$$\frac{\partial S}{\partial a} = 0, \frac{\partial S}{\partial b} = 0, \frac{\partial^2 S}{\partial a^2} > 0, \frac{\partial^2 S}{\partial b^2} > 0$$

由一阶微商为零得

$$\left. \begin{array}{l} \dfrac{\partial S}{\partial a} = -2 \sum_{i=1}^{n} (y_i - a - bx_i) = 0 \\[3mm] \dfrac{\partial S}{\partial b} = -2 \sum_{i=1}^{n} (y_i - a - bx_i) x_i = 0 \end{array} \right\}$$

解得
$$a = \frac{\sum\limits_{i=1}^{n} x_i \sum\limits_{i=1}^{n}(x_i y_i) - \sum\limits_{i=1}^{n} x_i^2 \sum\limits_{i=1}^{n} y_i}{\left(\sum\limits_{i=1}^{n} x_i\right)^2 - n\sum\limits_{i=1}^{n} x_i^2}$$

$$b = \frac{\sum\limits_{i=1}^{n} x_i \sum\limits_{i=1}^{n} y_i - n\sum\limits_{i=1}^{n}(x_i y_i)}{\left(\sum\limits_{i=1}^{n} x_i\right)^2 - n\sum\limits_{i=1}^{n} x_i^2}$$

令 $\overline{x} = \dfrac{1}{n}\sum\limits_{i=1}^{n} x_i$, $\overline{y} = \dfrac{1}{n}\sum\limits_{i=1}^{n} y_i$, $\overline{x}^2 = \left(\dfrac{1}{n}\sum\limits_{i=1}^{n} x_i\right)^2$, $\overline{x^2} = \dfrac{1}{n}\sum\limits_{i=1}^{n} x_i^2$, $\overline{xy} = \dfrac{1}{n}\sum\limits_{i=1}^{n}(x_i y_i)$, 则

$$a = \overline{y} - b\,\overline{x}, \quad b = \frac{\overline{x}\cdot\overline{y} - \overline{xy}}{\overline{x}^2 - \overline{x^2}}$$

如果实验是在已知 y 和 x 满足线性关系下进行的,那么用上述最小二乘法线性拟合(又称一元线性回归)可解得截距 a 和斜率 b,从而得出回归方程 $y = a + bx$。如果实验是要通过对 x、y 的测量来寻找经验公式,则还应判断由上述一元线性拟合所确定的线性回归方程是否恰当。这可用相关系数 r 来判别

$$r = \frac{\overline{xy} - \overline{x}\cdot\overline{y}}{\sqrt{(\overline{x^2} - \overline{x}^2)(\overline{y^2} - \overline{y}^2)}}$$

其中 $\overline{y}^2 = \left(\dfrac{1}{n}\sum\limits_{i=1}^{n} y_i\right)^2$, $\overline{y^2} = \dfrac{1}{n}\sum\limits_{i=1}^{n} y_i^2$。

可以证明,$|r|$ 值总是在 0 和 1 之间。$|r|$ 值越接近 1,说明实验数据点密集地分布在所拟合的直线的近旁,用线性函数进行回归是合适的。$|r| = 1$ 表示变量 x、y 完全线性相关,拟合直线通过全部实验数据点。$|r|$ 值越小线性越差,一般 $|r| \geqslant 0.9$ 时可认为两个物理量之间存在较密切的线性关系,此时用最小二乘法直线拟合才有实际意义,见图 1-9。

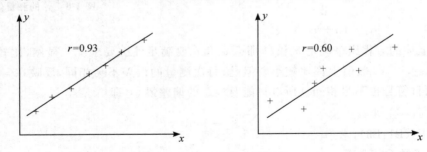

图 1-9　相关系数与线性关系

5. 用 Excel 软件进行数据处理

Excel 是一个功能较强的电子表格软件,可帮助我们进行数据处理、分析数据、产生图表。Excel 软件操作便捷,容易掌握。用 Excel 对实验数据进行处理非常方便。下面简单介绍其处理实验数据的方法。

5.1　工作表中内容的输入

5.1.1　输入文字

文本可以是数字、空格和非数字字符的组合,如"台 1234"、"12ab"、"中国",单击需要输入

文本的单元格,输入后按←、→、↑、↓或回车键结束。

5.1.2　输入公式

单击活动的单元格,输入符号"="表示此时对单元格的输入内容是一条公式,在等式后面输入公式的内容即可。

如:＝55＋B5　　　　　　表示 55 和单元格 B5 的数值的和

　　＝4＊B5　　　　　　表示 4 乘单元格 B5 的积

　　＝B4＋B5　　　　　表示单元格 B4 和 B5 的数值的和

　　＝SUM(A1:A3)　　　表示区域 A1:A3 所有数值的和

5.1.3　输入函数

Excel 包含许多预定义的或称内置的公式,称为函数。在常用工具栏中点击"fx",打开对话框选择函数,可进行简单的计算或将函数组合进行复杂的运算,也可以在格里直接输入函数进行计算。在实验中用其进行数据处理非常方便,现介绍一部分函数以供参考。

(1)求和函数 SUM

功能:返回参数表中所有参数的和。

如:＝SUM(B1,B2,B3)或 SUM(B1:B3),求 B1、B2、B3 的和。

(2)求平均值 AVERAGE

功能:返回参数表中所有参数的平均值。

如:＝AVERAGE(B1:B3),求 B1、B2、B3 的平均值。

(3)求标准偏差 STDEV

功能:估算测量列的标准偏差 S_x。

如:＝STDEV(B1:B5),求 B1、B2、B3 、B4、B5 的标准偏差 S_x。

(4)求平方和 SUMSQ

功能:返回参数表中所有参数的平方和。

如:＝SUMSQ(B1,B2,B3),求 $B1^2＋B2^2＋B3^2$ 的值。

(5)求最大值函数 MAX

功能:返回一组参数中的最大值。

如:＝MAX(B1:B3),求 B1、B2、B3 中的最大值。

(6)求最小值函数 MIN

功能:返回一组参数中最小值。

如:＝MIN(B1:B3),求 B1、B2、B3 中的最小值。

(7)计数函数 COUNT

功能:计算参数表中数字参数和包含数字单元格的个数。

(8)直线方程的斜率函数 SLOPE

功能:返回经过给定数据点的线性回归拟合线方程的斜率。

(9)直线方程的截距函数 INTERCEPT

功能:返回线性回归拟合线方程的截距。

(10)取整函数 INT

功能:将数值向下取整为最近的整数。

(11)近似函数

ROUND　　　　　　按指定的位数对数值四舍五入

ROUNDDOWN　按指定的位数向下舍去数字

ROUNDUP　　　按指定的位数向上舍入数字

(12)部分数学函数

SIN 正弦、COS 余弦、TAN 正切、SQRT 平方根、POWER 乘幂、LN 自然对数、LOG 常用对数、EXPe 的乘幂、DEGREES 弧度转角度、RASIANS 角度转弧度等。

函数的输入方法：

(1)单击将要在其中输入公式的单元格。

(2)单击工具栏中函数"fx"。

(3)在弹出的"粘贴函数"对话框中选择需要的函数。

(4)单击"确定"，在弹出的函数对话框中按要求输入内容。

(5)单击"确定"，得到运算结果。

5.2　图表功能

Excel 的图表功能为实验数据处理的作图、拟合直线、拟合曲线、拟合方程和相关系数平方的数值讨论带来了极大的方便。

其操作步骤为：

(1)先选定数据表中包含所需数据的所有单元格。

(2)单击工具栏中"图表向导"按钮，便进入"图表向导—4 步骤之 1"的对话框，选出希望得到的图表类型，如 XY 散点图，再单击"下一步"，按其要求完成对话框内容的输入，最后单击"完成"，便可得到图表。

(3)选中图表并单击"图表"主菜单，单击"添加趋势线"命令。

(4)单击"类型"标签，选择"线性"等类型中的一个。

(5)单击"选项"标签，可选中"显示公式"、"显示 R 平方值"复选框，单击"确定"，便可得到拟合直线或曲线、拟合方程和相关系数平方的数值。

Excel 功能非常强大，以上只介绍了其中很少一部分功能，以便为实验数据处理提供方便。

6. 用计算器求算术平均值 $\bar{x}$、标准偏差 S_x

不同型号的计算器计算实验列标准偏差所用的符号不尽相同，主要有 S 和 σ_{n-1} 两种，它们的定义是等价的。怎样使用计算器的统计功能，需要阅读计算器的说明书。

一般的程序是首先进入统计状态，然后将实验数据输入到计算器中，再利用"$\boxed{\bar{x}}$"键调用测量列的平均值，用"$\boxed{S}$"键调用测量列的标准偏差，然后用公式 $U_{xA} = \dfrac{t}{\sqrt{n}} S_x$ 来计算 A 类不确定度。注意每计算完一组数据，要清除内存后才能计算下一组数据 。

习　题

1. 甲、乙、丙、丁四人用螺旋测微计测量一个钢球的直径，所得的测量结果表示如下：甲为 $D = (1.283\ 2 \pm 0.000\ 2)$cm，乙为 $D = (1.283 \pm 0.000\ 2)$cm，丙为 $D = (1.28 \pm 0.000\ 2)$cm，丁为 $D = (1.3 \pm 0.000\ 2)$cm。问哪个人表达得正确？其他人错在哪里？

2. 用米尺测量物体的长度,测得的数值为 98.98 cm、98.94 cm、98.96 cm、98.97 cm、99.00 cm、98.95 cm 及 98.97 cm。完成下列要求:(1)列出表格;(2)求其平均值;(3)计算 A 类不确定度、B 类不确定度及合成不确定度;(4)表达最后的测量结果。

3. 一个铝质圆柱体,测得其直径为 $d=(2.040\pm0.001)$cm,高度 $h=(4.120\pm0.001)$cm,质量为 $m=(14.90\pm0.05)$g。(1)求铝的平均密度 $\bar{\rho}$;(2)求 $\bar{\rho}$ 的合成不确定度 $U_{\bar{\rho}}$;(3)表达测量结果。

4. 比较下列三个量的不确定度和相对不确定度。哪个最大? 哪个最小?

(1)$x_1=(34.98\pm0.02)$cm;

(2)$x_2=(0.498\pm0.002)$cm;

(3)$x_3=(0.009\,8\pm0.000\,2)$cm。

5. 下面问题错在哪里? 请改正。

(1)$N=(10.800\,0\pm0.2)$cm;(2)有人说 0.287 0 有 5 位有效数字,有人说只有 3 位;(3)$L=28$ cm$=280$ mm;(4)$L=(28\,000\pm8\,000)$ mm;(5)$12.3\times24=295.2$;(6)$S=0.022\,1\times0.221=0.004\,884\,1$。

6. 试用有效数字运算规则计算下列各式:

(1)$98.754+1.3$;(2)$107.50-2.5$;(3)111×0.100;(4)$\dfrac{76.000}{40.00-2.0}$;

(5)$\dfrac{50.00\times(18.30-16.3)}{(103-0.3)\times(1.00+0.001)}$;(6)$\dfrac{100.0\times(5.6+4.412)}{(78.00-77.0)}+110.0$。

7. 写出下列测量关系式的不确定度传递公式:

(1)$g=4\pi^2\dfrac{L}{T^2}$;　　(2)$L=l+\dfrac{D}{2}$;

(3)$V=\dfrac{1}{6}\pi D^3$;　　(4)$E=\dfrac{8LRF}{\pi d^2 a\Delta r}$。

第二章　物理实验的基本方法和基本操作技术

第一节　物理实验的基本方法

历史上,自然科学家都十分重视实验方法的研究。许多物理研究工作者在取得科研成果的同时,也创造出了引人注目的方法论,这是人类宝贵的精神财富。爱因斯坦指出,在衡量人才的贡献时,主要看他在自己的一生中"想的是什么和他怎样想的",也就是说,既要关注人才向社会提供的物质成果,更要注意从他们那里汲取科学的思想方法以及思维的艺术。物理学发展的历史已经充分证明,每一次物理学上的重大发现,往往伴随着实验思想的重大突破。物理实验大师的那些深刻的设计思想、精巧的实验方法,是人类认识未知世界的锐利武器和宝贵财富。因此,在物理实验课学习中,应该努力汲取其蕴含的丰富的实验思想方法,深入解剖,特别是学会综合应用各种实验方法解决问题。

物理实验离不开定量的测量和分析,待测量很广泛,包括力学量、热学量、电磁学量和光学量等,测量方法也很多。这里仅介绍几种具有共性的基本测量方法。这些测量方法是物理实验的思想方法,而不是指具体的测量过程和方式。

1. 比较法

比较法是最基本、最重要的测量方法之一。所谓比较法是将待测量与同类物理量的标准量具或标准仪器直接或间接地进行比较,测出其量值。由于比较的标准量、比较的方法和条件的差异,比较法分为直接比较法和间接比较法。

1.1　直接比较法

将待测量与经过校准的仪器或量具进行直接比较,测量出其量值的方法称为直接比较法。直接比较法是通过比较系统实现测量的。直接比较法有如下特点:

(1)同量纲。标准量和被直接测量量的量纲相同,如用米尺测量长度。

(2)直接可比。标准量和待测量直接可比,并不需要量的繁杂变化就可以直接得到结果。如用天平称量物体的质量,只要天平平衡,砝码的示数就是被测量的值。

(3)同时性。标准量和待测量的比较是同时发生的,没有时间的延迟或滞后,也就是说,没有时间变换的效应参与过程。

1.2　间接比较法

在物理量的测量中,在基本量和常用导出量范围内做到同量纲是比较容易的,但是对许多物理量若要求进行直接比较和同时比较往往有一定的困难。例如,在高温下测量物体的长度,在真空条件下测量某些物理量等,在"直接"和"同时"的要求上都难以做到。通常使用的电流表可以用来测量电流,而且表盘上标出的是电流值,似乎可以认为它是同量纲,但是,它的测量过程的本质使用了被测电流的安培力效应和标准电流的安培力效应。显然这种测量既不是直接比较,也不是同时比较。对于这类问题,通常可以借助一个中间量或者将待测量进行某种变换,来间接实现比较测量,这种方法叫作间接比较法。

1.3　比较系统

所谓比较系统是指在测量过程中为了获取测量数据所需要借助的仪器系统。天平、电桥、电位差计等均是常用的比较系统。为了进行比较,常用以下方法获得待测物理量的量值:(1)直读法。通过比较系统的标度尺示值或显示窗口直接读出被测量。(2)零示法。以示零器示零作为比较系统平衡的判据并以此为测量依据的方法称为零示法。因为人的眼睛判断指针与刻度线重合的能力比判断相差多少的能力强,所以该方法灵敏度较高,测量精密度比直读法高。(3)交换法。用天平测量物体质量时,第一次平衡后,将标准物(砝码)与待测物交换位置,再次平衡,以两次测量结果的几何平均值作为待测物的质量,可以消除天平两臂不等长的影响。(4)代替法。在比较系统平衡后,用标准物代替待测物,系统重新平衡后,标准物的示值就等于待测物的量值。

2.　放大法

在实验过程中,常会遇到一些很小的或者微弱的变化量,对这些物理量的测量往往很难找到合适的标准量(或测量仪器),即使能够找到与之进行比较的标准量,也会因这些量值过小,用肉眼无法进行分析和判断而使测量无法进行。要对这些物理量进行测量,必须将待测量放大,以使比较测量成为可能。将待测物理量按一定的规律放大再进行测量的方法称为放大法。常用的放大法有累积放大法、机械放大法、电磁放大法、光学放大法。

2.1　累积放大法

在物理实验中我们常常遇到这样一些问题,即受测量仪器精度的限制,或存在很大的噪声或受人反应时间的限制,单次测量的误差很大或者无法测量出待测量的有用信息,采用积累放大法来进行测量,就可以减少测量误差,降低噪声,获得有用的信息。例如,在力学实验单摆测重力加速度实验的周期测量中,就用到了与此类似的方法。在一般情况下都是测 n 个周期的总时间,然后除以 n,得到周期的值,这实质上等于把周期值放大 n 倍之后再进行测量。

累积放大法的优点是在不改变待测量性质的情况下,将待测量延展若干倍后进行测量,从而增加测量结果的有效数字位数,减小测量的相对误差,提高测量的精度。

在使用累积放大法时要注意两点:(1)在延展过程中待测量不能发生变化;(2)在延展过程中应努力避免引入新的误差(如细丝密绕时中间出现的间隙)。

2.2　机械放大法

机械放大法是最直观的一种放大方法。利用机械部件之间的几何关系,将仪器的刻度系统细分,使标准单位量在测量过程中得到放大的方法,称为机械放大法。机械放大法可以提高测量仪器的分辨率,增加测量结果的有效数字。例如,利用游标可以提高测量的精细程度,原来分度值为 Y 的主尺,加上一个 n 等分的游标后,组成的游标尺的最小分度值为 $\dfrac{Y}{n}$,即对 Y 细分了 n 倍,这对直游标尺和角游标都是适用的。螺旋测微原理也是一种机械放大。螺旋测微计利用测微螺杆、微分筒机构,使仪器的最小分度值从 1 mm 变为 0.01 mm,从而提高测量精度。又如在分光计读数盘的设计中,为了提高仪器的测量精度,采用两种方法:(1)增大刻度盘的半径,因为刻度盘的半径越大,仪器的分辨率越高;(2)应用游标的读数原理,增设游标读数装置。

2.3 电磁放大法

为了对微弱的电信号(电流、电压或功率)进行有效的观察和测量,常借助电子学中的放大线路,将微弱的电信号放大,以便进行测量。电信号的放大可以是电压放大、电流放大或功率放大。电信号亦可以是交流的或直流的。随着微电子技术和电子器件的发展,各种电信号的放大都很容易实现,因而也是用得最广泛最普遍的。物理实验中使用的微电流放大器、光电倍增管和示波器等都属于此类。

2.4 光学放大法

光学放大法有两种:(1)使待测物通过光学仪器形成放大的像,以便于观察判别,常用的测微目镜、读数显微镜等均属此类;(2)通过测量放大后的物理量,间接测得本身较小的物理量。光学放大的仪器有放大镜、显微镜和望远镜。这类仪器只是在观察中放大视角,并不是实际尺寸的变化,所以并不增加误差,因而许多精密仪器都在最后的读数装置上加一个视角放大装置以提高测量精度。

在用拉伸法测金属丝的杨氏弹性模量实验中,利用光杠杆法测量金属丝在受到应力后长度发生的微小变化,光杠杆使用的就是一种光学放大法。因为光学放大法具有稳定性好、受环境干扰小的特点,所以它被广泛地应用于许多科技领域。

3. 平衡法

平衡是物理学的一个基本概念,由平衡可以得到许多重要的应用。例如,用天平称量物体的质量,如果天平平衡,指针准确地停止在零位,此时称为天平平衡。根据等臂天平两侧质量相等的原理,可以很简单地直接得出待测质量。利用平衡状态测量待测物理量的方法称为平衡法。

在平衡法中,用待测量与已知量或相对参考量进行比较,通过检测并使它们的差值为"0",再由已知量或相对参考量获得待测量。因此,平衡法也称零示法。

天平平衡表示已知砝码和待测物体的质量在同一重力场中对天平支点的力矩相等(对等臂天平而言),因而两者质量相等,此时,指针显示其力矩的不平衡量为"0",指针指在分度盘的"0"位。

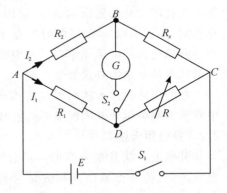

图 2-1 惠斯通电桥示意图

电桥是平衡法的另一个典型的例子。图 2-1 是惠斯通电桥的示意图。在图中,四个电阻以四边形组成电路,当在一条对角线 AC 两端接上电源时,在另一对角线 B 点和 D 点之间出现电势差,检流计 G 上有电流通过,这种电路称为桥式电路。图中 R_1 和 R_2 为标准电阻,称为"比率臂";R 为可变标准电阻;R_x 为待测电阻。测量时,调节电阻 R 可使检流计 G 上示值为零,即 B 点和 D 点电势相等,这时电桥达到平衡。此时有

$$R_x = \frac{R_2}{R_1} R \qquad\qquad (2-1)$$

在式(2-1)中,只要知道比率臂和 R 的电阻值,就可算出待测电阻 R_x 的阻值。显然,电桥平衡是对应点的电势差为零。

综上所述,平衡法有以下共同特点:

（1）都有一个指零仪器或装置，用以判别待测系统是否达到一种特殊状态——平衡状态。这个指零器本身可以不表征任何测量结果，真正的测量结果要通过一个简单的函数关系，用另外一个或一组标准量来表示。

（2）指零仪器所表征的量和待测量可以有完全不同的量纲，它只承担状态的指示任务。

（3）指零仪器不改变待测系统的工作状态，即从理论上来说它不产生系统误差，可以实现高精度的测量。

（4）对指零仪器和装置本身的要求并不是很高，一般的指零仪器都可以使用，容易达到较高的测量精度。

由于具有上述特点，平衡法在精密测量和微小变化量的测量中具有重要的意义和应用价值，它常常是提高测量精度的关键所在。在实验中如何巧妙地组合标准量和待测量的关系，使其差值最敏感，并适当地选取示零仪器，以期达到最理想的效果，是实验设计的关键所在。

4. 补偿法

某系统受某种作用产生 A 效应，受另一种同类作用产生 B 效应，如果由于 B 效应的存在而使 A 效应显示不出来，B 对 A 进行了补偿，该方法叫补偿法。在实验中经常用到补偿方法，特别是在实验仪器和实验过程的设计上。

（1）在光学实验的测量中，常常要求光程相等或光程差恒定。在设计和调整光路时，很难达到上述要求，通常的办法是在光路的某一部分加上一个可调的光路补偿器，以达到预期的光程要求。光学实验中迈克耳孙干涉仪的补偿板的作用就是补偿第一光束因在另一板中往返两次所多走的光程，使得干涉仪对不同波长的光可同时满足等光程的要求。

（2）在交流电路中，常常使用一些电感性元件，如电动机和各种带线圈的器件。根据交流电路的知识，电感电路将使线路中流过的电流落后于电压一个相位差，从而使得电路的功率因数大大降低，即使在线路的电流值和电压值都很大的情况下，线路输出的有用功功率仍很低，这样就增加了线路的损耗。为了解决这个问题，通常的办法是在感性负载集中的地方并联一组电容器，利用容性电路中电流超前于电压的特性使感性电路得到补偿，线路传输的功率因数得到提高。由于这种电容器是专门用来对线路的参数进行补偿的，通常叫作补偿电容器。

上述例子较好地说明了补偿法的思路。补偿法并不是努力去消除或改变实验过程中自然出现的某些误差因素，而是采取相应的措施去补偿由此所产生的客观效果。从总体上讲，这一消除误差的思想和方法是非常重要的。

例如，用电压表跨接待测电源的两端测电源的电动势时，由于有电流 I 流过电压表，电压表的读数不是待测电源的电动势 E，而是路端电压 U，根据全电路欧姆定律，有

$$U = E_x - Ir \qquad (2-2)$$

其中，r 为待测电源的内阻。造成这种结果的原因是因为电压表的接入改变了待测电源原有的状态。为了精确地测定电源的电动势，可按图 2-2 所示的电路进行测量。图中 E_x 为待测电源，E_0

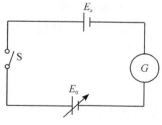

图 2-2　补偿原理图

为可调标准电源，G 为检流计。调节 E_0 使检流计 G 示零，则回路中两个电源的电动势必然大小相等，方向相反，此时称电路达到补偿。在补偿条件下，如果 E_0 的量值已知，则 E_x 亦可求出。

5. 转　换　法

利用物理量之间的相互关系,实现各参量之间的变换,以达到测量某一物理量的目的。通常利用这种办法将一些不能直接测量或不易测量的物理量,转换成其他若干可直接测量或易测的物理量,然后进行测量。这种根据物理量之间的相互关系和函数形式将一些不易测量的物理量转化为可以(或易于)测量的物理量进行测量的方法称为转换测量法,它是物理实验中常用的方法之一。转换测量方法可分为参量转换法和能量转换法。

5.1　参量转换法

利用物理量之间的某种变换关系,以达到测量某一物理量的方法称为参量转换法。这种方法可以把不可测的量转换成可测的量,把测不准的量转换成可测准的量,用测量物理量的改变量代替测量的物理量,把单个测量点的计算方法改变为多个测量点的作图法。例如,力学实验中测量钢丝的杨氏模量 E,是以应变与应力成线性变化的规律,将 E 的测量转换成对应力 F/S 和应变 $\Delta L/L$ 的测量后得到 $E=\dfrac{F/S}{\Delta L/L}$。

在参量转换法中,最重要的是寻求物理量之间的相互关系。可以分为直接寻求和间接寻求两类。

直接寻求:寻求两个物理量之间的关系时,可以直接改变其中某一物理量的值,测量另一物理量的变化,通过数学和逻辑推理的方法寻求它们之间的关系。

寻求多个物理量之间的关系时可以利用下述方法:

(1)可以先固定某个或某些物理量而求出两个主要变化量之间的关系。

(2)先固定某个或某些物理量,两两地求出相互关系,再综合分析。

(3)先找出影响各物理量变化的主要物理量,改变这一物理量,同时测多个变量,然后用某种方法进行处理,找出各物理量之间的关系。

间接寻求:在设计和安排实验时,有的物理量有时不能直接测量,这时就需另辟蹊径,设法将一些不可测量的物理量转换成可测量的物理量。

把测量物理量变换成测量物理量的改变量也是一种转换测量法。例如,在用拉伸法测杨氏模量的实验中,就是把直接测量拉伸量 ΔL 变为分别测量 L_0 及 $L(\Delta L=L-L_0)$。

在图解法中,利用作图法或回归法把不易测量的物理量放在截距上,而把要测的物理量放在斜率中去解决,也属于一种转换测量法。

5.2　能量转换法

能量转换是利用物理学中的能量守恒定律以及能量形式上的相互转换规律进行转换测量的方法。实现能量转换的器件称为传感器。

传感器的种类很多。原则上讲,所有物理量,比如长度、速度、加速度、振动参量等力学量以及湿度、压力、流量、气体成分等热学量,都能找到与之相应的传感器,从而可以将这些物理量转换为其他信号进行测量。下面介绍几种比较典型的能量转换测量法。

(1)热电转换。热电转换是将热学量转换为电学量的测量,热电偶和半导体热敏元件是常用的热电传感器。在热电偶中,通过不同温度下两种不同材料接触时会产生接触电动势的效应将温度差转换为电动势,进而确定待测点的温度。

(2)光电转换。利用光敏元件将光信号转换成电信号进行测量。例如在弱电流放大的实验中,把激光(或其他光,如日光、灯光等)照射在硒光电池上,可以将光信号转换成电信号,再通过放大进行测量。在物理实验中常用的光电元件还有光敏三极管、光电倍增管、光电管等。

（3）磁电转换。在磁电转换中,最典型的磁敏元件是霍耳元件、磁记录元件（如读写磁头、磁带、磁盘等）、磁阻元件等。利用磁敏元件（或电磁感应组件）可以将磁学参量的测量转换成电压、电流或电阻的测量。

（4）压电转换。利用压敏元件或压敏材料（如压电陶瓷、石英晶体等）的压电效应可以将压力转换成电信号;反过来,也可以用某一特定频率的电信号去激励压敏材料使之产生共振,从而实现其他物理量的测量。

（5）几何变化量与电学参量的转换。利用电学元件或参量（如电感、电容、电阻等）对几何变化量敏感的特性可以实现长度、厚度或微小位移等几何量的测量。

6. 模拟法

物理实验是在人工控制的条件下,对自然界发生的某种现象反复重演所进行的观察研究。物理实验的任务首先是要使被研究的物理过程再现。但在许多问题中,要研究的物理过程是很难实现的。例如,被研究的对象非常庞大或非常微小（巨大的原子能反应堆、同步辐射加速器、航天飞机、宇宙飞船、物质的微观结构、原子和分子的运动等）,非常危险（地震、火山爆发,发射原子弹或氢弹等）,或者研究对象变化非常缓慢（天体的演变、地球的进化等）。这时,根据相似性原理,可以人为地制造一个类似于被研究对象或运动过程的模型来进行实验。

依据相似理论,人为地制造一个类似于研究对象的物理现象或过程,用模型的测试替代对实际对象的测试,研究物质或事物的物理属性或变化规律的实验方法称为模拟法。模拟法不直接研究物理现象或过程本身,而是用与该现象或过程相似的模型来进行研究。

依其性质和特点模拟法可分为物理模拟法和数学模拟法。

6.1　物理模拟

人为制造的"模型"与实际"原型"有相似的物理过程和相似的几何形状,以此为基础的模拟方法即为物理模拟。

物理模拟主要有几何模拟和动力相似模拟两类。

（1）几何模拟。几何模拟是将实物按比例放大或缩小,对其物理性能及功能进行试验。例如,研究建筑材料及结构的承受能力时,可将原材料或建筑群体按比例缩小到原来的几分之一或几十分之一,进行实验模拟。

（2）动力相似模拟。一般来说,几何上的相似性并不等于物理上的相似,因而在工程技术中做模拟实验时,如何保证缩小的模型与实物在物理上保持相似性是个关键的问题。为了达到模型与原型在物理性质或规律上的相似或等同性,模型的外形往往不是原型的缩型。例如,在航空技术研究中,由于很难直接进行自然条件下的实验,人们不得不建造用压缩空气作调整循环的密封型风洞来作为模型试验的条件,使试验条件更符合实际自然状态。

物理模拟具有生动形象的直观性,并可使观察的现象反复出现,因此具有广泛的应用价值。

6.2　数学模拟

模型和原型在物理实质上不同,但遵循相同的数学规律,这种利用模型的研究方法称为数学模拟。数学模拟又称类比,物理实验中数学模拟的最典型的例子是用恒定电流场来模拟静电场的实验。要直接对静电场进行测量是十分困难的,因为将任何测试仪器引入静电场中都将明显地改变静电场的原有状态。但是,由于反映恒定电流场性质的场方程与反映静电场性质的场方程是相似的,所以可以用恒定电流场来模拟静电场。如果恒定电流的空间电极形状和边界条件与待研究的静电场相同,则通过测定恒定电流场的分布就可以确定静电场的分布。

6.3 计算机模拟

虚拟实验系统通过解剖教学过程,使用键盘和鼠标控制仿真仪器画面动作来模拟真实实验仪器,完成各种模块中相应的内容。在软件设计上把完成各种模块中的内容看作是从问题空间到目标空间的一系列变化,从此变化中找到一条达到目标的求解途径,从而完成仿真实验过程。此方法利用计算机来丰富实验教学的思想、方法和手段,改革传统实验教学模式,使实验教学与高新科学技术协调地发展,提高实验教学水平。

需要注意的是,模拟法虽然具有许多优点,但是也有很大的局限性,因为它仅能够解决可测性的问题,并不能提高实验的精度。

最后应该指出,上述分别介绍了几种典型的实验方法,但在具体的科学实验中往往是把各种方法综合起来使用的。因此,实验者只有对各种实验方法有深刻的了解才能在未来的实际工作中得心应手地综合应用。

第二节   物理实验基本调整技术

实验中的调整和操作技术十分重要,正确地调整和操作不仅可将系统误差减小到最低限度,而且对提高实验结果的准确度也有直接影响。

在实验过程中,我们必须养成良好的习惯,在进行任何测量前首先要调整好仪器,并按正确的操作规程去做。这里只介绍一些最基本的具有一定普遍意义的调整和操作技术以及电学实验、光学实验的基本操作规程,有些问题将在具体实验中介绍。

1. 零位调节

绝大多数测量工具及仪表,如游标卡尺、螺旋测微计、电流表、电压表、万用表等都有零位(零点)。在使用它们之前,必须检查或校正仪器零位。对于一些特殊的仪器或精度要求较高的实验,还必须在每次测量前校正仪器零位。

零位校正的方法一般有两种:(1)测量仪器本身带有校正装置,如电表,应使用零位校正装置使仪器在测量前处于零位;(2)仪器本身不能进行零位调整,如端点已经磨损的米尺、钳口已被磨损的游标卡尺,对于这类仪器,则应先记下零点读数,然后对测量数据进行零点修正。

2. 水平或铅直调整

有些仪器和实验装置必须在水平或铅直状态下才能正常地进行实验,如天平、气垫导轨、三线摆和一些光学仪器等,因此,在实验中经常遇到要对实验仪器进行水平或铅直调整。这种调整常借助水准仪或悬锤进行。凡是要做水平或铅直调整的仪器,在其底座上大多数设有三个底脚螺丝(或一个固定脚,两个可调脚),通过调节底脚螺丝,借助水准仪或悬锤,可将仪器装置调整到水平或铅直状态。

3. 消除视差调节

在实验中,经常会遇到仪器的读数标线(指针、叉丝)和标尺平面不重合的情况。例如,电表的指针和刻度面总是离开一定的距离,因此,当眼睛在不同位置观察时,读得的指示值有时会有差异,这一现象称为视差。为了获得准确的测量结果,实验时必须消除视差。消除视差的方法有两种:(1)使视线垂直标尺平面读数,如1.0级以上的电表表盘上均附有平面镜,当观察到指针与其像重合时,读取指针所指刻度值即为正确的;(2)使读数标线与标尺平面密合在同一平面内,如将游标卡尺上的游标尺加工成斜面,便是为了使游标尺的刻线下端与主尺接近处于同一平面,以减小视差。

光学实验中的视差问题较为复杂,除了观测者的读数方法外,主要是由于仪器没有调节好,造成较大的视差。下面分析光学仪器测量时的视差。

在用光学仪器进行非接触式测量时,常使用带有叉丝的望远镜或读数显微镜,其基本光路如图 2-3 所示。它们的共同点是在目镜焦平面内侧附近装有一个十字叉丝(或带有刻度的分划板),若待测物体经物镜后成像(A_1B_1)在叉丝所在的位置处,人眼经目镜观察到叉丝与物体的最后虚像(A_2B_2)都在明视距离处的同一平面上,这样便无视差。要消除视差,可仔细调节目镜(连同叉丝)与物镜之间的距离,使待测物体经物镜成像在叉丝所在的平面上。一般是一边调节一边稍稍左右、上下移动眼睛,看看待测物体的像与叉丝像之间有否相对运动,直至二者无相对运动为止。

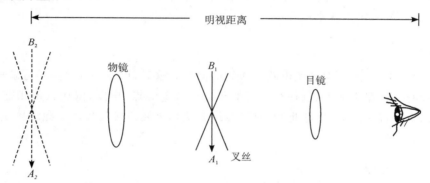

图 2-3　望远镜基本光路示意图

4. 等高、共轴调整

调节光学系统中各种元件的光轴,使之共轴,并让物体发出的成像光束满足近轴光线的要求。因为成像公式中的各段距离都是指光学系统光轴上的距离,所以要从光具座导轨的刻度尺上的读数求出符合实际的距离,必须做到光学系统的光轴和光具座导轨的基线平行——简称等高。调节光学系统各元件共轴等高,是光学实验中的一项基本要求,必须很好地掌握,一般的调节可分粗调节和细调节两步进行。

粗调主要靠目测来判断。将各光学元件和光源的中心大致调成等高,且各元件所在的平面基本上相互平行且与移动方向垂直。若各元件可沿水平轨道滑动,可先将它们靠拢,再等高共轴,可减小视觉判断的误差。

细调时,利用光学系统本身或借助其他光学仪器,根据光学的基本规律来调整。例如,在薄透镜实验中,根据透镜的成像规律,由二次成像法调整、移动光学元件,使两次成像没有上、下和左、右移动。

5. 逐次逼近调节

在物理实验中,仪器的调节大多不能一步到位。例如,电桥达到平衡状态、电势差计达到补偿状态、灵敏电流计零点的调节、分光计中望远镜光轴的调节等,都要经过反复多次的调节才能完成。"逐次逼近调节"是一个能迅速、有效地达到调整要求的调节技巧。

依据一定的判断标准,逐次缩小调整范围,较快地获得所需状态的方法称为逐次逼近调节法。在不同的仪器中判断标准是不同的,如调节天平是观察其指针在标度前来回摆动时左右两边的振幅是否相等,平衡电桥是看检流计的指针是否指零。逐次逼近调节不仅在天平、电桥、电势差计等仪器的平衡调节中用到,而且在光路的共轴调整、分光计的调节中也要用到,它是一种经常使用的调节方法。

6. 先定性、后定量原则

在测量某一物理量随另一物理量变化的关系时,为了避免测量的盲目性,应采用"先定性、后定量"的原则进行测量。即在定量测量前,先对实验的全过程进行定性观察,在对实验数据的变化规律有初步了解的基础上进行定量测量。例如,测绘晶体二极管的伏安特性曲线时,对于电流 I 随电压 U 变化的情况,可先进行定性观察,然后在分配测量间隔时,采用不等间距测量。在电压增量 ΔU 相等的两点之间,如果电流 I 变化较大,就应多测几个点。这样采用由不同间隔测得的数据来作图就比较合理。

7. 回路接线法

在电磁学实验中,常会遇到按电路图接线的问题。这时,可将一张电路图分解成若干个闭合回路,接线时由回路 I 的始点(往往为高电势点或低电势点)出发,依次首尾相连,最后仍回到始点,再依次连接回路 II、回路 III 等,这种接线方法称为回路接线法。按此法接线和查线,可确保电路连接正确。

8. 避免空程误差

由丝杠和螺母构成的传动与读数机构,由于螺母与丝杠之间有螺纹间隙,往往在测量刚开始或刚反向转动时,丝杠需转过一定角度(可能达几十度)才能与螺母啮合,结果与丝杠连接在一起的鼓轮已有读数改变,而由螺母带动的机构尚未产生位移,造成虚假读数而产生空程误差。为了避免产生空程误差,使用这类仪器(如螺旋测微器、读数显微镜)时,必须待丝杠与螺母啮合后才能进行测量,且只能向一个方向旋转鼓轮,切忌反转。

第三节　物理实验基本操作规程

1. 电磁学实验基本规则

1.1　仪器的布局

对电学实验,合理布局仪器是保证实验顺利进行的重要一环。仪器布局得当,可使接线顺手,操作方便,不易出错,出现了错误也容易查出。为了连线方便,一般各仪器应按照电路图中的位置摆放好。但是,为了便于操作,易于观察,保证安全,有的仪器不一定完全按照电路图的位置对应布置。例如,经常要调节或读数的仪器可放在离操作者较近的地方,电源可放在较远的地方;在电源开关前不要放置其他东西,以便电路出现故障时能及时断开电源。仪器总体摆放要整齐。在未接线前,根据电路图中各符号图形对实验仪器进行核对,然后根据"走线合理,操作方便,易于观察,实验安全"的原则布置仪器。

1.2 电路的连接

电路连接是电磁学实验的基本功。在充分理解电路图的原理和安排好仪器布局之后,即可开始接线。接线一般先从电源的正极开始(注意:接线时电源开关要断开),依照电路原理图,按高电势到低电势的顺序连接。如果电路比较复杂,可分成几个回路,连好一个回路再连接另一个回路,切忌乱连。连线时要注意电路中的等势点,不宜在一个接线柱上连接过多的导线,否则,容易造成接触不良或接线脱落等现象。电路连线要整齐,接头要旋紧(但不要旋死)。接完电路后,首先要自己检查一遍,再请教师检查,确保无误方可通电试验。

例如,如图 2-4(a)所示,可先从电源正级开始,按 b、c、d、e、f、g 的顺序接线,a、h 暂不接。如图 2-4(b)的复杂电路,按回路连接,电源暂不接,先按顺序接好回路Ⅰ,然后接回路Ⅱ、回路Ⅲ。

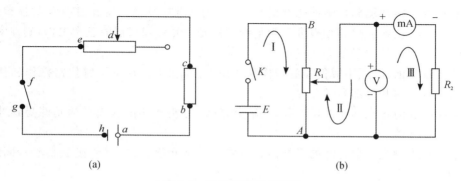

图 2-4 电路的连接示意图

1.3 通电试验

通电之前要先把各变阻器调至安全位置,限流器的阻值要调至最大,分压器要调到输出电压最小的位置。当不知道电压或电流的数值范围时,应取电表最大量程。检流计的保护电阻应置最大位置,在可能的情况下应事先预估各表针的正常偏转位置。

接通电源时应手握电源开关,充分利用视觉和嗅觉,注视全部仪器。当发现表针有反向偏转或超出量程,电路打火、冒烟,出现焦臭味或特殊响声等异常现象时,应立即切断电源,重新检查。在排除故障前千万不能再通电。在实验过程中如要改接电路,必须断开电源。将操作过程概括起来就是:"手合电源,眼观全局,先看现象,再读数据。"

1.4 测量

测量时,必须让指针停稳,使视线垂直于刻度表面才读数,这样才不会因视差带来不必要的误差。同时根据电表的级别和量程确定有效数字的位数。

如果没有要求电表的级别,通常必须读出所有刻度值并估算一位作为有效数字的位数。数字式仪表显示的最后一位数为有效数字的位数,不用估读。

1.5 断电和整理仪器

实验做完后不要忙于拆线路,应先分析数据是否合理,有无漏测或可疑数据,必要时要及时重测或补测。在实验课上须经老师检查,确认实验数据无误后方可拆线。拆线前应首先把分压器和限流器调至安全位置,以减小电压和电流,避免断电时电表剧烈打针。然后切断电源开关,开始拆线。拆线应从电源开始,这样可以防止万一忘记关闭电源时因导线短路而引起烧坏仪器、触电和起火等事故。整理好拆下的导线后,再将仪器和仪表摆放整齐。

1.6 安全用电

安全用电是实验中必须充分注意的问题。要预防触电就不能直接接触高于安全电压(36 V)的带电体,特别不能用双手触及电位不同的带电体。实验使用的电源通常是 220 V 交流电和 0~24 V 的直流电,但有时实验电压可高达 1 万伏以上。所以,在做电学实验过程中要特别注意人身安全,谨防触电事故发生。实验时应注意以下几点:

(1)接线和拆线必须在断电状态下进行。

(2)操作时人体不能触及仪器的高压带电部位。

(3)在带电情况下操作时,凡不必用双手操作就尽可能用单手操作,以减小触电危险。

2. 光学实验基本规则

光学仪器的主体是光学元件。光学元件大多是用光学玻璃制成的,对其光学性能有一定要求,而它们的机械性能和化学性能都很差。在光学仪器出厂前,均经过精密调整和校正,如果使用维护不当,很容易损坏和报废。为了维护好光学元件和仪器的正常工作,确保实验顺利进行,光学实验中必须注意以下几点:

(1)使用仪器前,必须了解仪器的操作和使用方法,切不可在不了解仪器操作和使用方法的情况下,随意调整和拆卸光学元件。

(2)搬动时要防止光学元件位置移动,轻拿轻放,勿使光学仪器或光学元件受到冲击或震动,特别要防止摔落。

(3)不许用手触摸光学元件的光学面。若要用手拿光学元件,只能接触其磨砂面或边缘,如图 2-5 所示。

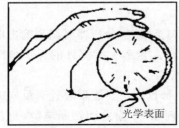
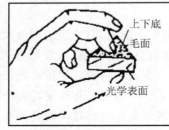
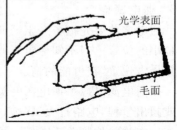

(a)手拿透镜的正确姿势　　(b)手拿棱镜的正确姿势　　(c)手拿光栅的正确姿势

图 2-5　光学元件正确拿法示意图

(4)光学表面上如有灰尘,应使用专用的干燥脱脂软毛笔将其轻轻掸去,或用橡皮吹球吹掉。若光学表面有轻微污痕或指纹印,应用特制镜头纸轻轻地拂去,不可加压擦拭,更不准用手、手帕、卫生纸和衣角擦拭,不可用嘴吹气。所有镀膜面均不能触碰或擦拭。

(5)除实验规定外,不允许任何溶液接触光学表面。不要对着光学元件表面说话,更不能对着它咳嗽、打喷嚏。

(6)光学仪器的机械结构一般都比较精密,操作时动作要轻而缓慢,用力要平衡均匀,不得强行扭动,也不能超出其行程范围。若使用不当,仪器精度会大大降低,甚至损坏。

(7)实验完毕,不得将光学元件随意乱放,应归还原箱(盒)内,注意防尘、防湿和防腐蚀。

第三章 基础性实验

实验 1 长度的测量

【实验导读】

长度是常用的基本物理量,它的国际单位是米。常用的长度测量仪器有米尺、游标卡尺、螺旋测微计、读数显微镜和测微目镜等。表征这些仪器的主要规格有量程和分度值。量程表征仪器的测量范围,分度值表示仪器所能准确读到的最小数值。分度值的大小反映了仪器的精密程度,分度值越小,仪器越精密,仪器的误差相应也越小。使用时通常需要根据待测长度的长短和测量准确度的要求来选择恰当的仪器。

【实验目的】

1. 掌握游标卡尺和螺旋测微计的测量原理和使用方法;
2. 练习有效数字的运算和不确定度的计算。

【实验仪器】

游标卡尺 螺旋测微计 被测物(空心圆柱体、钢球)

【实验原理】

1 游标卡尺

长度测量常用的工具是米尺,但由于米尺的分度值不够小,因此往往不能满足测量要求。为了提高测量精度,在米尺上附加一段能滑动的小尺——游标,就构成了游标卡尺(简称游标尺)。游标卡尺的规格常用其分度值的大小来表示,常用的有 0.1 mm、0.05 mm、0.02 mm 等几种。

实验室里常用游标卡尺的外形如图 1-1 所示。其分度值为 0.02 mm,量程 150 mm,仪器误差 $\Delta_m = 0.02$ mm。游标卡尺是用于测量工件的内径、外径、长度和深度等尺寸的量具。

1.1 游标卡尺的结构

游标卡尺由主尺和可沿主尺滑动的游尺组成,游尺上的刻度即游标。主尺和游尺的一端,上下各有一对量爪。外量爪用来测量物体的长度和外径,内量爪用来测量物体的内径,深度尺用来测量物体的深度。当外量爪紧密合拢时,游尺和主尺的"0"应对齐。

1.2 游标的读数原理

游标是将主尺 $n-1$ 个分格的长度等分为 n 分格(称为 n 分游标)。设主尺分格的宽度为

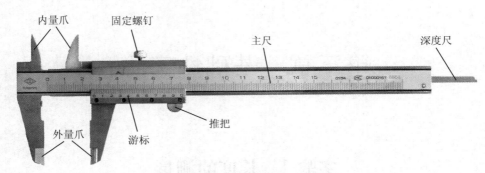

图 1-1　游标卡尺

Y，则游标分格的宽度为 $\dfrac{n-1}{n}Y$，两者的差 $\Delta Y=\dfrac{Y}{n}$ 就是游标的最小分度值。

　　使用游标卡尺时，先要明确分度值。图 1-1 所示的游标卡尺主尺的最小分格为 $Y=$ 1 mm，游尺上刻有 50 个分格（$n=50$），但它的总长度只有 49 mm 长，因此主尺和游尺的每一个分格的刻度差为 $1.00-\dfrac{49}{50}=0.02$ mm，这是该游标卡尺所能准确读取的最小数值，即游标卡尺的分度值。$\Delta Y=\dfrac{1}{n}$，$n=50$ 的游标卡尺简称"五十分游标卡尺"。

　　除图 1-1 所示的直游标卡尺外，测量仪器中还常见另一种弧形游标卡尺，弯游标尺与直游标卡尺原理基本相同，常用于测量弧长和角度。（参阅实验 17 分光计的读数。）

1.3　游标卡尺的读数

　　游标卡尺的读数由主尺读数和游标读数两部分组成，主尺上读出毫米位的准确数，毫米以下的尾数由游标读出。如图 1-2 所示，从游标的 0 刻线读得主尺上整数 7 mm（主尺上每小格 1 mm）；游标第 27 条刻线（不含零线）与主尺的某一刻线重合，这就说明游标的零线从主尺 7 mm 线处向右移动了 27×0.02 mm$=0.54$ mm，所以图 1-2 所示的游标卡尺的读数为 7.54 mm。

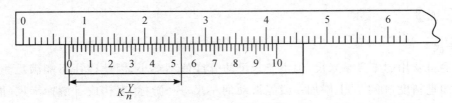

图 1-2　游标卡尺的读数

1.4　游标卡尺的使用及注意事项

　　使用游标时，一般是用左手拿物体，右手握尺，并用右手大拇指控制推把，使游标沿着主尺滑动，被测物体应放在量爪的中间部位。游标卡尺不能用来测量粗糙的物体，也不要使被夹紧的物体在量爪之间滑动，以免磨损量爪。

　　用游标卡尺测量之前，应先将外量爪合拢，检查主尺的"0"线与游标尺的"0"线是否对齐，如不对齐，应记下初始读数（称零点误差）并对测量值加以修正。往后在使用各种测量仪器时，一般都要注意校准零点或做零点修正。

2　螺旋测微计

　　螺旋测微计又称千分尺，它是比游标卡尺更为精确的测长仪器。实验室现用的螺旋测微计外形如图 1-3 所示,其量程为 25 mm,分度值为 0.01 mm,即 $\dfrac{1}{1\ 000}$ cm,仪器的误差 $\Delta_m =$ 0.004 mm。螺旋测微计常用于测量小球直径、金属丝的直径和薄板的厚度等。

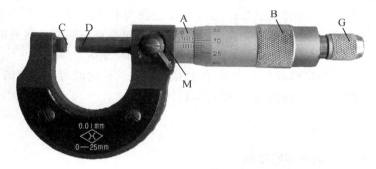

图 1-3 螺旋测微计

2.1 螺旋测微计结构

其主要构造如图 1-3 所示。固定套管(主尺)A、测砧 C 及锁紧装置 M 固定在一起。微分筒 B、棘轮 G 均固定在测微螺杆 D 上。套管内壁有阴螺纹,测微螺杆的一部分有阳螺纹,微分筒套在主尺上,它们之间通过测微螺杆尾部的棘轮相联系。

2.2 螺旋测微计的读数原理

螺旋测微计套管内壁的螺距通常是 0.5 mm,沿微分筒周界刻有 50 个分格,微分筒转过一周,即转过 50 个分格时,微分筒与测微螺杆同时前进(或后退)0.5 mm。同样,当微分筒转过一个分格时,微分筒和测微螺杆同时移动了 $\dfrac{0.5}{50} = 0.01$ mm,因此借助螺旋的转动,就可由微分筒转过的刻度确定测微螺杆移动的微小长度。由于微分筒转两周,测微螺杆才移动 1 mm,所以在主尺上除横线上侧有整数毫米刻度线外,下侧还标有半毫米刻度线。千分尺的读数方法分为两步:第一,从固定套管(主尺)上的位置,直接读出整毫米数和半毫米数;第二,不足 1 分格(0.5 mm)的部分可以从主尺上的横线所对微分筒的刻线读出(可估读到一格的 $\dfrac{1}{10}$)。两者相加就是待测物体的测量值。

应该指出的是测量读数时,看微分筒上是哪一条刻线与固定套筒的基线重合。如果固定套筒上的 0.5 mm 刻线没有露出,则微分筒上与基线重合的那条刻线的数字就是测量所得的小数,如果 0.5 mm 刻线已经露出,则从微分筒上读得的数字加上 0.5 mm 才是测量所得的小数。这点要特别注意,不然会少读或多读 0.5 mm,造成读数错误。图 1-4(a)、(b)的读数分别为 4.185 mm、4.685 mm。

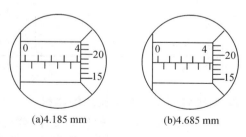

(a)4.185 mm (b)4.685 mm

图 1-4 螺旋测微计的读数

2.3 使用方法及注意事项

(1)放松锁紧装置,旋转微分筒 B,测微螺杆接近测砧(或待测物)时,再旋转棘轮,直到听到"喀喀"响声时止。这时,活动套管不再转动,测微螺杆也停止前进,即可读数。设置棘轮可以保证每次的测量条件(对被测物的压力)一定,并能保护螺旋测微计精密的螺纹。不使用棘轮而直接转动微分筒去卡住被测物体时,会由于对被测物体的压力不稳定而测不准。另外,如果不使用棘轮,测微螺杆上的螺纹将发生变形,增加磨损,降低仪器的准确度,这是使用螺旋测微计必须注意的问题。

(2)检查零点:不夹被测物而使测微螺杆和测砧相接触,微分筒上的零线应刚好与固定套管上的横线对齐。但实际使用的螺旋测微计,由于调整或使用不当,往往有一个不等于零的零点读数(即零点误差),此值有正负,切勿弄错符号,求出多次测量平均值后再从测量值中减去零点读数值。

(3)测量完毕,应将测微螺杆稍微后退,使测微螺杆与测砧之间留有一定的空隙,以免长期压紧而损坏测微螺杆。不使用时,应将螺旋测微计放回盒中。

【实验内容】

1. 用游标卡尺测量空心圆柱体的体积

(1)练习正确使用游标卡尺:先将游标卡尺的外量爪完全合拢,记录游标卡尺的初(零点)读数,然后移动游尺,练习正确读数。

(2)用游标卡尺测量空心圆柱体的内径 d、外径 D、高 H 和中心孔深 h 各 6 次,将数据记在表 1-1 中。

注意:测量内径 d、外径 D、高 H 和中心孔深 h 时,每次测量时应在不同位置,且每两次测量都应在互相垂直的位置上进行。

表 1-1　用游标卡尺测量空心圆柱体的体积

测量次数	高 H'/mm	外径 D'/mm	内径 d'/mm	孔深 h'/mm
1				
2				
3				
4				
5				
6				
平均				
修正初读数后的测量平均值	$\bar{H}=$	$\bar{D}=$	$\bar{d}=$	$\bar{h}=$

零点读数:_____。

2. 用螺旋测微计测小钢球的体积

(1)练习正确使用螺旋测微计:首先记录初(零点)读数,移动测微螺杆,练习正确读数。

(2)用螺旋测微计测小钢球的直径 6 次(在不同位置上测量)并计算小钢球的体积,将数据记在表 1-2 中。

表 1-2　小球直径测量数据

测量次数	1	2	3	4	5	6	平均	修正初读数后
直径 D'/mm							$\bar{D}'=$	$\bar{D}=$

零点读数:_____。

【数据记录与处理】

1. 空心圆柱体体积的测定

　　游标卡尺的分度值＝＿＿＿＿＿＿＿＿mm；

　　游标卡尺的零点值 D_0＝＿＿＿＿＿＿mm；

　　游标卡尺的仪器误差 Δ_m＝＿＿＿＿＿mm。

1.1 直接测量量的平均值及其不确定度

　　(1)外径 D'

$$\overline{D'} = \frac{1}{6}\sum_{i=1}^{6} D_i'$$

　　A 类不确定度分量的估算值

$$U_{D'A} = S_{D'} = \sqrt{\frac{1}{n-1}\sum_{i=1}^{n}(D_i' - \overline{D'})^2}$$

　　估计 B 类不确定度的分量 U_B，取游标卡尺仪器误差

$$U_{D'B} = \Delta_m$$

　　直接量合成不确定度

$$U_{D'} = \sqrt{S_{D'}^2 + \Delta_m^2}$$

　　内径 d、高 H 及中心孔深 h 的计算方法与上面相同。

　　(2)外径的零点修正

$$\overline{D} = \overline{D'} - D_0$$

$$U_D \approx U_{D'}$$

$$D = \overline{D} \pm U_D$$

1.2 计算间接测量量体积平均值及其不确定度

　　空心圆柱体的体积

$$\overline{V} = \frac{\pi}{4}(\overline{D}^2\overline{H} - \overline{d}^2\overline{h})$$

　　空心圆柱体体积的测量不确定度

$$U_V = \sqrt{\left(\frac{\partial V}{\partial H}\right)^2 U_H^2 + \left(\frac{\partial V}{\partial h}\right)^2 U_h^2 + \left(\frac{\partial V}{\partial D}\right)^2 U_D^2 + \left(\frac{\partial V}{\partial d}\right)^2 U_d^2}$$

$$= \frac{\pi}{4}\sqrt{(D^2 U_H)^2 + (d^2 U_h)^2 + (2DHU_D)^2 + (2dhU_d)^2}$$

1.3 测量结果表达

$$V = \overline{V} \pm U_V$$

$$E_V = \frac{U_V}{\overline{V}} \times 100\%$$

2. 钢球体积的测定

　　螺旋测微计的分度值＝＿＿＿＿＿＿＿＿mm；

　　螺旋测微计的零点值 D_0＝＿＿＿＿＿＿mm；

　　螺旋测微计的仪器误差 Δ_m＝＿＿＿＿＿mm。

2.1 直接测量量的平均值及不确定度

　　(1)小球直径 D'

$$\overline{D'} = \underline{\hspace{3cm}} mm$$

A 类不确定度分量的估算值

$$U_{D'A} = S_{D'} = \sqrt{\frac{1}{n-1}\sum_{i=1}^{n}(D_i' - \overline{D'})^2}$$

B 类不确定度分量的估算,取螺旋测微计仪器误差

$$U_{D'B} = \Delta_m$$

合成不确定度

$$U_{D'} = \sqrt{U_{D'A}^2 + U_{D'B}^2} = \sqrt{S_{D'}^2 + \Delta_m^2}$$

(2)小球直径的零点修正

$$\overline{D} = \overline{D'} - D_0$$

$$U_D \approx U_{D'}$$

$$D = \overline{D} \pm U_D$$

2.2　计算间接测量量体积平均值及不确定度

钢球的体积

$$\overline{V} = \frac{1}{6}\pi\overline{D}^3$$

钢球的体积的测量不确定度的计算

$$\ln V = \ln\frac{\pi}{6} + 3\ln D$$

$$E_V = \frac{U_V}{\overline{V}} = \frac{\partial\ln V}{\partial D}U_D = 3\frac{U_D}{D}$$

$$U_V = \overline{V} \times E_V$$

测量结果的表达

$$V = \overline{V} \pm U_V$$

$$E_V = \frac{U_V}{\overline{V}} \times 100\%$$

【思考题】

1. 有一长 20 cm,宽 2 cm,厚约 0.2 cm 的铁块,要测其体积,应如何选用量具才能使测量结果得到四位有效数字?

2. 某学生测圆柱体的直径,6 次测量数据完全相同,这是否说明他的测量绝对准确,没有误差?

3. 分别用游标卡尺和螺旋测微计测量直径为 2 mm 的铜线,各得几位有效数字?

【预习要求】

1. 理解游标读数原理,说明在游标卡尺上怎样得出待测量的毫米整数位及求出不足 1 mm 的小数。

2. 螺旋测微计以 mm 为单位可估读到哪一位? 零点读数的正负值如何判断?

3. 试用简明的语言归纳游标卡尺、螺旋测微计读数的一般规则和使用注意事项。

实验 2　单摆及随机误差的正态分布

【实验导读】

单摆实验是个经典实验,许多著名的物理学家如伽利略、牛顿、惠更斯等都对单摆实验进行过细致的研究。伽利略发现了摆的等时性原理,指出摆的周期与摆长的平方根成正比,而与摆的质量和材料无关,为后来摆钟的设计与制造奠定了基础。地球表面附近的物体,在仅受重力作用时具有的加速度叫作重力加速度(acceleration of gravity),用 g 表示。国际上将在纬度 $45°$ 的海平面精确测得物体的重力加速度 $g=9.806\ 65\ \mathrm{m\cdot s^{-2}}$ 作为重力加速度的标准值。测定重力加速度的方法很多,如单摆法、复摆法、落球法、开特摆法等。本实验采用单摆法测定当地的重力加速度,并从摆的周期测量值认识随机误差的统计规律性。

【实验目的】

1. 掌握用单摆法测量当地重力加速度,加深对简谐运动规律的认识;
2. 验证随机误差的正态分布规律;
3. 练习不确定度的计算方法。

【实验仪器】

单摆实验仪　米尺　游标卡尺　MS-2 计数计时毫秒仪

【实验原理】

1. 单摆法测定重力加速度

如果在一固定点上用一不可伸长的轻线悬挂一小球,如图 2-1 所示,做幅角 θ 很小的摆动就构成了一个单摆。设小球的质量为 m,其质心到摆的支点 O 的距离为 L(摆长)。作用在小球的切向力的大小为 $mg\sin\theta$,它总指向平衡位置 O'。当 θ 角很小时,则 $\sin\theta\approx\theta$,切向力的大小为 $mg\theta$,按牛顿第二定律,质点的运动方程为

$$ma_切=-mg\theta,\ mL\frac{\mathrm{d}^2\theta}{\mathrm{d}t^2}=-mg\theta$$

$$\frac{\mathrm{d}^2\theta}{\mathrm{d}t^2}=-\frac{g}{L}\theta \qquad (2-1)$$

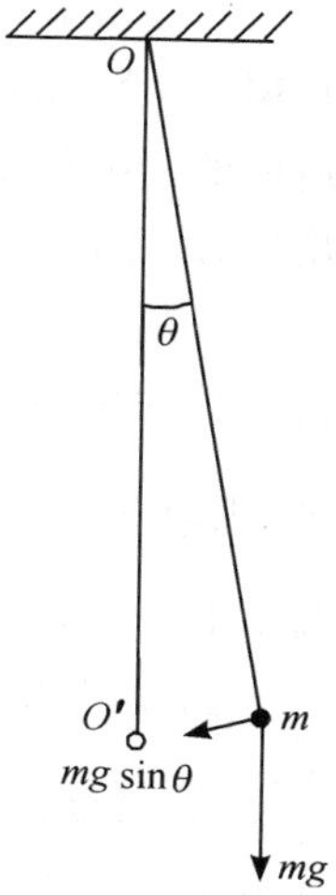

这是一简谐振动方程(参阅力学课程中的简谐振动),可知该简谐振动角频率 ω 的平方等于 $\frac{g}{L}$,由此得出

$$\omega=\frac{2\pi}{T}=\sqrt{\frac{g}{L}},\ T=2\pi\sqrt{\frac{L}{g}}$$

$$g=4\pi^2\frac{L}{T^2} \qquad (2-2)$$

图 2-1　单摆原理图

由于悬线有质量,实验中用小球的质心代替质点,上述单摆是不存在的。实验时要求摆球

的质量要远大于悬线的质量,而它的半径要远小于悬线的长度,这样的质心才能代替质点,并可用式(2—2)计算。但此时应将悬挂点到质心的距离作为摆长。

实验时,测量一个周期的相对误差较大,一般是测量连续摆动 n 个周期的时间 t,则 $T=\dfrac{t}{n}$,因此

$$g=4\pi^2\,\frac{n^2L}{t^2}\qquad\qquad\qquad(2-3)$$

单摆测定重力加速度实验装置如图 2-2 所示。

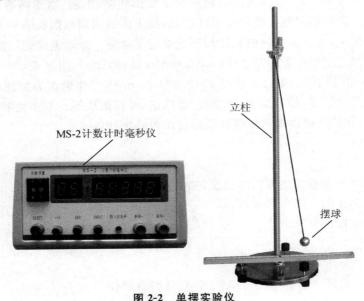

图 2-2　单摆实验仪

2. 随机误差分布实验

物理实验中,对某一物理量在相同条件下进行多次重复测量,即使排除了系统误差所得的数据也不可能完全相同,而是表现为在某一值附近的波动,测量数据的这种波动是由随机误差造成的。随机误差的分布是单个具有随机性,而总体服从统计规律。为了显示测量值的分布规律,测量次数必须足够多。

对某一物理量在相同条件下进行 n 次重复测量($n\geqslant100$),得到 n 个结果 $X_1,X_2,\cdots,X_n$,找出它的最小值和最大值,将所有的数据按大小划分若干个(10~20)区间 $[X',X'']$,设为 K 个,则每个小区间的间隔为 $\Delta X=\dfrac{X''-X'}{K}$。例如,用秒表测量单摆周期,共测了 120 次,最大值为 2.305 s,最小值为 2.155 s,分成 15 个区间,则区间间隔为 0.01 s。

统计落入某个区间的数据个数,称为频数 Δn,频数与数据个数之比称为相对频数 $\dfrac{\Delta n}{n}$。以测量值时间为横坐标,以相对频数 $\dfrac{\Delta n}{n}$ 为纵坐标,可作统计直方图。统计直方图是用实验研究某一物理现象统计分布规律的一种粗略方法。

【实验内容】

1. 测量重力加速度 g

调节立柱铅直,使贴于摆球下方的磁片正对霍耳传感器。以摆球为重锤,调节底座的水平

螺丝,使摆线与立柱平行且磁片与传感器正对。

(1)测量摆长 L。取摆长 150 cm 左右。用米尺测量摆线长 l,用游标卡尺测量小球直径 D,分别测量 5 次,则摆长 $\overline{L}=\overline{l}+\dfrac{\overline{D}}{2}$。

(2)测量单摆周期 T。移动小球,使小球在竖直平面内来回摆动,测量摆动 50(或 30)个周期的时间 t,则周期为 $T=\dfrac{t}{50}\left(\text{或}\dfrac{t}{30}\right)$。注意摆角 θ 要小于 5°(小球的振幅小于摆长的 $\dfrac{1}{12}$ 时,$\theta\leqslant 5°$)。

2. 随机误差的统计规律

(1)让单摆做小角度摆动;

(2)测量单摆摆动 5~6 个周期的时间,重复测量 120~150 次,设计表格记录数据(可参考第一章第一节中随机误差统计规律)。

(3)作测量结果的统计直方图,总结随机误差统计规律的特点。

①找出数据的最小值 X' 和最大值 X'';

②将数据等分为 K 个区间,确定区间宽度;

③统计频数。统计落在每个区间的数据个数,得到分组的频数表,频数与数据个数之比,得相对频数。

*3. 改变摆长,测量重力加速度 g

按照内容 1 的方法测量其他摆长下的重力加速度,将测量数据记于表 1-2、表 1-3 中。

【数据记录与处理】

1. 单摆法测定重力加速度

1.1　数据记录

游标卡尺的分度值=＿＿＿＿＿＿＿＿mm;

游标卡尺的零点值 D_0 =＿＿＿＿＿＿＿mm;

游标卡尺的仪器误差 Δ_m =＿＿＿＿＿＿mm。

表 1-1　用游标卡尺测量球的直径

测量次数 球直径	1	2	3	4	5
D'/cm					

表 1-2　用米尺测摆线长 l

测量次数 摆线长	1	2	3	4	5
l/cm					
l'/cm					
l''/cm					

表 1-3　测单摆周期 T

摆动时间 ╲ 测量次数	1	2	3	4	5
t/s					
t'/s					
t''/s					

1.2　数据处理

（1）计算摆球的直径 D 与不确定度 U_D

$$\overline{D'} = \frac{1}{5}\sum_{i=1}^{5}D_i'$$

$$\overline{D} = \overline{D'} - D_0$$

$$U_D \approx U_{D'}$$

$$D = \overline{D} \pm U_D$$

不确定度的估算：

$$U_{D'A} = \frac{t}{\sqrt{n}}S_{D'} = \frac{t}{\sqrt{n}}\sqrt{\frac{\sum_{i=1}^{n}(D_i' - \overline{D'})^2}{n-1}}$$

测量次数 $n=5$，查 A 类不确定度的因子表，取 $\dfrac{t}{\sqrt{n}} \approx 1.2$；B 类不确定度 U_B 分量 $U_{D'B} = \Delta_m$，合成不确定度

$$U_{D'} = \sqrt{U_{D'A}^2 + U_{D'B}^2}$$

（2）计算摆线长 l 与不确定度 U_l，方法同（1）。

（3）摆长的不确定度

$$\overline{L} = \overline{l} + \frac{\overline{D}}{2}$$

$$U_L = \sqrt{U_l^2 + \left(\frac{1}{2}U_D\right)^2}$$

（4）计算周期的不确定度，方法同（1）。注意，此处 t 是直接量，T 是间接量。

（5）计算重力加速度的测量值及不确定度

$$\overline{g} = 4\pi^2\frac{n^2\overline{L}}{\overline{t}^2}$$

式中 π 和 n 不考虑误差，因此，误差的传递公式为

$$E_g = \frac{U_g}{\overline{g}} = \sqrt{\left(\frac{U_L}{\overline{L}}\right)^2 + \left(\frac{2U_t}{\overline{t}}\right)^2},\ U_g = \overline{g}\cdot E_g$$

（6）测量结果表示

$$g = \overline{g} \pm U_g$$

$$E_g = \frac{U_g}{\overline{g}} \times 100\%$$

2. 随机误差的统计规律

2.1 数据记录

(1)设计实验数据记录表格(参考第一章第 1 节随机误差统计规律)。

(2)应用计算机上的数据处理工具,作出测量结果的统计直方图和正态分布曲线。

2.2 数据处理

以测量值时间为横坐标,以相对频数为纵坐标,作统计直方图,再根据分布情况画成光滑曲线,这就是随机误差分布规律的概率密度分布曲线。当 $n \to \infty$ 时曲线的分布称为正态分布(请参考第一章第 1 节中随机误差统计规律进行比较)。

【思考题】

1. 单摆在经过什么位置时开始计时误差最小?

2. 由统计直方图,总结随机误差统计规律的特点。

【预习要求】

1. 请写出实验公式。实验需要测量哪些物理量?用什么工具方法测量这些物理量?

2. 实验中如何构成单摆?如何推导重力加速度的公式?

3. 什么是统计直方图?什么是正态分布曲线?两者有何联系和区别?

实验 3　牛顿第二定律的验证

【实验导读】

气垫导轨是一种摩擦力很小的力学实验设备,包括导轨、气源和光电测量系统三大部分。导轨表面分布着许多小孔,压缩空气从这些小孔中喷出,使导轨表面与滑块之间形成一层很薄的空气膜,这个空气膜也称为"气垫"。气垫将滑块从导轨面上托起。这样,滑块运动时的接触摩擦力可以忽略不计,仅有很小的黏滞阻力和周围空气的阻力,可将滑块运动近似看成"无摩擦"的运动,因而被应用于测量速度、加速度,验证牛顿第二定律和动量守恒定律等力学实验中。所谓验证,是将实验结果与已知理论相比较。验证性实验可分为直接验证和间接验证两类,本实验属于直接验证,即对理论所涉及的物理量均在实验中直接测定。

【实验目的】

1. 掌握气垫导轨的调节和操作方法;
2. 学会用光电测量系统测量时间的方法;
3. 掌握用作图法处理数据。

【实验仪器】

QG-5G 型气垫导轨和附件　滑块　MUJ-5B 电脑通用计数器　光电门　气源　电子天平

【实验原理】

牛顿第二定律指出:对于一定质量 m 的物体,其所受的合外力 F 和物体的加速度 a 之间满足关系:$F = Ma$。

由于在气轨上运动的物体的摩擦力接近于零,为验证牛顿第二定律创造了良好的实验条件。如图 3-1 所示,滑块质量为 m_1,砝码盘和砝码的总质量为 m_2。将砝码盘用细线跨过滑轮,穿过导轨端盖上的小孔与滑块相连。分析图 3-1 所示 m_1 与 m_2 组成系统的受力情况,忽略一些次要因素,则有

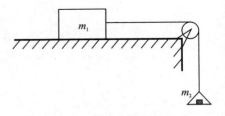

图 3-1　牛顿第二定律实验装置

$$F = Ma \tag{3-1}$$

式中 $M = m_1 + m_2$ 为系统总质量,$F = m_2 g$ 为系统受的合外力,a 为系统运动的加速度。

实验验证牛顿第二定律应从两方面考虑:

(1)保持系统合外力 F 不变,改变系统总质量 M,测出各条件下系统的加速度 a,则应满足 $a \propto \dfrac{1}{M}$,即 $M_1 a_1 = M_2 a_2 = \cdots = F$。

(2)保持系统总质量 M 不变,改变系统的合外力 F 的大小(想一想,实验中如何实现),测出各外力条件下系统的加速度 a。作图分析 a 与 F 的关系应满足 $F \propto a$,且比例系数为 M。

【仪器介绍】

1. 气垫导轨

气垫导轨的全套设备包括导轨、气源、计时系统三大部分。

1.1　导轨

导轨采用角铝合金型材,为了加强刚性抗变形,将导轨固定在工字钢上。导轨的长度一般为 1.5 m,导轨面宽 40 mm,轨面上的喷气孔径 0.6 mm。导轨结构和部分附件如图 3-2 所示。

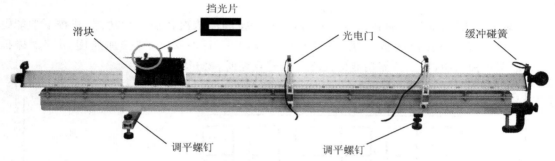

图 3-2　气垫导轨实验装置

对图中标出的有关主要部件说明如下:

(1)光电门:共计两个。实验中光电门固定在导轨带刻度尺的一侧,借助于光电门支架内侧的指针,可以读出光电门在导轨上的坐标值。光电门由光敏二极管和聚光灯上下安装而构成,聚光灯点亮时,正好照在光敏二极管上,利用光敏二极管受光照射和不受光照射的电阻阻值差异可获得电压控制信号,用来控制计时器计时或停止。

(2)滑块:是导轨上的运动物体。根据实验需要,滑块上可以安装挡光片、挡光条、配重块、缓冲弹簧、小套钩、尼龙扣等附件。

挡光片:挡光片如图 3-3 所示。当滑块的第一挡光条的前沿 l_1 挡光时,计时器开始计时,第二挡光条的前沿 l_2 挡光时,计时停止。Δl 是挡光片的前后挡光条同侧边沿之间的宽度,实验中有 Δl 为 1.00 cm、3.00 cm、5.00 cm、10.00 cm 的挡光片各两片供选择。

(3)调平螺钉:共计三个,位于支脚两端的调平螺钉主要用于调节轨面两侧的横向水平,单脚端的调平螺钉用于调节导轨的纵向水平。

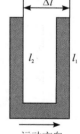

图 3-3　挡光片

1.2　气源

采用 DC-I 型微音洁净气泵。气泵接通电源后,电机的热量全靠输出气流带走,所以使用气泵时必须保证进气孔无脏物及气垫导轨出气畅通,否则易造成电机过热而损坏气泵。

1.3　计时系统

计时系统由光电门和电脑通用计数器组成。

本实验采用 MUJ-5B 型电脑通用计数器(简称通用计数器),其前、后面板如附录所示。它是一种采用单片微处理器控制的智能化仪器,可用于计时、计数、测频、测速等。该仪器具有记忆、存贮功能,可对多组实验数据进行记忆、存贮和查看。P_1 和 P_2 是光电门信号的输入端口,仪器可自动判定光电门端口,提取数据时,显示屏可出现相应的光电门端口提示。仪器中编入了与气垫导轨等实验相适应的数据处理程序,可将所测时间直接转换为速度、加速度值,LED 数码管显示各测量结果,测量单位指示灯显示对应的物理量单位。

2. 电脑通用计数器

MUJ-5B 通用计数器的功能与使用方法介绍如下(与本实验无关的功能暂不作介绍)。

2.1 面板上的按键

◆功能键:可实现计数器的功能选择和数据清零。

在仪器显示屏上有非零数据显示时,按功能键,则当前显示数据清零,显示值复位至"0.00"。

在显示值为"0.00"时,每按一次功能键,仪器将按顺序依次转换一种功能;若按下功能键不松开,仪器将循环转换面板上所示的"计时 1(S_1)"、"计时 2(S_2)"、"加速度(a)"、"碰撞(PZh)"等十种功能,按至所需功能的发光二极管点亮时,松开功能键。

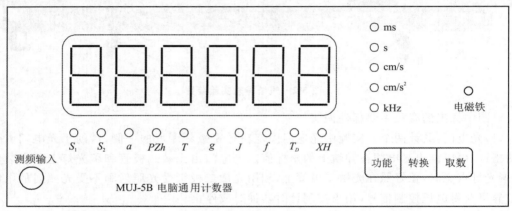

(a) 前面板

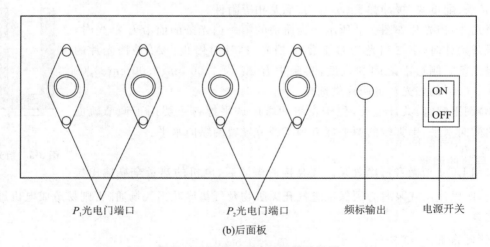

(b)后面板

图 3-4　MUJ-5B 型电脑通用计数器

◆转换键:可实现测量数据的单位换算、挡光片宽度值 Δl 的设定和简谐运动周期值的设定。

在计时、加速度、碰撞功能时,每按一次转换键,显示屏上的测量值在时间或速度之间转换。仪器显示的速度值实际上是机内微处理器根据测定的时间值和设定的挡光片宽度值 Δl 进行运算转换而得的。每次开机,挡光片宽度自动设定为 1 cm,若重新设定挡光片宽度,可按下转换键大于 1 s 时间,按至显示屏上出现需要的挡光片宽度时,松开转换键。

　　◆取数键:可查看机内存贮的实验数据。

　　在计时 1、计时 2、加速度、碰撞、周期和重力加速度功能时,仪器可自动保留若干组实验测量值。

　　按取数键,显示屏上将依次闪出各数据。在查看存储数据的过程中,按功能键,将消除所有存入的数据,显示值复位至"0.00"。

2.2　仪器部分功能

　　◆计时 1(S_1):测量对 P_1 或 P_2 端口光电门的挡光时间。

　　◆计时 2(S_2):测量对 P_1 或 P_2 端口光电门的两次挡光之间的时间间隔和滑块通过光电门的速度值。在计时 1 和计时 2 功能时,仪器可存入 20 个数据,按取数键可查看。在显示存储数据时,每个数据出现前显示屏会闪出"E×",即提示将显示第"×"个实验值。

　　◆加速度(a):测量滑块通过每个光电门的时间或速度以及通过相邻光电门的时间或这段路程的加速度。每一次加速度测量后,仪器将循环显示出的实验数据和意义:

显示值	表达的含义
1	第 1 个光电门测量值(时间或速度)
××××××	
2	第 2 个光电门测量值(时间或速度)
××××××	
1—2	第 1 至第 2 个光电门测量值(时间或加速度)
××××××	

　　要进行下一个加速度的测量前,需先按功能键(否则仪器不再记入新数据),显示值复位至"0.00"(但其数据仍存在存储器中)。由两个光电门进行加速度测量时,仪器可存入前 4 次实验数据。

　　◆碰撞(PZh):碰撞实验中测量两滑块通过 P_1 和 P_2 端口光电门的速度。

　　◆周期(T):测量简谐运动中若干周期的时间。

【实验内容】

　　有关气垫导轨的结构、电脑通用计数器的应用、仪器使用时的注意事项等,请仔细阅读。

1. 气垫导轨的调整

　　(1)安置光电门 A 和 B,取 $S = |x_B - x_A| = 40.0$ cm。在滑块上安装挡光片和小套钩。

　　(2)接通气源,打开电脑通用计数器开关,用酒精棉球清洁导轨及滑块,然后用手在气轨表面各处移动检查气孔是否堵塞。

　　(3)调节气垫导轨水平。

　　① 静态调平(粗调):把滑块轻轻放在光电门之间导轨段上(注意:导轨未通气时,不允许将滑块放在导轨上来回滑动),调节气轨的底脚螺钉使滑块能够静止或稍微左右摆动。

　　② 动态调平(细调):将电脑计数器功能调至"计时 2"功能。轻轻推动滑块以一定的初速度在气轨上运动,观察挡光片经过两个光电门的时间 Δt_1 和 Δt_2(Δt_1、Δt_2 约为 25 ms),如果 $|\Delta t_1 - \Delta t_2| > 0.5$ ms,需调节底脚螺丝(调单脚螺丝,不要调双脚螺丝,以免气垫的两个侧面倾

斜,滑块容易脱落),直到电脑计数器两次示数$|\Delta t_1-\Delta t_2|<0.5$ ms 为止,此时滑块基本上作匀速运动,导轨已处于水平状态。

气垫导轨水平与否,会影响测量结果的准确性。实验前,应反复耐心调整气垫导轨的水平。

2. 验证牛顿第二定律

(1)将 MUJ-5B 电脑计数器的功能键调至"a 加速度"功能,设置挡光片宽度值。

(2)将细尼龙线的一端系在滑块上,另一端绕过滑轮后接砝码盘(质量为 5 g)。

(3)保持合外力 m_2g($m_2=15$ g,由砝码盘和两片 5 g 的小砝码提供合外力)不变,改变系统总质量,验证加速度与物体质量成反比。

依次增加滑块的负载(为 0、25、50、75、100 g),即分别依次把四个大砝码(铁质)加在滑块上,尽量让大砝码在滑块上均匀摆放,并测出加速度 a(或 v_1、v_2),将数据记录在表 3-1 中。

(4)保持系统质量 m_1+m_2 不变,改变系统合外力,验证加速度与外力成正比。

先将 4 个 5 g 的砝码挂在滑块上(应尽量使滑块平衡),逐次从滑块取下 5 g 砝码放到砝码盘上,松开滑块,测量出经过两光电门的加速度(或速度 v_1、v_2),直到滑块上的砝码全部移到盘上为止。将数据记录在表 3-2 中。

上述步骤(3)、(4)的测量每种情况需重复做 3 次,且滑块每一次都要放在同一起始位置并从同一位置松手(距光电门约 10~20 cm)。

【数据记录与处理】

1. 数据记录

两光电门之间距离 $S=$＿＿＿＿＿cm;

挡光片宽度 $\Delta l=$＿＿＿＿＿cm。

(1)保持系统合外力 F 不变,改变系统总质量 M,验证 $a\propto\dfrac{1}{M}$,即 $Ma=F$。

$m_2=$＿＿＿＿＿g;

M_0:滑块+砝码盘+砝码+挡光片+套钩+固定螺钉;

M_i:M_0+i 个大砝码。

表 3-1　保持合外力 m_2g 不变,改变系统的质量 M

系统质量 M/g	加速度 $a/(\mathrm{cm\cdot s^{-2}})$			平均值 $\bar{a}/(\mathrm{cm\cdot s^{-2}})$
	1	2	3	
$M_0=$				
$M_1=$				
$M_2=$				
$M_3=$				
$M_4=$				

(2)保持系统总质量 M 不变,改变系统的合外力 F 的大小,验证 $F\propto a$。

系统总质量 $M=$＿＿＿＿＿g。

表 3-2　保持系统质量 M 不变,改变合外力的大小

m_2/g	加速度 $a/(cm \cdot s^{-2})$			平均值 $\bar{a}/(cm \cdot s^{-2})$
	1	2	3	
$m_{21}=$				
$m_{22}=$				
$m_{23}=$				
$m_{24}=$				
$m_{25}=$				

2. 数据处理

（1）作图法研究系统质量与加速度的关系

画出作图数据表,以 M_i 为横坐标,$\dfrac{1}{a}$ 为纵坐标建立直角坐标系,依数据描点,并过中值点 $\left(\overline{M},\dfrac{1}{\bar{a}}\right)$ 连线。根据作图结果,说明外力一定时,系统质量与加速度的关系。

（2）作图法研究外力与加速度关系

画出作图数据表,以 $m_{2i}g$ 为横坐标,a 为纵坐标建立直角坐标系,依数据描点,并过中值点 $(\overline{m_{2i}g},\bar{a})$ 连线。根据作图结果,讨论系统质量一定时,外力与加速度的关系。

【注意事项】

1. 气垫导轨对轨面的要求很高,必须倍加爱护,切勿压、划、敲、磨,以免损伤。导轨表面和与其接触的滑块内表面都是经过精密加工的,两者配套使用,不得随意更换。

2. 严禁在导轨未通气前将滑块放在导轨上滑动,更换或安装滑块上的附件时,必须把滑块从导轨上取下再操作。实验结束后,应将滑块从导轨上取下,平放在附件箱中。

3. 实验完毕应罩上防尘罩,导轨严禁放在潮湿或有腐蚀性气体的地方。

4. 电脑通用计数器要避免在强太阳光下使用,实验结束后应及时关闭仪器的电源。

【思考题】

1. 实验中是如何做到改变重物的质量,又使滑块和重物总质量不变的?

2. 本实验中为什么滑块的起始位置要保持一致?

【预习要求】

1. 导轨未通气前能否将滑块放到导轨上滑动?如何调节与判断导轨水平?通过单脚还是双脚调气轨水平?为什么?

2. 该实验中,合外力 F 由什么物体提供?$F=ma$ 式中的 m 为系统总质量,请问该总质量由哪几部分组成?

3. 实验过程中如何验证牛顿第二定律?如何固定系统总质量改变合外力?

4. 实验中如何使用电脑通用计数器直接测量加速度?每次开机,挡光片宽度自动设定值是多少?

实验 4　静态拉伸法测定金属丝的杨氏模量

【实验导读】

材料受外力作用时必然发生形变,其内部应力(单位面积上受力大小)和应变(即相对形变)的比值称为弹性模量(又称杨氏模量 Young's modulus),它是工程材料的重要参数。它是描述金属材料抵抗形变能力的物理量,弹性模量越大,材料越不易发生变形。测量杨氏模量有动态法和静态法之分。动态法是基于振动的方法,静态法是对试样直接加力。本实验采用拉伸法(静态法)测定金属丝的杨氏模量,静态法的关键是要准确测出试样(金属丝)的微小形变。

【实验目的】

1. 学习用拉伸法测定金属丝杨氏弹性模量的原理及方法;
2. 掌握用光杠杆放大法测量微小长度变化的原理及方法;
3. 训练正确调整测量系统的能力;
4. 掌握用逐差法处理数据的方法。

【实验仪器】

杨氏弹性模量测定仪(包括光杠杆、砝码、尺读望远镜)　卷尺　螺旋测微计　游标卡尺

【实验原理】

任何物体(或材料)在外力作用下都会发生形变,当形变不超过某一限度时,外力撤除以后物体完全恢复原状的形变,称为弹性形变,这一极限称为弹性极限。超过弹性极限,就会产生永久形变,即撤除外力之后,形变仍然存在。当外力进一步增大到某一点时,会发生很大的形变,该点称为屈服点。在达到屈服点后不久,材料可能发生断裂,在断裂点被拉断。本实验只研究金属丝的纵向伸长的简单弹性形变。

设一根粗细均匀的金属丝长为 L,截面积为 S,将其上端固定,下端悬挂质量为 m 的砝码,金属丝在受到沿长度方向的外力 F 的作用下,伸长 ΔL,根据胡克定律:在弹性限度内,伸长应力 $\dfrac{F}{S}$ 和所产生的应变 $\dfrac{\Delta L}{L}$ 成正比,即

$$\frac{F}{S} = E\frac{\Delta L}{L}$$

其中 E 为该金属的杨氏弹性模量,单位为 N·m^{-2},

$$E = \frac{FL}{S\Delta L} \tag{4-1}$$

设金属丝的直径为 d,则

$$S = \frac{1}{4}\pi d^2$$

代入式(4-1),有

$$E = \frac{4FL}{\pi d^2 \Delta L} \qquad\qquad (4-2)$$

实验证明杨氏模量 E 与外力 F、物体长度 L 以及横截面积 S 的大小无关,而只取决于物体材料本身的性质与材料的结构、化学成分及其加工制造方法。它是表征材料性质的一个物理量。某种材料发生一定应变所需的力越大,该材料的杨氏模量也就越大。杨氏模量的大小标志了材料的刚性。

在式(4-2)中,样品截面积 S 上的作用应力 F 及 d、L 都比较容易测准,因此实验装置主要部分是围绕如何测准这个微小伸长量而设计的。本实验是用光杠杆镜尺组装置,采用光学放大的方法将其放大,来测定微小伸长量 ΔL。

【仪器介绍】

1. 杨氏模量实验装置

实验装置如图 4-1 所示。待测金属丝 L 的上端夹紧 A 点,下端穿过圆柱体 K 的中心,并用螺丝夹紧,使其能随金属丝的伸缩而移动。圆柱体的下端有一个环,用于悬挂砝码托盘 C,砝码托盘 C 可以负载不同数值的砝码。B 是一个固定的平台,中间有一个小孔,圆柱体 K 可在其中自由移动,调节支架底部的三个螺丝 S 可使平台水平。

2. 光杠杆

光杠杆由一仰角可调的平面镜、T 形底板支架、前支脚和后支脚组成,如图 4-2 所示。将前后支脚均匀地压在水平放置的白纸上,压痕如图 4-2 所示。后足 f_1 至 $f_2 f_3$ 的垂直距离为 a,称为光杠杆常数,a 的长短决定了光杠杆的测量灵敏度。使用时,将光杠杆两前支脚 f_2、f_3 置于平台 B 的固定槽内,后支脚 f_1 放在圆柱体 K 的上端,并维持与前后支脚在同一水平面上。

3. 镜尺组

镜尺组如图 4-1 所示,包括一个竖尺和尺旁的一个望远镜,都安放在另一小支架上。使用时,镜尺组距平面约 $1 \sim 2$ m,望远镜水平地对准平面镜,从望远镜中可以看到竖尺由平面镜反射的像,望远镜中有细叉丝,可以用于对准竖尺的某一刻度的读数。

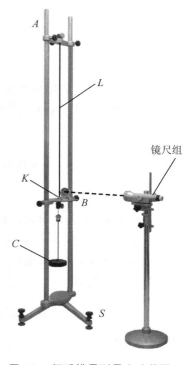

图 4-1　杨氏模量测量实验装置

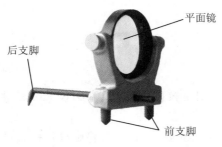

图 4-2　光杠杆

4. 光杠杆测微小长度的原理

如图 4-3 所示,当金属丝受力伸长 ΔL 时,光杠杆的后足 f_1 也随之下降,以前足 f_2、f_3 为轴,以 a 为半径旋转一角度 θ,这时平面镜也同样旋转 θ 角,在 θ 很小(即 $\Delta L \ll a$)时,有

$$\theta = \frac{\Delta L}{a} \qquad (4-3)$$

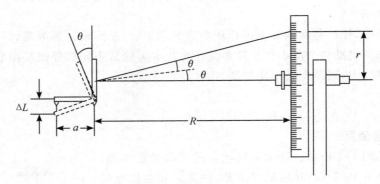

图 4-3　光杠杆放大原理

若望远镜中的叉丝对准竖尺上的刻度 r_0,平面镜转动后,根据光的反射定律,镜面旋转 θ 角,反射线将旋转 2θ 角,这时叉丝对准的新刻度为 r_1,令 $\Delta r = r_1 - r_0$,则当 θ 很小时(即 $L \ll R$),则有

$$2\theta = \frac{\Delta r}{R} \qquad (4-4)$$

式中,R 是由平面镜的反射面到竖尺间的距离,将式(4-3)代入式(4-4),即可得 ΔL 测量公式

$$\Delta L = \frac{\Delta r}{2R} a \qquad (4-5)$$

由此可见,光杠杆镜尺组的作用在于将微小的长度变化量 ΔL 的测量,放大转换为望远镜中标尺的读数变化 Δr,从而解决了 ΔL 难以直接准确测量的问题。通过 Δr、a、R 这些比较容易准确测量的量,间接地测定 ΔL。

将式(4-5)代入式(4-2),整理得本实验所依据的公式

$$E = \frac{8FLR}{\pi d^2 a \Delta r} \qquad (4-6)$$

又 $\Delta F = g \cdot \Delta m$,所以

$$E = \frac{8LRg}{\pi d^2 a} \frac{\Delta m}{\Delta r} \qquad (4-7)$$

【实验内容】

1. 调整仪器

1.1　调整杨氏模量仪

(1)调节底脚螺丝 S,使平台 B 水平,用手拉砝码托盘 C,看 K 是否位于平台 B 的圆孔中间,能否上、下自由地移动。

(2)挂好金属丝后,在砝码托上加 1~2 kg 砝码,目的是将金属丝拉直,以消除金属丝不平直所引起的误差。

1.2　调节光杠杆和镜尺组

(1)将光杠杆的前两足尖放在平台的底槽里,后足尖放在圆柱体 K 上,但不得与金属丝接

触。调节镜面,使之竖直。

（2）调节望远镜使之水平并和光杠杆镜面位于同一高度。将望远镜置于光杠杆前面1～2 m远,调节望远镜水平,光杠杆镜面竖直。当入射光线与反射光线重合时,入射光线与镜面垂直。根据此几何光学知识,定性判断镜面的竖直。方法如下:

望远镜中心与光杠杆镜面中心位于同一高度,在与望远镜中心等高的位置放置一参考物体（如手指）,那么参照物体与光杠杆镜面中心的连线即为入射光线。如果光杠杆镜面竖直,那么,可在与参考物等高的位置观察到参考物的像。如果观察位置高于参照物,说明镜面上仰,反之镜面下倾（如图4-4所示）。结合观察情况适当调节镜面的倾斜,直至镜面竖直。

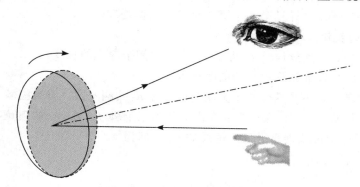

图 4-4　调节光杠杆镜面竖直

（3）调节镜尺组。调节望远镜的目镜,直至看到的望远镜中的"十"字叉丝清晰。调节镜尺组与光杠杆的相对位置及望远镜的焦距,使标尺刻度清晰地成像在望远镜叉丝平面上。

怎样调节才能使竖尺成像在望远镜的十字叉丝上呢?

首先,应将镜尺组置于正确的位置和角度。光杠杆放置好后,其镜面的法线位置是确定的。竖直为入射物体,望远镜中观察到的是竖尺的反射像。调节时,先将镜尺组置于镜面的正前方（1.0～2.0 m）,再用眼睛找出竖尺的像,那么眼睛的位置即为反射像的位置。由于最终要使反射光线与望远镜光轴共轴,因此根据眼睛和望远镜的相对位置关系将镜尺组移至正确位置。例如,眼睛在望远镜右侧观察到竖尺的像,那么镜尺组应往右侧移动（如图4-5所示）。调节望远镜的角度,直至沿望远镜镜筒外侧准星方向能观察到光杠杆镜面中竖尺的像。

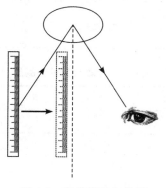

图 4-5　调节镜尺组位置

其次,先调节望远镜目镜,使叉丝清晰,再调节焦距,使竖尺成像清晰。竖尺像清晰时,望远镜聚焦在$2R$的地方（因为竖尺的像位于镜面后方R的位置）。

综上所述,要能在望远镜中看清竖尺刻度,必须满足以下两个条件:①镜尺组与光杠杆平面镜的相对位置要适当,以使来自竖尺的光线经光杠杆平面镜反射后能进入望远镜;②望远镜聚焦在 $2R$ 地方。

2. 测量金属丝微小长度变化量 ΔL

(1)按上述步骤调整好仪器,注意下面测量标尺读数的全过程中不能碰动光杠杆测微系统。

(2)观察伸长变化。记下落在叉丝上的标尺刻度的初始读数 r_0,此时砝码托盘的质量为 1 kg,然后在托盘上逐次增加 1 kg 砝码,同时在望远镜中读记对应的标尺 r_i,共七次(共加砝码 7 kg)。然后将所加砝码逐次去掉(每次减 1 kg),记下相应的标尺 $r_i{}'$,将数据填入表格 4-1 中。用逐差法处理数据,逐差法详见第一章第 3 节实验数据处理。

3. 对其他长度进行测量

(1)用钢卷尺测量金属丝原长 L(即上、下夹头之间金属丝的长度)。

(2)用钢卷尺测量镜面到标尺之间的距离 R。

(3)用螺旋测微计在不同部位测量金属丝的直径 d,共测 6 次。将数据填入表 4-2 中。

(4)测量光杠杆常数 a。将光杠杆放在纸上压出三个脚 f_1、f_2、f_3 的痕迹,用笔尖作 f_1 到 $f_2 f_3$ 的垂线,用游标卡尺或钢直尺量出垂线的长度,即为 a。

【数据记录与处理】

1. 数据记录

表 4-1　标尺示值数据记录表

测量次数	砝码质量 F_i/kg	标尺读数/cm		平均 $\bar{r}_i=\dfrac{r_i+r_i{}'}{2}$/cm	$\Delta r_i = r_{i+4} - r_i$/cm
		F 递增时 r_i	F 递减时 $r_i{}'$		
0	1.000				
1	2.000				
2	3.000				
3	4.000				
4	5.000				
5	6.000				
6	7.000				
7	8.000				

表 4-2　金属丝直径的测量

测量次数	1	2	3	4	5	6	平均值
d'/mm							

螺旋测微计零点读数:$d_0 = $ ＿＿＿＿＿＿ mm。

金属丝原长 $L \pm U_{LB} = $ ＿＿＿＿＿＿ mm;

光杠杆常数 $a \pm U_{aB} = $ ＿＿＿＿＿＿ mm;

镜面到标尺的距离 $R \pm U_{RB} = $ ＿＿＿＿＿＿ mm;

U_B 取仪器误差 $U_B = \Delta_m$。

2. 数据处理

2.1　多次测量

金属丝的直径 $d=\bar{d}\pm U_d(\text{mm})$，$\bar{d}=\overline{d'}-d_0$；

标尺读数 $\Delta r=\overline{\Delta r}\pm U_{\Delta r}$。

标尺读数用逐差法处理：

将数据分成两组，一组 r_0、r_1、r_2、r_3，另一组是 r_4、r_5、r_6、r_7，取相应的差值 $\Delta r_1=r_4-r_0$，$\Delta r_2=r_5-r_1$，$\Delta r_3=r_6-r_2$，$\Delta r_4=r_7-r_3$，则平均值为

$$\overline{\Delta r}=\frac{\Delta r_1+\Delta r_2+\Delta r_3+\Delta r_4}{4}=\frac{(r_4-r_0)+(r_5-r_1)+(r_6-r_2)+(r_7-r_3)}{4}$$

A 类不确定度分量($n=4$)

$$U_{\Delta rA}=\frac{t}{\sqrt{n}}S_{\Delta r}=\frac{t}{\sqrt{n}}\sqrt{\frac{\sum_{i=0}^{n}(\Delta r_i-\overline{\Delta r})^2}{n-1}}$$

B 类不确定度 $U_{\Delta rB}$ 分量，$U_{\Delta rB}=\sqrt{2}\Delta_m$。

合成不确定度

$$U_{\Delta r}=\sqrt{U_{\Delta rA}^2+U_{\Delta rB}^2}$$

2.2　计算金属丝的杨氏模量和不确定度

$$\overline{E}=\frac{8LRg}{\pi\overline{d}^2 a}\frac{\Delta m}{\overline{\Delta r}}(\text{注意}\overline{\Delta r}\text{是增量 4 kg 的平均值})$$

$$E_E=\frac{U_E}{\overline{E}}=\sqrt{\left(\frac{U_{\Delta m}}{\Delta m}\right)^2+\left(\frac{U_R}{R}\right)^2+\left(\frac{U_a}{a}\right)^2+\left(\frac{2U_d}{d}\right)^2+\left(\frac{U_L}{L}\right)^2+\left(\frac{U_{\Delta r}}{\overline{\Delta r}}\right)^2},U_E=\overline{E}\cdot E_E$$

2.3　测量结果表示

$$E=\overline{E}\pm U_E$$

$$E_E=\frac{U_E}{\overline{E}}\times 100\%$$

【注意事项】

1. 光杠杆测微系统调整好后，在测量标尺读数变化的全过程中不能碰动，否则，必须重新调节仪器，重新测量。

2. 增、减砝码时，动作要轻、慢，且不要碰动仪器。随时观察，判断标尺读数是否合理，等金属丝不晃动稳定后再进行测量。

3. 圆柱体 K 要能自由地在平台孔中上下移动。光杠杆必须按要求放在指定位置，切忌接触金属丝。

【思考题】

1. 通过实际操作，总结快速有效地调节望远镜看清标尺成像的方法。

2. 用作图法求杨氏模量，以 F_i 为横坐标，r_i 为纵坐标作图，由斜率计算出杨氏模量。

3. 什么是逐差法？逐差法处理数据的优点是什么？

4. 说明本实验采用了哪些物理实验方法？

【预习要求】

1. 实验前要仔细阅读仪器介绍，理解仪器原理。实验仪器的调节分哪几步？测量时应注

意什么问题？

 2. 什么是杨氏模量？本实验的原理是什么？如何测量杨氏模量？

 3. 什么是光杠杆？光杠杆起什么作用？光杠杆的放大原理是什么？

 4. 在实验中，不同长度量用什么器具进行测量？如何测量光杠杆的常数 a？

实验 5　三线摆法测刚体转动惯量

【实验导读】

转动惯量(moment of inertia)是描述刚体转动惯性大小的物理量,它不仅取决于刚体的总质量,而且与刚体的形状、质量分布以及转轴位置有关。在工程、科技和军事等部门中,转动惯量的测量具有重要意义。例如电动机的工作性能就依赖于转动惯量的正确设计,直升飞机的飞行稳定性则与它的飞轮的转动惯量密不可分。对于质量分布均匀、具有规则几何形状的刚体,可以通过数学方法计算出它绕给定转动轴的转动惯量。对于质量分布不均匀、几何形状不规则的刚体,用数学方法计算其转动惯量是相当困难的,通常要用实验的方法来测定。测定转动惯量的实验方法较多,如扭摆法、三线摆法等。本实验是采用三线摆法测定物体的转动惯量。

【实验目的】

1. 学会用三线摆测量物体的转动惯量;
2. 验证转动惯量的平行轴定理。

【实验仪器】

三线摆　米尺　游标卡尺　待测物(圆环一个、圆柱体二个)

【实验原理】

当物体的质量可以认为是连续分布时,转动惯量的定义式可写成如下积分形式

$$J = \int r^2 \, dm \qquad (5-1)$$

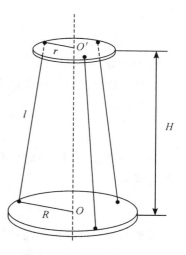

图 5-1　三线摆装置图示

式中 dm 为质量元的质量,r 为质量元到转轴的距离。由式(5-1)可知,刚体的转动惯量与刚体的质量、质量分布和转轴位置有关。本实验用三线摆法测量转动惯量,原理如下:

三线摆结构如图 5-1 所示。三线摆由上、下两个匀质圆盘,用三条等长的摆线(摆线为不易拉伸的细线)连接而成。两盘系线点构成等边三角形。上盘称启动盘,使上圆盘绕转轴转过一小角度,即可启动下盘绕固定轴线转动。下盘称为悬盘,处于悬挂状态,并可绕 OO' 轴线作扭转摆动。由于三线摆的摆动周期与悬盘的转动惯量有关,所以把待测样品放在悬盘上后,三线摆系统的摆动周期就随之改变。这样,根据摆动周期、摆动质量以及有关的参量,就能求出悬盘系统的转动惯量。

设悬盘质量为 M_0,如图 5-2 所示,当它绕 OO' 扭转的最大角位移为 θ_0 时,悬盘的中心位置升高 h,这时悬盘的动能全部转变为重力势能,即

$$E_p = M_0 gh \qquad (5-2)$$

当悬盘重新回到平衡位置时,重心降到最低点,这时最大角速度为 ω_0,重力势能被全部转变为转动动能(当 θ_0 很小时,可忽略平动动能),即

$$E_k = \frac{1}{2} J_0 \omega_0^2 \qquad (5-3)$$

式中 J_0 是悬盘对于通过其重心且平行于 OO' 轴的转动惯量。

如果忽略摩擦力,根据机械能守恒定律可得

$$M_0 gh = \frac{1}{2} J_0 \omega_0^2 \qquad (5-4)$$

设悬线长度为 l,悬盘悬线距圆心为 R,启动盘距圆心为 r,当悬盘转过一角度 θ_0 时,从上圆盘 B 点作悬盘垂线,与升高 h 前、后下圆盘(悬盘)分别交于 C 和 C_1,如图 5-2 所示,则

$$h = BC - BC_1 = \frac{BC^2 - BC_1{}^2}{BC + BC_1}$$

由图中几何关系可得

$$BC^2 = AB^2 - AC^2 = l^2 - (R-r)^2$$
$$BC_1{}^2 = A_1B^2 - A_1C_1{}^2 = l^2 - (R^2 + r^2 - 2Rr\cos\theta_0)$$

故悬盘高度的变化为

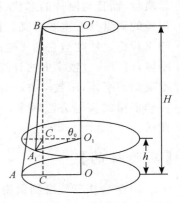

图 5-2　三线摆原理图

$$h = \frac{2Rr(1-\cos\theta_0)}{BC + BC_1} = \frac{4Rr\sin^2\dfrac{\theta_0}{2}}{BC + BC_1} \qquad (5-5)$$

在扭转角很小,摆长 l 很长时,$\sin\dfrac{\theta_0}{2} \approx \dfrac{\theta_0}{2}$,$BC + BC_1 \approx 2H$($H$ 为上下盘之间的垂直距离),则

$$h = \frac{Rr\theta_0^2}{2H} \qquad (5-6)$$

其中 $H = \sqrt{l^2 - (R-r)^2}$。

由于悬盘的扭转角度很小(一般小于 $5°$),摆动可看作是简谐振动,则悬盘的角位移与时间的关系是

$$\theta = \theta_0 \sin\left(\frac{2\pi}{T_0}t\right) \qquad (5-7)$$

式中,θ 是圆盘在时间 t 时的角位移,θ_0 是角振幅,T_0 是振动周期,若认为振动初相位是零,则角速度为

$$\omega = \frac{d\theta}{dt} = \frac{2\pi\theta_0}{T_0} \cos\left(\frac{2\pi}{T_0}t\right) \qquad (5-8)$$

经过平衡位置时的最大角速度为

$$\omega_0 = \frac{2\pi\theta_0}{T_0} \qquad (5-9)$$

将式(5-6)、式(5-9)代入式(5-4)即可求得空载时悬盘的转动惯量

$$J_0 = \frac{M_0 g R r}{4\pi^2 H} T_0^2 \qquad (5-10)$$

若将质量为 M_1 的物体放在悬盘上,使其质心与悬盘中心重合,则系统的总转动惯量为

$$J_1 = \frac{(M_0 + M_1) g R r}{4\pi^2 H} T_1^2 \qquad (5-11)$$

式中 T_1 为系统谐振周期。若已测出悬盘的转动惯量为 J_0，则质量为 M_1 的物体的转动惯量为

$$J_{M_1} = J_1 - J_0 \qquad (5-12)$$

若将两个质量均为 M_2 的圆柱体对称地放在悬盘的两边（如图 5-3 所示），相应的系统谐振周期为 T_2，此时系统的转动惯量为

$$J_2 = \frac{(M_0 + 2M_2)gRr}{4\pi^2 H} T_2^2 \qquad (5-13)$$

则质量为 M_2 的圆柱体对悬盘中心轴的转动惯量为

$$J_{M_2} = \frac{1}{2}(J_2 - J_0) \qquad (5-14)$$

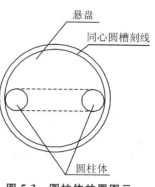

图 5-3 圆柱体放置图示

物体的转动惯量随着转轴的不同而改变。就两平行轴而言，物体对于任意轴的转动惯量 J_a，等于通过此物体质心轴的转动惯量 J_c 加上物体质量 m 与两轴间距离平方 d^2 的乘积，这就是平行轴定理，即

$$J_a = J_c + md^2 \qquad (5-15)$$

因此，基于式（5-14）的计算结果，可检验转动惯量的平行轴定理。

【仪器介绍】

三线摆实验装置如图 5-4 所示。

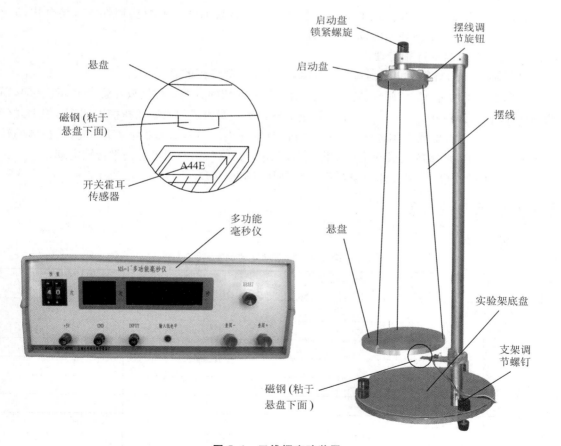

图 5-4 三线摆实验装置

【实验内容】

1. 调节实验装置的工作状态

调节三线摆水平。借助气泡水平仪调节启动盘和悬盘水平。（请思考应先调节哪个盘水平。）

调节霍耳探头位置，使其恰好正对悬盘下表面的小磁钢，并相距约 6 mm。此时计时仪的低电平指示发光管亮。

设置计时器的预置次数为 40（相应的周期数为 20）。

2. 测量悬盘的转动惯量 J_0

用钢直尺测量上、下圆盘系线点之间的距离 a、b（如图 5-5 所示），用游标卡尺测量下悬盘的直径 D_1，用钢直尺测量上、下盘之间的距离 H。（悬盘的质量 M_0 已标记在悬盘上，请思考其余各量该如何测量。）

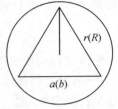

图 5-5　圆盘系线点距离

使三线摆静止，轻轻转动启动盘（约 5°），再将其旋回（须耐心调节，尽量使磁钢摆动的平衡点经过霍耳传感器），使悬盘绕中心轴作小角度扭转摆动（无晃动）。按计时器 RESET 键，记录扭转摆动 20 次的时间，重复测量 5 次。

将测得的扭摆周期代入式（5-10），可求得悬盘的转动惯量。

3. 测量圆环的转动惯量 J_{M_1}

用游标卡尺测量圆环的内、外直径 $D_内$、$D_外$，并用电子天平称量圆环的质量 M_1。

将圆环置于悬盘上，并使两者中心轴重合。测量悬盘加圆环的扭摆周期 T_1，结合式（5-11）、（5-12）即可求得圆环的转动惯量 J_{M_1}。

4. 验证转动惯量的平行轴定理

测量圆柱体的直径 $D_柱$ 及其质量 M_2，测量悬盘上刻线槽的直径 $D_槽$。

将两个质量均为 M_2 的圆柱体按照与悬盘上刻线内切的方式对称地放在悬盘上（图 5-3），则两圆柱体质心之间相距 $2d = D_槽 - D_柱$。测量圆柱体和悬盘组成的系统的扭摆周期 T_2，根据式（5-13）、（5-14）可求出圆柱体对悬盘中心轴的转动惯量 J_{M_2}。已知转轴通过质心时，圆柱体的转动惯量为 J_c（由实验室给出或理论计算得到），那么通过式（5-15）即可验证平行轴定理。

注意：如果放置时，圆柱体与悬盘的刻线外切，则 $2d = D_槽 + D_柱$。

【数据记录与处理】

1. 数据记录

表 5-1　扭摆周期的测定

测量项目		悬盘质量 $M_0 =$　　g	圆环质量 $M_1 =$　　g	圆柱体总质量 $2M_2 =$　　g
摆动周期数 n		20	20	20
总时间 t/s	1			
	2			
	3			
	4			
	5			
平均值 $\bar{t}$/s				
平均周期 $\bar{T} = \bar{t}/n$				

表 5-2　上、下盘几何参数及其间距

单位:cm

测量项目		D_1	H	a	b
次数	1				
	2				
	3				
平均值					

表 5-3　圆环、圆柱体几何参数

单位:cm

测量项目		$D_内$	$D_外$	$D_柱$	$D_槽$	$2d = D_槽 - D_柱$
次数	1					
	2					
	3					
平均值						

2. 数据处理

由图 5-5 中几何关系可知,$R = \dfrac{\sqrt{3}}{3} \cdot b$,$r = \dfrac{\sqrt{3}}{3} \cdot a$,故有 $R \cdot r = \dfrac{1}{3} \cdot a \cdot b$。悬盘、圆环、圆柱体转动惯量的理论值分别为

$$J'_0 = \frac{1}{8} M_0 D_1^2, \quad J'_{M_1} = \frac{1}{8} M_1 (D_外^2 + D_内^2), \quad J'_{M_2} = \frac{1}{8} M_2 D_柱^2 + M_2 d^2$$

(1)计算各直接量 t、D_1、H、a、b、$D_内$、$D_外$、$D_柱$、$D_槽$ 的平均值及不确定度。

(2)根据式(5−10)计算悬盘的转动惯量,正确表示结果,并将实验结果与理论值比较。

(3)根据式(5−11)、(5−12)计算圆环的转动惯量,正确表示结果,将实验结果与理论值比较。

(4)根据式(5−13)、(5−14)计算圆柱体的转动惯量,正确表示结果,将实验结果与理论值比较。

【思考题】

1. 用三线摆测定物体转动惯量时,要求悬盘水平、摆度要小、不能晃动,为什么?

2. 三线摆放上待测物后,它的转动周期是否一定比空盘转动周期大? 为什么?

3. 测圆环转动惯量时,应该把圆环放在与悬盘同心的位置上,如果略微放偏了,测出的结果是偏大还是偏小? 为什么?

【预习要求】

1. 物体的转动惯量是如何定义的? 它与哪些因素有关?

2. 如何通过实验测得物体的转动惯量? 实验中为了测量物体的转动惯量,关键的物理量是什么? 如何减小该物理量的测量误差?

3. 如何调节上、下圆盘水平？调节时应先调上盘还是下盘？为什么？

4. 装置中哪个是启动盘？启动盘的作用是什么？如何使用启动盘？

5. 如何测量上、下圆盘悬点到中心的距离 r 和 R？

6. 实验时，圆环应如何放置？验证平行轴定理时两圆柱体应如何放置？

实验 6　落球法测液体黏滞系数

【实验导读】

黏滞系数(coefficient of viscosity)是表征液体黏滞程度的重要参数,是液体流动时内摩擦作用大小的量度。在工程技术和科学研究的许多领域中,测定液体的黏滞系数是非常重要的。如机械的润滑、船舶的航行、石油在封闭管道中的输送以及与液体性质有关的研究中,都需要测定液体的黏滞系数。测量液体黏滞系数的常用方法有落球法、旋转法、泄流法和毛细管法。本实验采用落球法测定蓖麻油的黏滞系数。

【实验目的】

1. 观察液体的内摩擦现象;
2. 熟练使用游标卡尺、螺旋测微计;
3. 学会用落球法测量液体的黏滞系数;
4. 学会用半导体激光传感器测量小球在液体中下落的时间。

【实验仪器】

VM-1 黏滞系数测定仪　螺旋测微计　游标卡尺　温度计　小球　镊子　蓖麻油

【实验原理】

当直径为 d 的光滑圆球,以速度 v 在均匀的无限宽广的液体中运动时,若速度不大,球也很小,在液体中不产生涡流的情况下,斯托克斯指出,球在液体中所受到的阻力大小为:

$$F=3\pi\eta dv \qquad (6-1)$$

式中 η 为液体的黏滞系数,上式称为斯托克斯公式。从式(6-1)可知,阻力 F 的大小和物体运动速度的大小成比例。

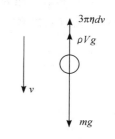

图 6-1　落球在液体中的受力图示

当质量为 m、体积为 V 的小球在密度为 ρ 的液体中下落时,作用在小球上的力有三个,即重力 mg、液体的浮力 ρVg、液体的黏滞阻力 $3\pi\eta dv$。这三个力都作用在同一铅直线上,重力向下,浮力和阻力向上(图 6-1)。球刚开始下落时,速度 v 很小,阻力不大,小球作加速下落。随着速度的增加,阻力逐渐加大,速度达一定值时,阻力和浮力之和将等于重力,此时物体运动的加速度等于零,小球开始匀速下落。用 v_t 表示此时的速度,则有

$$mg=\rho Vg+3\pi\eta dv_t$$

此时的速度 v_t 称为终极速度。由此式可得液体的黏滞系数为

$$\eta=\frac{(m-\rho V)g}{3\pi dv_t} \qquad (6-2)$$

若小球的密度为 ρ_0,并将 $V=\frac{4}{3}\pi\left(\frac{d}{2}\right)^3$ 代入上式,则有

$$\eta=\frac{1}{18}\frac{(\rho_0-\rho)gd^2}{v_t} \qquad (6-3)$$

由于液体在有限的容器中,故不满足无限宽广的条件。实际测得的速度 v_0 和式(6—3)中的理想条件下的速度 v_t 之间存在如下关系

$$v_t = v_0 \left(1 + 2.4\frac{d}{D}\right)\left(1 + 3.3\frac{d}{2H}\right) \tag{6—4}$$

式中 D 为盛液体圆筒的内直径,H 为筒中液体的深度,将式(6—4)代入式(6—3),得出

$$\eta = \frac{1}{18}\frac{(\rho_0 - \rho)gd^2}{v_0\left(1 + 2.4\frac{d}{D}\right)\left(1 + 3.3\frac{d}{2H}\right)} \tag{6—5}$$

其次,斯托克斯公式是在假设无涡流的理想状态下导出的。实际上小球下落时并不处于这种理想状态,因此还要进行修正。已知此时的雷诺数 Re 为

$$Re = \frac{d\rho v_0}{\eta} \tag{6—6}$$

当雷诺数不是很大(一般在 $Re < 10$)时,斯托克斯公式(6—1)修正为

$$F = 3\pi dv\eta_0 \left(1 + \frac{3}{16}Re - \frac{19}{1\,080}Re^2\right) \tag{6—7}$$

考虑此项修正后的液体黏度 η_0 为

$$\eta_0 = \eta\left(1 + \frac{3}{16}Re - \frac{19}{1\,080}Re^2\right)^{-1}$$

又考虑到上式的二次方项的数值很小,取其近似,则得

$$\eta_0 = \eta\left(1 + \frac{3}{16}Re\right)^{-1} \tag{6—8}$$

因此,若考虑该修正,可先由式(6—5)求出近似值 η,用此 η 代入式(6—6)求出 Re,最后由式(6—8)求出液体的黏度 η_0。

【仪器介绍】

实验装置如图 6-2 所示,主要由支架、盛放待测蓖麻油的量筒、激光发射盒、激光接收盒和 VM-1 黏滞系数测定仪组成。

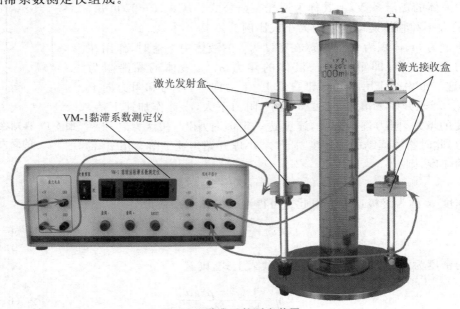

图 6-2　黏滞系数测定装置

激光接收盒是一个由 1DU 光敏三极管和运算放大器组成的光电传感器部件。该光电传感部件可将光信号转化为电信号,经运算放大器比较后输出高电平或低电平。输出的高低电平信号作为接入计时仪的输入,用以启动或终止计时仪计时。

VM-1 黏滞系数测定仪(图 6-3)采用单片机作主体,具有测量时间、周期准确度高,重复性好的优点。特别是没有第一个周期的计时误差,自动地利用下降边沿触发计时开始和计时结束。它是物理实验中的基本测量仪器。

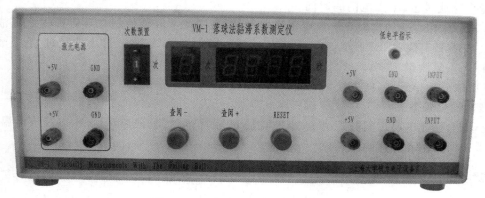

图 6-3　VM-1 黏滞系数测定仪面板

VM-1 黏滞系数测定仪的次数预置数为激光光电门数减 1。如图 6-2 所示,实验装置中共有上、下两对激光光电门,则次数预置数为 1 即可。本计时仪也可用于两对以上的激光光电门。如光电门为 3,4,…,10 对,则对应的次数预置数为 2,3,…,9。一旦小球落下,且光电门顺利地工作,在小球经过最后一个光电门后自动停止计时并保留计时数。从通过第一个光电门开始,到通过其他光电门的时间可按"查阅－"或"查阅＋"键来查阅。其中 0 为开始计时的光电门,1 次数为开始计时光电门的下面第 1 个光电门,显示的时间是从开始计时到该光电门的时间;2 次数为开始计时光电门的下面第 2 个光电门,显示的时间是从开始计时到该光电门的时间。依此类推。

【实验内容】

1. 调支架底盘水平

移开盛放蓖麻油的量筒,在实验架横梁上放重锤部件,调节底盘螺丝,使重锤对准底盘中心圆点,收回重锤线。

2. 调整盛液量筒位置

将已盛放蓖麻油的量筒放到实验架上,在实验架横梁上放重锤到盛液量筒底部,调节至从两个不同的角度观察锤线,如果锤线均位于量筒中心,则重锤线处于盛液量筒的中心轴线(直径交点为圆心)。此中心轴线将是小球下落的较理想路径。

3. 调节激光发射部件

如图 6-2 所示,连接实验架上、下激光发射部件电路,可见其发出红光。调节上、下激光发射部件的激光出射角度,尽量使两束红色激光垂直入射盛液量筒,并对准重锤线。调节完毕,收回重锤线。

应注意使上激光发射部件与液面保持适度距离,以确保小球经过上部件前已进入匀速直线运动状态。同时,还应避免激光正射量筒刻度线而引起入射激光发散及强度减弱。收回重锤线后,不得再调节激光发射部件(若要调节激光部件,须重放重锤线)。

4. 调节激光接收部件

连接激光接收部件到 VM-1 黏滞系数测定仪(下称测定仪,暂不连接黄色信号线到 INPUT 接线柱)。调节上、下接收部件,使红色激光对准接收部件上的小孔,并使接收部件上的发光管不亮。连接黄色信号线到测定仪的 INPUT 接线柱,此时面板上的低电平指示灯应不亮。注意上、下激光接收部件在测定仪面板上的连接位置。

5. 测量小球通过上、下光电门的时间

将与小球相对应的钢球导管放置于横梁上,适当增减蓖麻油使钢球导管插入蓖麻油 1 ~ 2 mm。按下测定仪 RESET 键,复零计时器。放小球入钢球导管,记录小球经过上、下光电门的时间 t。重复测量 10 次。

将小球放入导管前,应先使其表面在所测的油中完全浸润。

6. 测量其他相关数据

记录上、下光电门之间的距离 L、小球直径 d、量筒内径 D、液体深度 H 以及液体温度 T。(请思考如何测量光电门间距 L。)

【数据记录与处理】

1. 数据记录

表 6-1 小球通过上、下光电门的时间

次　　数	1	2	3	4	5
t/s					
次　　数	6	7	8	9	10
t/s					

表 6-2 落球法测液体黏滞系数数据

次　　数	1	2	3	4	5
L/cm					
d/cm					
D/cm					
H/cm					

2. 数据处理

已知 $\rho_0 = 7.808$ g·cm^{-3},$\rho = 0.960$ g·cm^{-3},$g = 9.789$ m·s^{-2},

(1)计算直接量 t,L,d,D,H 的平均值和不确定度;

(2)将上一步骤计算结果代入式(6-5)计算待测液体的黏滞系数,用不确定度传递公式计算不确定度,并正确表述结果。(只需传递分母中 v_0 及分子中 d^2 两项,推导参见本实验的附录。)

(3)计算修正后的黏滞系数,忽略 Re 的不确定度。

【注意事项】

1. 实验时要尽量保持液体处于静止状态,实验过程中不要捞取小球扰动液体。

2. 实验过程中操作要仔细,避免油洒出量筒。

3. 避免激光发射部件和接收部件上的小孔被油污等杂物堵塞。

【思考题】

1. 如何判断小球已进入匀速运动状态? 如何用实验方法测定?

2. 用同种蓖麻油、同一钢球,在不同的温度下进行实验,蓖麻油的黏滞系数如何变化?

【预习要求】

1. 如何推导斯托克斯公式? 为什么要修正公式? 如何修正?

2. VM-1 黏滞系数测定仪的仪器原理是什么?

附录　落球法测液体黏滞系数不确定度的推导

$$\eta = \frac{1}{18} \frac{(\rho_0 - \rho) g d^2}{v_0 \left(1 + \frac{2.4d}{D}\right)\left(1 + \frac{3.3d}{2H}\right)} \tag{1}$$

令 $k = \frac{(\rho_0 - \rho)g}{18}$,$P = 1 + \frac{2.4d}{D}$,$Q = 1 + \frac{3.3d}{2H}$,由实验数据可知 $d : D : H \approx 1 : 25 : 150$,则有 $P \approx Q \approx 1$。

(1)式可改写为

$$\eta = k \frac{d^2}{v_0 \cdot P \cdot Q} \tag{2}$$

由(1)式可求得 η 的相对不确定度,结果如下:

$$\frac{U_\eta}{\eta} = \sqrt{\left(\frac{2}{d} - \frac{2.4}{P \cdot D} - \frac{3.3}{2Q \cdot H}\right)^2 \cdot U_d^2 + \left(\frac{2.4d}{P \cdot D^2}\right)^2 \cdot U_D^2 + \left(\frac{3.3d}{2Q \cdot H^2}\right)^2 \cdot U_H^2 + \left(\frac{U_{v_0}}{v_0}\right)^2}$$

$$= \sqrt{\left(2 - \frac{2.4 \cdot d}{P \cdot D} - \frac{3.3 \cdot d}{2Q \cdot H}\right)^2 \cdot \left(\frac{U_d}{d}\right)^2 + \left(\frac{2.4d}{P \cdot D}\right)^2 \cdot \left(\frac{U_D}{D}\right)^2 + \left(\frac{3.3d}{2Q \cdot H}\right)^2 \cdot \left(\frac{U_H}{H}\right)^2 + \left(\frac{U_{v_0}}{v_0}\right)^2} \tag{3}$$

根号中各项讨论如下:

因为 $d : D : H \approx 1 : 25 : 150$,$P \approx Q \approx 1$,有

$$2 - \frac{2.4 \cdot d}{P \cdot D} - \frac{3.3 \cdot d}{2Q \cdot H} \approx 2 - \frac{2.4 \cdot d}{D} - \frac{3.3 \cdot d}{2H} \approx 2(第一项)$$

又因为 $\frac{U_D}{D} \approx \frac{U_H}{H} \approx \frac{U_d}{d}$,并且 $\frac{3.3d}{2H} \ll \frac{2.4d}{D} \ll 2$,所以

$$\left(\frac{3.3d}{2Q \cdot H}\right)^2 \cdot \left(\frac{U_H}{H}\right)^2 \ll \left(\frac{2.4d}{P \cdot D}\right)^2 \cdot \left(\frac{U_D}{D}\right)^2 \ll 2^2 \cdot \left(\frac{U_d}{d}\right)^2(第二、三项)$$

所以

$$\left(\frac{3.3d}{2Q \cdot H}\right)^2 \cdot \left(\frac{U_H}{H}\right)^2 + \left(\frac{2.4d}{P \cdot D}\right)^2 \cdot \left(\frac{U_D}{D}\right)^2 + 2^2 \cdot \left(\frac{U_d}{d}\right)^2 \approx 2^2 \cdot \left(\frac{U_d}{d}\right)^2(只取第一项)$$

所以(3)式可简化为

$$\frac{U_\eta}{\eta} = \sqrt{\left(\frac{2U_d}{d}\right)^2 + \left(\frac{U_{v_0}}{v_0}\right)^2} \tag{4}$$

实验 7　金属线胀系数的测定

【实验导读】

物体一般都具有"热胀冷缩"的特性,因此在工程结构设计、机械和仪表的制造、材料选择及加工(如焊接)中都必须考虑这个特性,否则将影响结构的稳定性和仪表的质量,甚至会造成严重后果。固体受热后,在一维方向上的膨胀称为线膨胀。在相同条件下,不同材料的固体线膨胀程度不同,这就需要引进线胀系数(coefficient of linear expanding)来反映不同材料的这种差异。线胀系数是选用材料的一项重要指标,对于新材料的研制少不了要对其线胀系数进行测定。

测定固体线胀系数,实际上归结为测量在某一温度范围内固体的微小伸长量。测定微小伸长量的方法有多种,本实验采用光杠杆方法测量黄铜棒的线胀系数。

【实验目的】

1. 掌握光杠杆测量微小伸长量的原理;
2. 学会光杠杆光学系统的调整方法;
3. 掌握测量不同量级物理量的量具选择方法。

【实验仪器】

金属线胀系数测定仪　读数望远镜　卷尺　直尺　光杠杆

【实验原理】

1. 固体的线胀系数

当温度升高时,一般固体由于原子的热运动加剧而发生膨胀。设物体在温度 $T=0℃$ 时的长度为 L_0,则该物体在 $T℃$ 时的长度为

$$L = L_0(1 + \alpha T) \tag{7-1}$$

α 为该物体的线胀系数,在温度变化不大时,α 是一个常数。式(7-1)还可写为

$$\alpha = \frac{L - L_0}{L_0 T} = \frac{\Delta L}{L_0 T} \tag{7-2}$$

由上式可看出,线胀系数的物理意义为温度每升高 $1℃$ 时,单位长度的某物体长度的伸长量。实际测量时,测得的是材料在室温 T_1 下的长度 L_1 及其由 T_1 至 T_2 的伸长量 ΔL,则相应温度下的材料长度为

$$L_1 = L_0(1 + \alpha T_1), L_2 = L_0(1 + \alpha T_2)$$

所以线胀系数可写为

$$\alpha = \frac{L_2 - L_1}{L_0(T_2 - T_1)} = \frac{\Delta L}{L_0 \cdot \Delta T} \tag{7-3}$$

由于实验中没有配套降温装置,故无法测得 $0℃$ 时材料的长度 L_0。因此,我们用室温下材料的长度 L_1 近似代替 $0℃$ 时材料的长度 L_0,并用 L 表示,故式(7-3)可近似为

$$\alpha = \frac{\Delta L}{L \cdot \Delta T} \tag{7-4}$$

由式(7-4)求得的值是在温度 $T_1 \sim T_2$ 间的平均线胀系数。本实验要测定黄铜棒的线胀系数。

2. 光杠杆原理

由于式(7-4)中,金属杆长度的变化 ΔL 是微小的量,实验中用光杠杆系统进行放大测量。设在温度 T_0 时,从望远镜中观测到竖尺的读数为 r_0。当温度升至 T 时,竖尺的读数为 r(见图 7-1),由光杠杆原理有

$$(r-r_0)=\frac{2R}{D} \cdot \Delta L \text{ 或 } \Delta L=\frac{D}{2R} \cdot (r-r_0) \tag{7-5}$$

其中,D 为光杠杆后足到前足的垂直距离,R 为光杠杆镜面到竖尺的距离,$\frac{2R}{D}$ 称为光杠杆的放大倍数。将式(7-5)代入式(7-4),可得

$$\alpha=\frac{(r-r_0)D}{2RL(T-T_0)} \tag{7-6}$$

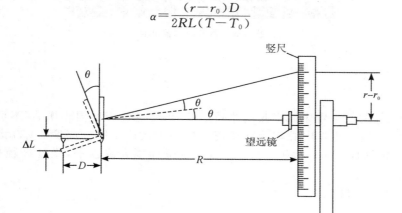

图 7-1　光杠杆原理

【仪器介绍】

金属线胀系数测定装置如图 7-2 所示。

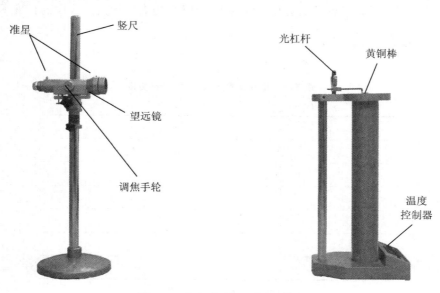

图 7-2　金属线胀系数测定装置

温度控制器面板如图7-3所示。(1)接通电源前,将电源开关置于"O",功能选择置于"测温"。(2)接通市电后,打开开关,LCD屏上显示该状态下黄铜棒的温度。(3)切换功能选择"预置"后,温度控制器处于待输入状态,此时可通过"预置调节"按钮输入预置温度,长按温度"预置调节"可快速调节温度。(4)预置温度设置完毕后,将功能选择置于"测温",30秒后,"加热指示"灯亮,系统开始加热黄铜棒。

图7-3 温度控制器面板

【实验内容】

1. 放置仪器

(1)将光杠杆的前足置于线膨胀仪的固定槽内,后足置于黄铜棒顶端(不可放入孔中)。(2)调节望远镜高度,使其中心与光杠杆镜面中心大致位于同一高度。(3)将望远镜及竖尺放在光杠杆镜面前1.0～2.0 m处。(4)调节望远镜大致水平,光杠杆镜面、竖尺大致竖直。

调节方法参见实验4。

2. 测量

(1)在室温下用卷尺测量黄铜棒的长度 L、光杠杆与竖尺垂直距离 R。

(2)记录实验开始时望远镜中标尺读数 r_0 和初温 T_0。调节仪器下端的温度预置装置,预置温度为85℃。在升温过程中记录4～8组数据(T_i,r_i)。注意升温开始直至实验结束期间,若移动镜尺组必须重新开始实验。

(3)测量光杠杆后足到前足之连线的垂直距离 D。把光杠杆取下,放在平坦的纸上,印上三足尖的位置,用尺子画出后足到前足连线的垂直线段,用直尺量出此线段的长度 D。

【数据记录与处理】

1. 数据记录

表7-1 标尺读数与温度之间的关系

$T_0 = \underline{\hspace{2cm}}$ $r_0 = \underline{\hspace{2cm}}$

次　数	$T_i/℃$	r_i/cm
1		
2		
3		
4		
5		
6		

表 7-2 实验装置参数测量

次 数	L/cm	R/cm	D/cm
1			
2			
3			

2. 数据处理

(1)用作图法或最小二乘法求出升温过程 $r(T)$ 曲线的斜率。

(2)由式 $\alpha = \dfrac{kD}{2RL}$ 计算黄铜棒的线胀系数并表示结果。

【注意事项】

升温开始直至实验结束期间,若改变镜尺组位置必须重新开始实验。

【思考题】

1. 分析测量结果 α 值偏大和偏小的原因。

2. 在同样的温度变化范围内,两粗细、长度不同的同种金属棒的线胀系数是否相同? 为什么?

【预习要求】

1. 通过本实验可以了解金属的什么物理性质?

2. 为了研究金属的这一物理性质,需要测量哪些物理量?

3. 光杠杆的放大原理是什么? 光杠杆的放大倍数与哪些物理量有关?

4. 本实验的主要工作是测量哪个物理量?

5. 如何调节镜面竖直? 调节望远镜的两个步骤是什么?

实验 8　落体法测重力加速度

【实验导读】

　　重力加速度的测量是物理学中的基本实验项目,测量重力加速度的方法较多,本实验采用落体法来测量重力加速度。如果忽略气体介质阻力的影响,物体自由下落的加速度可视为重力加速度。

【实验目的】

　　1. 学习用落体法测定重力加速度原理;
　　2. 用单光电门法和双光电门法测量重力加速度。

【实验仪器】

　　多功能计数器　铁架台　小球　电源

【实验原理】

1. 落体法测重力加速度原理

　　如果忽略气体介质阻力的影响,物体自由下落的加速度可视为重力加速度。根据自由落体运动公式:

$$h = \frac{1}{2}gt^2 \tag{8-1}$$

　　在小球开始下落的同时计时,t 是小球下落时间,h 是在 t 时间内小球下落的距离,测出 h、t 就可以算出重力加速度 g。

2. 利用单光电门计时方式测量 g

　　单光电门测量方式与公式(8-1)阐述的原理一致,假定光电门 I 与落球点位置之间距离为 h,开启电磁铁释放小球的同时开始计时,当小球经过光电门 I 后停止计时,测出时间 t,则重力加速度可由公式(8-2)求得:

$$g = \frac{2h}{t^2} \tag{8-2}$$

3. 利用双光电门计时方式测量 g

　　用一个光电门测量有两个困难:一是 h 不容易测量准确;二是电磁铁有剩磁,t 不易测量准确。这两点都会给实验带来一定的测量误差。为了解决这个问题采用双光电门计时方式,测试原理如图 8-1 所示,可以有效地减小实验误差。小球在竖直方向从 O 点开始自由下落,设它到达 A 点的速度为 v_1,从 A 点起,经过时间 t_1 后小球到达 B 点。令 A、B 两点间的距离为 S_1,则

$$S_1 = v_1 t_1 + \frac{g t_1^2}{2} \tag{8-3}$$

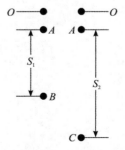

图 8-1　双光电门测试原理

　　若保持上述条件不变,从 A 点起,经过时间 t_2 后,小球到达 C

点，令 A、C 两点间的距离为 S_2，则

$$S_2 = v_1 t_2 + \frac{g t_2^2}{2} \tag{8-4}$$

由式（8-3）和（8-4）可以得出

$$g = 2 \frac{\dfrac{S_2}{t_2} - \dfrac{S_1}{t_1}}{t_2 - t_1} \tag{8-5}$$

利用上述方法测量，将原来难以精确测定的距离 h_1 和 h_2 转化为测量其差值，即 S_1，S_2，该值等于下端光电门在两次实验中的上下移动距离，而且克服了电磁铁剩磁所引起的时间测量误差。

【实验内容】

1. 用单光电门法测量重力加速度

（1）调节底座上的水平调节机脚，观测水平泡水平状态，使立柱垂直。

（2）将图 8-2 中所示下端光电门 I 与测试仪传感器 I 相连，开启测试仪电源。

（3）进入测试仪"＞Free fall"自由落体实验功能，进入实验菜单，选择"＞Function 1"单光电门测试模式。

（4）将直径为 16 mm 的钢球吸在电磁铁吸盘中心位置，用标尺多次测量小球中心位置到光电门 I 激光束之间的垂直距离 h_1（见图 8-3）。

（5）在 Function 1 菜单中，按"start"开始测量，当小球经过光电门 I 后，显示测量时间，可多次测量、保存和查看时间 t。

（6）改变光电门 I 的位置，重复实验步骤（4）和（5），测量不同的 h 和 t。

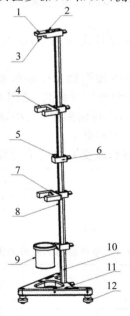

1. 电磁铁；2. 电磁铁控制电源插座（接测试仪电磁铁接口）；3. 钢球（落球）；4. 光电门 II（接测试仪传感器 II）；5. 水平泡；6. 水平泡支架；7. 光电门 I（接测试仪传感器 I）；8. PC 标尺；9. 接球盒；10. 立柱；11. 底座；12. 水平调节机脚

图 8-2 自由落体实验仪

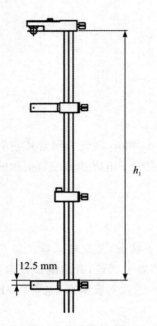

图 8-3　单光电门 **h** 测量

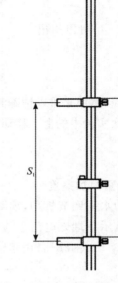

图 8-4　双光电门 **S** 测量

　　单光电门测量时,$h=h_1+12.5$ mm,如图 8-3 所示;双光电门测量时 S 见图 8-4 所示。

2. 用双光电门法测量重力加速度

　　(1)调节底座上的水平调节机脚,观测水平泡水平状态,使立柱垂直。

　　(2)将图 8-2 中所示下端光电门 Ⅰ 与测试仪传感器 Ⅰ 相连,上端光电门 Ⅱ 与测试仪传感器 Ⅱ 相连,开启测试仪电源。

　　(3)进入测试仪"＞Free fall"自由落体实验功能,进入实验菜单,选择"＞Function 2"双光电门测试模式。

　　(4)将直径为 16 mm 的钢球吸在电磁铁吸盘中心位置,用标尺多次测量两光电门激光束之间距离 S_1,也等于光电门固定座之间的相对距离(见图 8-4)。

　　(5)在 Function 2 菜单中,按"start"开始测量,当小球依次经过光电门 Ⅱ 和光电门 Ⅰ 后,显示测量时间,可多次测量、保存和查看时间 t_1。

　　(6)保持上端光电门 Ⅱ 的位置不动,改变光电门 Ⅰ 的位置,重复实验步骤(3)～(5),测量此时对应的 S_2 和 t_2。

【数据记录与处理】

1. 数据记录

表 8-1　单光电门测重力加速度

距离 h/m 时间/s	h_1	h_2	h_3	h_4	h_5	h_6
1						
2						
3						
平均值						

表 8-2　双光电门测重力加速度

时间/s ＼ 距离 S/m	$S=0.3$	$S=0.4$	$S=0.5$	$S=0.6$	$S=0.7$	$S=0.8$
1						
2						
3						
平均值						

2. 数据处理

（1）根据 $g=\dfrac{2h}{t^2}$ 计算重力加速度和实验误差（$g=9.789$ m/s^2）。

（2）根据 $g=2\dfrac{\dfrac{S_2}{t_2}-\dfrac{S_1}{t_1}}{t_2-t_1}$ 计算重力加速度和实验误差（$g=9.789$ m/s^2）。

【思考题】

1. 单光电门测重力加速度的误差比较大，实验的主要误差来自哪里？

2. 为什么不能用 $g=(v_2-v_1)/t_{12}$ 测量重力加速度？其中 $v_1=d/t_1$，$v_2=d/t_2$，d 为小球的直径，t_1，t_2 分别为小球通过两光电门的时间，t_{12} 为小球从第一个光电门到第二个光电门的时间。

实验 9　碰撞过程中守恒定律的研究

【实验导读】

动量守恒定律和能量守恒定律在物理学中占有非常重要的地位。力学中的运动定理和守恒定律最初是从牛顿定律导出来的,在现代物理学所研究的领域中存在很多牛顿定律不适用的情况,例如高速运动物体或微观领域中粒子的运动规律和相互作用等,但是能量守恒定律仍然有效。因此,能量守恒定律成为了比牛顿定律更为普遍适用的定律。

本实验的目的是利用气垫导轨研究一维碰撞的三种情况,验证动量守恒和能量守恒定律。定量研究动量损失和能量损失在工程技术中有重要意义。同时,通过实验还可提高误差分析的能力。

【实验目的】

1. 进一步熟悉气垫导轨的构造,掌握正确的调整及使用方法;
2. 验证能量守恒定律;
3. 用观察法研究弹性和非弹性碰撞的特点。

【实验仪器】

QG-5G 型气垫导轨　滑块　MUJ-6B 电脑通用计数器　光电门　气源

【实验原理】

如果一个力学系统所受合外力为零或在某方向上的合外力为零,则该力学系统总动量守恒或在某方向上守恒,即

$$\sum m_i \vec{v}_i = 恒量 \tag{9-1}$$

实验中用两个质量分别为 m_1、m_2 的滑块来碰撞(图 9-1),若忽略气流阻力,根据动量守恒有

$$m_1 \vec{v}_{10} + m_2 \vec{v}_{20} = m_1 \vec{v}_1 + m_2 \vec{v}_2 \tag{9-2}$$

对于完全弹性碰撞,要求两个滑行器的碰撞面用弹性良好的弹簧组成缓冲器,我们可用钢圈作完全弹性碰撞器;对于完全非弹性碰撞,碰撞面可用尼龙搭扣、橡皮泥;一般非弹性碰撞用一般金属如合金、铁等。无论哪种碰撞面,必须保证是对心碰撞。

当两滑块在水平的导轨上作对心碰撞时,忽略气流阻力,且不受其他任何水平方向的外力的影响,因此这两个滑块组成的力学系统在水平方向上动量守恒。由于滑块作一维运动,式(9-2)中矢量 $\vec{v}$ 可改成标量 v,v 的方向由正负号决定,若

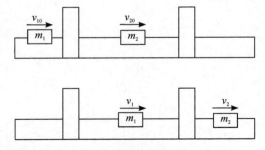

图 9-1　碰撞实验示意图

与所选取的坐标轴方向相同则取正号,反之,则取负号。

1. 完全弹性碰撞

完全弹性碰撞的标志是碰撞前后动量守恒,动能也守恒,即

$$m_1 v_{10} + m_2 v_{20} = m_1 v_1 + m_2 v_2 \tag{9-3}$$

$$\frac{1}{2} m_1 v_{10}^2 + \frac{1}{2} m_2 v_{20}^2 = \frac{1}{2} m_1 v_1^2 + \frac{1}{2} m_2 v_2^2 \tag{9-4}$$

由式(9-3)、式(9-4)可解得碰撞后的速度

$$v_1 = \frac{(m_1 - m_2) v_{10} + 2m_2 v_{20}}{m_1 + m_2} \tag{9-5}$$

$$v_2 = \frac{(m_2 - m_1) v_{20} + 2m_1 v_{10}}{m_1 + m_2} \tag{9-6}$$

如果 $v_{20} = 0$,则有

$$v_1 = \frac{(m_1 - m_2) v_{10}}{m_1 + m_2} \tag{9-7}$$

$$v_2 = \frac{2m_1 v_{10}}{m_1 + m_2} \tag{9-8}$$

动量损失率为

$$\frac{\Delta p}{p_0} = \frac{p_0 - p_1}{p_0} = \frac{m_1 v_{10} - (m_1 v_1 + m_2 v_2)}{m_1 v_{10}} \tag{9-9}$$

动能损失率为

$$\frac{\Delta E}{E_0} = \frac{E_0 - E_1}{E_0} = \frac{\frac{1}{2} m_1 v_{10}^2 - \left(\frac{1}{2} m_1 v_1^2 + \frac{1}{2} m_2 v_2^2 \right)}{\frac{1}{2} m_1 v_{10}^2} \tag{9-10}$$

理论上,动量损失和动能损失都为零,但在实验中,由于空气阻力和气垫导轨本身的原因,不可能完全为零,但在一定误差范围内可认为是守恒的。

2. 完全非弹性碰撞

碰撞后,两滑块粘在一起以同一速度运动,即为完全非弹性碰撞。在完全非弹性碰撞中,系统动量守恒,动能不守恒。

$$m_1 v_{10} + m_2 v_{20} = (m_1 + m_2) v \tag{9-11}$$

在实验中,让 $v_{20} = 0$,则有

$$m_1 v_{10} = (m_1 + m_2) v \tag{9-12}$$

$$v = \frac{m_1 v_{10}}{m_1 + m_2} \tag{9-13}$$

动量损失率

$$\frac{\Delta p}{p_0} = 1 - \frac{(m_1 + m_2) v}{m_1 v_{10}} \tag{9-14}$$

动能损失率

$$\frac{\Delta E}{E_0} = \frac{m_2}{m_1 + m_2} \tag{9-15}$$

3. 一般非弹性碰撞

一般情况下,碰撞后,一部分机械能将转变为其他形式的能量,机械能守恒在此情况已不适用。牛顿总结实验结果并提出碰撞定律:碰撞后两物体的分离速度 $v_2 - v_1$ 与碰撞前两物体

的接近速度成正比,比值称为恢复系数,即

$$e=\frac{v_2-v_1}{v_{10}-v_{20}} \tag{9-16}$$

恢复系数 e 由碰撞物体的质料决定。e 值由实验测定,一般情况下 $0<e<1$,当 $e=1$ 时,为完全弹性碰撞;$e=0$ 时,为完全非弹性碰撞。

4. 验证机械能守恒定律

如果一个力学系统只有保守力作功,其他内力和一切外力都不作功,则系统机械能守恒,如图9-2所示,将气垫导轨一端加一垫块,使导轨与水平面成 α 角,把质量为 m 的砝码用细绳通过滑轮与质量 m' 的滑块相连,滑轮的等效质量为 m_e,根据机械能守恒定律,有

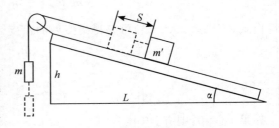

图 9-2　机械能守恒定律示意图

$$mgS=\frac{1}{2}(m+m'+m_e)(v_2^2-v_1^2)+m'gS\sin\alpha \tag{9-17}$$

式中 S 为砝码 m 下落的距离,v_1 和 v_2 分别为滑块通过 S 距离的始末速度。如果将导轨调成水平,则有

$$mgS=\frac{1}{2}(m+m'+m_e)(v_2^2-v_1^2) \tag{9-18}$$

在无任何非保守力对系统作功时,系统机械能守恒。但在实验中存在耗散力如空气阻力和滑轮的摩擦力等作功,使机械能有损失,但在一定误差范围内可认为机械能是守恒的。

【实验内容】

有关气垫导轨的结构、使用时的注意事项及电脑通用计数器的应用等,请仔细阅读实验3牛顿第二定律的验证中的相关内容。

1. 研究三种碰撞状态下的守恒定律

(1)取两滑块 m_1、m_2,且 $m_1>m_2$,用电子天平称 m_1、m_2 的质量(包括挡光片)。将两滑块分别装上弹簧钢圈,滑块 m_2 置于两光电门之间(两光电门距离不可太远),使其静止,用 m_1 碰 m_2,分别记下 m_1 通过第一个光电门的时间 Δt_{10} 和经过第二个光电门的时间 Δt_1,以及 m_2 通过第二个光电门的时间 Δt_2,重复5次,记录所测数据,数据表格自拟,计算 $\frac{\Delta p}{p}$、$\frac{\Delta E}{E}$。

(2)分别在两滑块上换上尼龙搭扣,重复上述测量和计算。

(3)分别在两滑块上换上金属碰撞器,重复上述测量和计算。

2. 验证机械能守恒定律

(1) $\alpha=0$ 时,测量 m、m'、m_e、S、v_1、v_2,计算势能增量 mgS 和动能增量 $\frac{1}{2}(m+m'+m_e)(v_2^2-v_1^2)$,重复5次,数据表格自拟。

(2)$\alpha\neq0$ 时$\left(\text{即将导轨一端垫起一固定高度 } h,\sin\alpha=\frac{h}{L}\right)$,重复以上测量。

【思考题】

1. 碰撞前后系统总动量不相等,试分析其原因。

2. 恢复系数 e 的大小取决于哪些因素？

【预习要求】

1. 复习气垫导轨、MUJ-6B 型电脑通用计数器的使用方法及注意事项。
2. 什么是完全弹性碰撞、完全非弹性碰撞、一般非弹性碰撞？
3. 如何研究三种碰撞状态下的守恒定律？
4. 如何验证机械能守恒定律？

实验 10　惯性秤

【实验导读】

　　惯性秤称衡质量,是基于牛顿第二定律,由测定待测物体和标准物体在相同外力作用下的加速度,用振动法比较反映物体加速度的振动周期,去确定物体的质量。而天平称衡质量,是基于万有引力定律,通过待测物体和选作质量标准的物体达到力矩平衡的杠杆原理求得质量。在失重状态下,无法用天平称衡质量,而惯性秤可照样使用,这是惯性秤的特点。

【实验目的】

　　1. 掌握用惯性秤测定物体质量的原理和方法;

　　2. 了解仪器的定标和使用。

【实验仪器】

　　惯性秤　　周期测定仪　　定标用标准质量块(共 10 块)　　待测圆柱体

【实验原理】

　　根据牛顿第二定律 $F=ma$,有 $m=\dfrac{F}{a}$,把同一个力作用在不同物体上,并测出各自的加速度,就能确定物体的惯性质量。

　　惯性秤调平后,将秤台沿着水平方向推开 1 cm 左右的距离,然后松手,秤台及其上的物体将在振臂的弹性恢复力作用下作左右振动。在秤台负载不大且秤台位移较小的情况下,可以近似地认为弹性恢复力和秤台的位移成正比,即秤台是在水平方向上作简谐振动。

　　设秤台上的物体受到秤臂的弹性恢复力为 $F=-kx$(k 为悬臂振动体的弹性系数,x 为秤台质心偏离平衡位置的距离),根据牛顿第二定律,运动方程为

$$(m_0+m_i)\frac{\mathrm{d}^2 x}{\mathrm{d}t^2}=-kx \tag{10-1}$$

设初相位为零,则式(10—1)的解为

$$x=x_0\cos\omega t \tag{10-2}$$

式中 x_0 为秤台振幅,ω 为角频率,由此可得

$$\omega^2=\frac{k}{m_0+m_i}$$

$$T=2\pi\sqrt{\frac{m_0+m_i}{k}} \tag{10-3}$$

式中 m_0 为振动体空载时的等效质量,m_i 为砝码或待测物的惯性质量。将式(10—3)两侧平方,改写成

$$T^2=\frac{4\pi^2}{k}m_0+\frac{4\pi^2}{k}m_i \tag{10-4}$$

　　上式表明,惯性秤水平振动周期 T 的平方和附加质量 m_i 成线性关系。测出各已知附加

质量 m_i 所对的周期值 T_i，可作 T^2-m 直线图（图 10-1），或 T-m 曲线图（图 10-2），这就是该惯性秤的定标曲线，如需测量某物体的质量时，可将其置于惯性秤的秤台 B 上，测出周期 T_x，就可从定标曲线上查出 T_x 对应的质量 m_x，即为被测物体的质量。

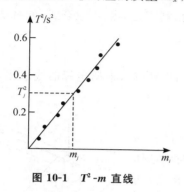

图 10-1　T^2-m 直线

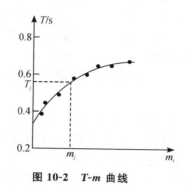

图 10-2　T-m 曲线

注意：使用时惯性秤必须严格水平放置，才能得到正确的结果，否则，秤的水平振动将受到重力的影响，这时秤台除受到秤臂的弹性恢复力外，还要受到重力在水平方向分力的作用，使用时要研究重力对惯性秤的影响。

【仪器介绍】

图 10-3 是惯性秤的实物图，其主要部分是两根弹性钢片连成的一个悬振动体 A，振动体的一端是秤台 B，秤台的槽中可插入定标用的标准质量量块。秤体 A 的另一端是秤台 C。通过固定螺栓 D 把 A 固定在 E 座上，旋松固定螺旋 D，则整个悬臂可绕固定螺栓转动，E 座可在立柱 F 上移动。挡光片 G 和光电门 H 是测周期用的，光电门和周期测试仪用导线相连。立柱顶上的吊杆 I 用以悬挂待测物，研究重力对秤的振动周期的影响。

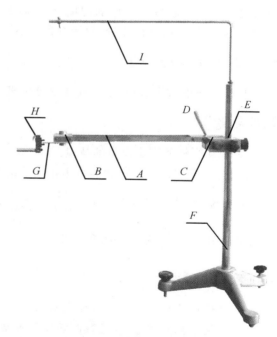

图 10-3　惯性秤

【实验内容】

1. 惯性秤水平放置时的定标

惯性秤的定标就是测定各已知质量块 m_i 置于秤台上时的周期值 T_i，作定标线（T^2-m 或 T-m），或求出线性拟合式 $T^2 = a + bm$ 的参数 a、b 值。利用定标线或此拟合式，就可从未知质量物体的周期值求出其质量。具体方法如下：

（1）调节惯性秤秤台水平，同时检查周期测试仪工作是否正常。

（2）检查标准质量块的质量是否相等，可逐一将标准质量块置于秤台上测周期。

将惯性秤的秤台沿水平方向稍稍拉开一小距离，任其振动，测定空秤时 m_0 的周期 T_0；再依次把片状砝码 m_i 插入秤台中，测定周期 T_i。一直到砝码加完为止，注意加砝码时应对称地加入，并且砝码应插到底，使砝码的重心一直位于秤台中心。测量它们的周期，如果各质量块的周期测定值的平均值相差不超过 1%，在此就认为标准质量块的质量是相等的，并且取标准质量块质量的平均值为此实验中的质量单位。

（3）根据已知的质量 m_i 和测得的周期 T_i，绘出惯性秤水平放置的 T_i-m_i 定标曲线。

（4）求出线性拟合式 $T^2 = a + bm$ 的参数 a、b 的值，利用定标线或拟合式，就可从未知质量物体的周期值求出其质量（可用 Excel 软件拟合）。

2. 测待测物质量

取下砝码，将待测物置于秤台中间的孔中，测振动周期 T_x，根据定标曲线求出其质量（或用拟合式计算）。

3. 考察重力对惯性秤的影响

（1）惯性秤秤台仍水平放置，待测物（圆柱体）通过长约 50 cm 的细线铅直悬挂在秤的圆孔中（图 10-4）。此时圆柱体的重量由吊线承担，当秤台振动时，带动圆柱体一起振动，测其周期 T'_x。将此周期和前面 T_x 测定值比较，说明二者为何不同。

（2）惯性秤垂直放置，使秤在铅直面内左右振动，测定空秤和加 1、3、5 个砝码所对应的周期 T''_x。将其和惯性秤在水平放置的周期值 T'_x 进行比较，两者有什么不同？

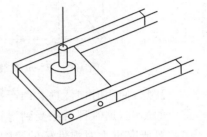

图 10-4 悬臂秤台

【数据记录与处理】

自拟相应的数据表格，按上述要求分别进行数据处理。

【思考题】

1. 说明惯性秤测定质量的特点。

2. 比较 T_x 与 T'_x、T''_x，你能得出什么结论？

3. 根据式（10-3），可以得到 $\dfrac{\mathrm{d}T}{\mathrm{d}m_i} = \dfrac{\pi}{\sqrt{k(m_0 + m_i)}}$，称它为惯性秤的灵敏度。分析惯性秤的测量灵敏度即 $\dfrac{\mathrm{d}T}{\mathrm{d}m_i}$ 和哪些因素有关。

【预习要求】

1. 惯性质量和引力质量有什么不同？

2. 用天平称衡质量、惯性秤测定质量各基于什么原理？

3. 惯性秤的结构如何？

实验 11 弦线波振动的研究

【实验导读】

弦线上横波传播规律的研究是力学中重要的实验之一。利用驻波(standing wave)原理测量横波波长的方法,在声学、光学和无线电学等学科中都有重要的应用。SWV-1 弦线波振动实验仪应用现代新技术,将原单一频率的振动源,改进为频率可以连续微调(0.01 Hz)的装置,是现代实验教学的新仪器。本实验现象直观,内容丰富有趣,有利于实验者研究弦线上横波的传播规律。通过该实验,还可使实验者初步掌握从实验数据中找出经验公式的方法。

【实验目的】

1. 学会用驻波法测定波的传播速度;
2. 验证波在弦线上传播的速度公式;
3. 学会从所测数据中找出经验公式的方法。

【实验仪器】

SWV-1 弦线波振动实验仪

【实验原理】

在一根拉紧的弦线上,若其张力为 T,线密度为 μ,则沿弦线传播的横波满足下述运动方程

$$\frac{\partial^2 y}{\partial t^2} = \frac{T}{\mu} \cdot \frac{\partial^2 y}{\partial x^2} \tag{11-1}$$

式中 x 为波在传播方向与弦线平行的位置坐标,y 为振动位移。

将式(11—1)与典型的波动方程 $\frac{\partial^2 y}{\partial t^2} = v^2 \frac{\partial^2 y}{\partial x^2}$ 相比较,即可得到波的传播速度

$$v = \sqrt{\frac{T}{\mu}} \tag{11-2}$$

若波源的振动频率为 f,横波波长为 λ,由于 $v = f\lambda$,故波长与张力及线密度之间的关系为

$$\lambda = \frac{1}{f}\sqrt{\frac{T}{\mu}} \tag{11-3}$$

为了用实验证明公式成立,将该式两边取对数,得

$$\ln\lambda = \frac{1}{2}\ln T - \frac{1}{2}\ln\mu - \ln f \tag{11-4}$$

若固定频率 f 及线密度 μ,改变张力 T,则可测出各相应波长 λ。作 $\ln\lambda$-$\ln T$ 曲线,如得到一直线,并求得斜率为 0.5,则可证明 $\lambda \propto T^{\frac{1}{2}}$ 关系的成立。同理固定张力 T 及线密度 μ,改变频率 f,测得相应波长 λ,作 $\ln\lambda$-$\ln f$ 曲线,如得斜率为 -1 的直线,就验证了 $\lambda \propto f^{-1}$。

为了测定波长 λ，实验时采用在弦线上形成驻波的方法。如图 11-1 所示，将弦线的一端固定在振动片上，另一端经过滑车再绕过滑轮组并挂有砝码，使弦线中产生张力。调节振动频率和输出幅度，振动片遂以固定的频率驱动该端的弦线而引起振动，即有一横波沿弦线向右传播，到达滑车处而反射，于是弦线上同时有前进波和反射波。这两列波振动方向相同，频率相同，振幅相等，传播方向相反，是满足相干条件的相干波，在波的重叠区将会发生波的干涉现象。如果弦线张力大小适当或调节适当的振动频率，则两列波叠加而形成驻波，此时弦线分段振动。弦线上有些点振动的振幅最大，称为波腹，有些点振动的振幅为零，称为波节。两个相邻的波节（或波腹）间的距离等于波长的一半。可以证明，当弦线长度 L 为半波长的整数倍时，即

$$L = m \cdot \frac{\lambda}{2} \quad (m = 1, 2, 3 \cdots) \tag{11-5}$$

时（式中 m 为驻波波腹数，即驻波半波长的数目），弦线上形成的驻波振幅最大且最稳定。

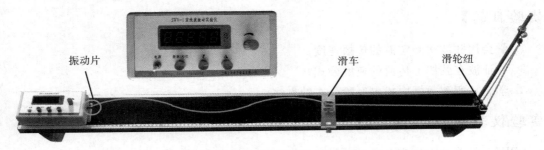

图 11-1   SWV-1 弦线波振动实验仪

在实际测量中，振动片处不一定是振动的相位零点。设 b 为驻波上第一波节的读数，则实验仪上的示数 $L' = b + m \cdot \frac{\lambda}{2}$。在同一次测量中，即频率、张力及线密度均不变时，$b$ 为常量。在数据处理中，b 是否已知并不影响 λ 的求解。

【实验内容】

1. 固定张力 T，改变频率 f，测量波长 λ

固定张力 T，并选取一频率 f，将振幅输出调至合适处后即可开始测量。将滑车从靠近振动片处开始往刻度增大方向移动，并逐次记录驻波振幅最大时滑车的读数 L'。另选取四个不同的频率 f，重复上述测量。

注意，从式（11-3）或式（11-4）可知，频率 f 越小，波长 λ 越大，为了能够相对准确求得波长 λ，应确保对应每一频率，至少能够测得四个 L' 值。同一频率，测得的 L' 值个数越多，λ 值也相对更准确。

2. 固定频率 f，改变张力 T，测量波长 λ

测量方法同上。注意，应选取合适 f 以确保张力 T 最大时，至少能够测得四个 L' 值。

【数据记录与处理】

1. 数据记录

表 11-1　固定张力 T,改变频率 f

次　数	f/Hz	L_1'/cm	L_2'/cm	L_3'/cm	L_4'/cm	L_5'/cm	L_6'/cm
1							
2							
3							
4							
5							

$T=$ ＿＿＿＿＿N。

表 11-2　固定频率 f,改变张力 T

次　数	M/g	L_1'/cm	L_2'/cm	L_3'/cm	L_4'/cm	L_5'/cm	L_6'/cm
1							
2							
3							
4							
5							

$f=$ ＿＿＿＿＿Hz。

2. 数据处理

(1)验证 $\lambda \propto f^{-1}$。

①用逐差法或最小二乘法求出对应每一频率 f 的波长 λ。

②计算相应的 $\ln f$ 和 $\ln \lambda$ 的值,并绘制 $\ln\lambda$-$\ln f$ 直线。

③用最小二乘法或作图法求出 $\ln\lambda$-$\ln f$ 直线的斜率,并阐述结果。

(2)验证 $\lambda \propto T^{\frac{1}{2}}$。

内容同上。

【注意事项】

1. 要准确求出波长,关键是弦线中要调出振幅较大且稳定的驻波。实验时可初步估算驻波长度,逐步逼近以实现这一最佳状态。操作时,可沿弦线方向左、右移动滑车。

2. 调节振动频率时,某些频率和其整数倍频率会引起实验仪共振,使得振动不稳定,可逆时针旋转面板上◢旋钮以减小振幅,或跳过该频率段。

【思考题】

1. 为什么要对式(11－3)取对数得到式(11－4)? 如果不取对数,能否验证 λ-f 以及 λ-T 之间的幂指关系? 请说明原因。

2. 解释用此实验装置产生驻波的物理原理。

【预习要求】

1. 什么是驻波？它有何特点？本实验是如何使弦线上形成驻波的？
2. 如何研究弦线振动时波长与张力的关系？
3. 本实验是如何实现多次测量的？

实验 12　声速的测量

【实验导读】

声波(sound wave)是一种在弹性媒质中传播的机械波,振动频率在 20～20 000 Hz 的声波称为可闻声波,频率低于 20 Hz 的声波称为次声波,频率高于 20 000 Hz 的声波称为超声波。声波的波长、频率、强度、传播速度等是声波的特性。对这些量的测量是声学技术的重要内容。测量声速最简单的方法之一是利用声速与振动频率 f 和波长 λ 之间的关系(即 $v = f\lambda$)来进行的。

超声波(ultrasonic)具有穿透力强、方向性好、功率大、遇障碍物反射遇界面折射等特点。超声波可用于无损探伤、清洗、测距、测厚、医学诊断、成像、治疗等。次声波(infrasonic)频率低、波长长,所以传播距离很远。自然界的太阳磁暴、海浪咆哮、雷鸣电闪、气压突变、火山爆发,军事上的原子弹、氢弹爆炸试验及火箭发射、飞机飞行等,都可以产生次声波。次声波频率与人体内脏固有振动频率相近,可引起内脏共振,影响人体正常功能甚至造成死亡。次声波对人体心脏影响最为严重。

【实验目的】

1. 学会用共振干涉法、相位比较法测量声速,并加深对共振、振动合成、波的干涉等理论知识的理解;

2. 了解作为传感器的压电陶瓷的功能及超声波产生、发射、传播和接收的原理;

3. 进一步掌握示波器和低频信号发生器的使用方法。

【实验仪器】

SV-DH 声速测速架　　SVX-3 声速测定仪信号源　　双通道通用示波器

【实验原理】

在理想气体中声速为 $v = \left(\dfrac{\gamma RT}{M}\right)^{\frac{1}{2}}$(式中 γ 为比热容比,R 为普适气体常量,T 是热力学温度,M 是气体摩尔质量),可见声速与气体的性质及温度有关,因此测定声速可以推算出气体的一些参量。由于在波的传播过程中波速 v、波长 λ 与频率 f 之间存在着 $v = \lambda \cdot f$ 的关系,若能同时测定介质中声波传播的频率及波长,即可求得此种介质中声波的传播速度 v。

在实验中,声波的频率 f 可直接从低频信号发生器(信号源)上读出,而声波的波长 λ 则常用共振干涉法(驻波法)和相位比较法(行波法)来测量。

1. 共振干涉法(驻波法)

SV-DH 声速测速架如图 12-1 所示,图中 S_1 和 S_2 为压电陶瓷超声换能器。S_1 作为超声源(发射头),低频信号发生器输出的正弦交变电压信号接到换能器 S_1 上,使 S_1 发出一平面波。S_2 作为超声波接收头,把接收到的声压转换成交变的正弦电压信号后输入示波器观察。S_2 在接收超声波的同时还反射一部分超声波。这样,由 S_1 发出的超声波和由 S_2 反射的超声

波在 S_1 和 S_2 之间产生定域干涉而形成驻波。

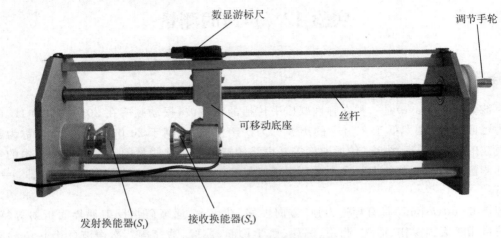

图 12-1　SV-DH 声速测速架

设沿 X 轴正向传播的入射波的波动方程为 $Y=A\cos2\pi\left(f\cdot t-\dfrac{x}{\lambda}\right)$，沿 X 轴负向传播的反射波的波动方程为 $Y=A\cos2\pi\left(f\cdot t+\dfrac{x}{\lambda}\right)$，两列波叠加后有

$$Y=Y_1+Y_2=\left(2A\cos2\pi\,\dfrac{x}{\lambda}\right)\cos\omega t \tag{12-1}$$

由式（12-1）可知，当 $2\pi\dfrac{x}{\lambda}=(2k+1)\dfrac{\pi}{2}$，即 $x=(2k+1)\dfrac{\lambda}{4}(k=0,1,2,3\cdots)$ 时，这些点的振幅始终为零，即为波节。当 $2\pi\dfrac{x}{\lambda}=k\pi$，即 $x=k\dfrac{\lambda}{2}(k=0,1,2,3\cdots)$ 时，这些点的振幅最大，等于 $2A$，即为波腹。由上可知，相邻波腹（或波节）的距离为 $\dfrac{\lambda}{2}$。

由上可知，当 S_1 和 S_2 之间的距离 L 恰好等于半波长的整数倍时，即

$$L=k\dfrac{\lambda}{2}(k=0,1,2,3\cdots) \tag{12-2}$$

形成驻波，示波器上可观察到较大幅度的信号；不满足条件时，观察到的信号幅度较小。移动 S_2，对某一特定波长，将相继出现一系列共振态，任意两个相邻的共振态之间，S_2 的位移为

$$\Delta L=L_{k+1}-L_k=(k+1)\dfrac{\lambda}{2}-k\dfrac{\lambda}{2}=\dfrac{\lambda}{2} \tag{12-3}$$

所以当 S_1 和 S_2 之间的距离 L 连续改变时，示波器上的信号幅度每发生一次周期性变化，相当于 S_1 和 S_2 之间的距离改变了 $\dfrac{\lambda}{2}$。此距离 $\dfrac{\lambda}{2}$ 可由读数标尺测得，频率 f 由信号发生器读得，由 $v=\lambda\cdot f$ 即可求得声波的速度。

2. 相位比较法（行波法）

置示波器功能于 X-Y 方式。当 S_1 发出的平面超声波通过媒质到达接收器 S_2 时，在发射波和接收波之间产生相位差

$$\Delta\varphi=\varphi_1-\varphi_2=2\pi\dfrac{L}{\lambda}=2\pi f\dfrac{L}{v} \tag{12-4}$$

其中，L 为 S_1 与 S_2 之间的距离。基于上式，通过测量 $\Delta\varphi$ 及相应的 L 即可求得声速 v。

$\Delta\varphi$ 的测定可用相互垂直振动合成的李萨如图形来进行。设输入 X 轴的入射波振动方程为 $x=A_1\cos(\omega t+\varphi_1)$，输入 Y 轴的是由 S_2 接收到的波动，其振动方程为 $y=A_2\cos(\omega t+\varphi_2)$。其中，$A_1$ 和 A_2 分别为 X、Y 方向振动的振幅，ω 为角频率，φ_1 和 φ_2 分别为 X、Y 方向振动的初相位，则合成振动方程为

$$\frac{x^2}{A_1^2}+\frac{y^2}{A_2^2}-\frac{2xy}{A_1A_2}\cos(\varphi_2-\varphi_1)=\sin^2(\varphi_2-\varphi_1) \tag{12-5}$$

此方程的轨迹为椭圆，椭圆长、短轴和方位由相位差 $\Delta\varphi=\varphi_1-\varphi_2$ 决定。当 $\Delta\varphi=0$ 时，由式（12-5）得 $y=\frac{A_2}{A_1}x$，即轨迹为处于第一和第三象限的一条直线，显然直线的斜率为 $\frac{A_2}{A_1}$，如图 12-2（a）所示；当 $\Delta\varphi=\pi$ 时，$y=-\frac{A_2}{A_1}x$，则轨迹为处于第二和第四象限的一条直线如图 12-2（e）所示。

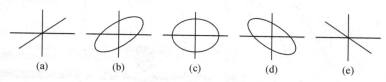

图 12-2 李萨如图形

改变 S_1 和 S_2 之间的距离 L，相当于改变了发射波和接收波之间的相位差，荧光屏上的图形将随 L 不断变化。显然，当 S_1、S_2 之间距离改变半个波长 $\Delta L=\frac{\lambda}{2}$，则 $\Delta\varphi=\pi$。随着振动的相位差从 $0\sim\pi$ 的变化，李萨如图形则从斜率为正的直线变为椭圆，再变到斜率为负的直线。因此，每移动半个波长，就会重复出现斜率符号相反的直线。测得了波长 λ 和频率 f，根据式 $v=\lambda\cdot f$ 即可计算出室温下声音在媒质中传播的速度。

【仪器介绍】

SV-DH 系列声速测速架主要由压电陶瓷换能器和数显游标尺组成。压电陶瓷换能器由压电陶瓷片和轻重两种金属组成。

压电陶瓷片是由一种多晶结构的压电材料（如石英、锆钛酸铅陶瓷等），在一定温度下经极化处理而制成的。它具有压电效应，即受到与极化方向一致的应力 T 时，在极化方向上产生一定的电场强度且具有线性关系：$E=CT$。当与极化方向一致的外加电压 U 加在压电材料上时，材料的伸缩形变 S 与 U 之间有简单的线性关系：$S=KU$。C 为比例系数，K 为压电常数，与材料的性质有关。由于 E 与 T，S 与 U 之间有简单的线性关系，因此我们就可以将正弦交流电信号变成压电材料纵向的长度伸缩，使压电陶瓷片成为超声波的波源，即压电换能器可以把电能转换为声能作为超声波发生器，反过来也可以使声压变化转化为电压变化，即用压电陶瓷片作为声频信号接收器。因此，压电换能器可以把电能转换为声能作为声波发生器，也可把声能转换为电能作为声波接收器之用。

压电陶瓷换能器根据它的工作方式，可分为纵向（振动）换能器、径向（振动）换能器及弯曲振动换能器。图 12-3 所

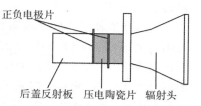

正负电极片
后盖反射板 压电陶瓷片 辐射头

图 12-3 纵向换能器的结构

示为纵向换能器的结构简图。

【实验内容】

1. 声速测定仪系统的连接与调试

接通市电后,信号源自动工作在连续波方式,选择的介质为空气的初始状态,预热 15 分钟。声速测速架和声速测速架信号源及双踪示波器之间的连接如图 12-4 所示。

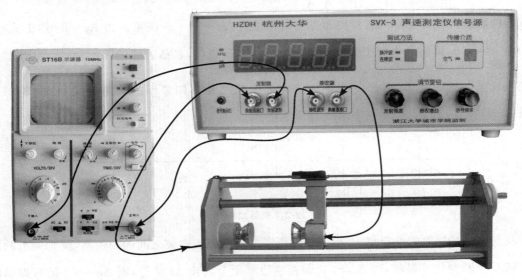

图 12-4　声速测量装置连接图示

(1)测试架上的换能器与声速测速架信号源之间的连接

信号源面板上的发射端换能器接口,用于输出相应频率的功率信号,接至测速架左边的发射换能器;仪器面板上的接收端的换能器接口接至测速架右边的接收换能器。

(2)示波器与声速测速架信号源之间的连接

信号源面板上的发射端的发射波形接至双踪示波器的 CH1(Y),用于观察发射波形;信号源面板上的接收端的接收波形接至双踪示波器的 CH2(X),用于观察接收波形。

2. 测定压电陶瓷换能器系统的最佳工作点

对一个振动系统来说,当振动激励频率与系统固有频率相近时,系统将发生能量积聚而产生共振,此时振幅最大。当信号发生器的激励频率等于系统固有频率时,产生共振,声波波腹处的振幅达到相对最大值。当激励频率偏离系统固有频率时,驻波的形状不稳定,且声波波腹的振幅比最大值小得多。因此,为了得到较清晰的接收波形,应将外加的驱动信号频率调节到发射换能器谐振频率点处,才能较好地进行声能与电能的相互转换,提高测量精度,以得到较好的实验效果。

超声换能器工作状态的调节方法如下:各仪器都正常工作以后,首先调节声速测速架信号源输出电压(100~500 mV 之间),调节信号频率(25~45 kHz),观察频率调整时接收波的电压幅度变化,在某一频率点处(34.5~37.5 kHz 之间)电压幅度最大,同时声速测速架信号源的信号指示灯亮,此频率即是压电换能器 S_1、S_2 相匹配的频率点,记录频率 f_1。改变 S_1 和 S_2 之间的距离,适当选择位置(示波器屏上再次呈现出最大电压波形幅度时的位置),再微调信号频率,直至再次出现电压幅度最大,记录频率 f_2。重复调整,共测 6 次,取平均值 $\overline{f}$。

3. 共振干涉法(驻波法)测量波长

将测试方法设置到连续波方式,把声速测速架信号源调到最佳工作频率 $\overline{f}$。在共振频率下,将接收换能器 S_2 移近发射换能器 S_1。转动声速测速架调节鼓轮,使 S_2 缓慢远离 S_1,当示波器上出现振幅最大时,记下读数标尺位置 L_i。继续移动 S_2,接收波形幅度由大变小,再由小变大,当再次达到最大时,记录标尺读数 L_{i+1},则单次测量的波长 $\lambda = 2|L_{i+1} - L_i|$。连续移动接收器 S_2 的位置,依次记下各振幅最大时标尺的读数,共记录 12 个 L 值,并用逐差法处理数据。

注意:实验过程中 S_2 必须朝同一个方向移动以避免引入回程误差。

请思考:实验中如果示波器显示的信号波形幅度太小或太大该如何调节?

4. 相位比较法(行波法)测量波长

把声速测速架信号源调到最佳工作频率 $\overline{f}$,使 S_2 轻轻靠拢 S_1,然后缓慢移离 S_1,观察示波器的波形。单向转动调节鼓轮,当示波器所显示的李萨如图形为一定角度的斜线时,记下 S_2 的位置 L_i。当移动一个波长时,波形再次回到前面所说的特定角度的斜线,记下 S_2 的位置 L_{i+1},则单次测量的波长 $\lambda = |L_{i+1} - L_i|$。随着 S_2 的继续移动,依次记录出现上述特定角度斜线时标尺的读数,共记录 12 个 L 值,用逐差法处理数据。

【数据记录与处理】

1. 数据记录

表 12-1　最佳工作频率的确定

次　数	f/kHz
1	
2	
3	
4	
5	
6	

表 12-2　共振干涉法(驻波法)测波长

次数 i	L_i/mm	L_{i+6}/mm	$L_i' = (L_{i+6} - L_i)/\mathrm{mm}$
1			
2			
3			
4			
5			
6			

$f = $ ＿＿＿＿＿ kHz。

表 12-3　相位比较法(行波法)测波长

次数 i	L_i/mm	L_{i+6}/mm	$L''_i=(L_{i+6}-L_i)$/mm
1			
2			
3			
4			
5			
6			

$f=$_____ kHz。

2. 数据处理

(1)计算实验装置的最佳工作频率 f。

$$\bar{f}=\frac{1}{n}\sum f_i,\quad U_{fA}=\sqrt{\frac{\sum(f_i-\bar{f})^2}{n-1}},\quad U_f=\sqrt{U_{fA}^2+U_{fB}^2},\quad f=\bar{f}\pm U_f$$

(2)用逐差法求出共振干涉法测得的声波波长 λ 的平均值和不确定度,并计算相应的声波波速 v,正确表示结果。

①$L'_i=L_{i+6}-L_i$,$\overline{L'}=\frac{1}{n}\sum L'_i$,$U_{L'A}=\sqrt{\frac{\sum(L'_i-\overline{L'})^2}{n-1}}$,$U_{L'}=\sqrt{U_{L'A}^2+U_{L'B}^2}$;

②由于 $\lambda=2|L_{i+1}-L_i|$,所以 $\bar{\lambda}=\frac{\overline{L'}}{3}$,$U_\lambda=\frac{U_{L'}}{3}$,$\lambda=\bar{\lambda}\pm U_\lambda$;

③由 λ、f 的值,即可求出声波的波速 v,并以 $v=\bar{v}\pm U_v$ 表述。

(3)用逐差法求出由相位比较法测得的声波波长 λ 的平均值和不确定度,并计算相应的声波波速 v,正确表示结果。求解过程同(2)。

【注意事项】

1. 换能器发射端与接收端间距一般要在 5 cm 以上,距离近时可把信号源面板上的发射强度减小,随着距离的增大发射强度可适当增大。

2. 示波器上图形失真时可适当减小发射强度。

3. 测试最佳工作频率时,应把接收端放在不同位置再次测量。

【思考题】

1. 测量波长的常用方法有哪些? 实验设计的思想是什么,有什么区别?

2. 分析实验中的误差来源,比较两种测量方法的准确程度。

3. 按图 12-4 连接线路并打开各仪器电源后,发现示波器上没有信号,可能是哪些原因造成的? 应该如何检查?

【预习要求】

1. 写出可闻声波和超声波的频率范围。

2. 何谓共振干涉法? 何谓相位比较法? 实验中如何测波长?

实验 13　液体表面张力系数的测定

【实验导读】

表面张力(surface tension)是液体表面的重要特性。它类似于固体内部的拉伸应力,这种应力存在于极薄的表面层内,是液体表面层内分子力作用的结果。在宏观上,液体的表面就像一张拉紧了的橡皮薄膜,存在着沿着表面并使表面趋于收缩的应力,这种力称为表面张力。液体的许多现象与表面张力有关,如毛细现象、润湿现象、泡沫的形成等。工业生产中浮选技术、动植物体内液体的运动、土壤中水的运动等也都与液体的表面现象有关。此外,在船舶制造、水利学、化学化工、凝聚态物理中都有它的应用。因此,研究液体的表面张力可为工农业生产、生活及科学研究中有关液体分子的分布和表面的结构提供有用的线索。

【实验目的】

1. 学习硅压阻力敏传感器的定标方法;
2. 了解液体表面的性质,掌握实验方法。

【实验仪器】

FD-NST-1 型液体表面张力系数测定仪

【实验原理】

液体分子之间存在作用力,称为分子力,其有效作用半径约 10^{-8} cm。液体表面层内(厚度等于分子的作用半径)的分子所处的环境和液体内部分子不同:液体内部每个分子四周都被同类的其他分子所包围,它所受到的周围分子的合力为零;而在表面层中的分子,由于液面上方为气相,分子数很少,因而表面层内每个分子受到的向上的引力比向下的引力小,合力不为零,此合力垂直液面并指向液体内部,如图 13-1 所示,即液体表面处于张力状态,表面层中的分子有从液面挤入液体内部的趋势,从而使液体的表面收缩,直至达到动态平衡(即表面层中分子挤入液体内部的速率与液体内部分子因热运动而到达液面的速率相等)。在这种状

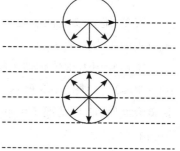

图 13-1　液体中分子受力图示

态下,整个液面如同绷紧的弹性薄膜,这时产生的沿液面并使之收缩的力即为液体表面张力。

如图 13-2 所示,设想液面被一长度为 L 的直线分为 A、B 两部分,则 A 作用于 B 的力为 f_1,B 作用于 A 的力为 f_2。这对大小相等、方向相反,与液面平行且垂直于线 L 的力就是表面张力,其大小 f 与 L 成正比,即

$$f = \alpha L \qquad\qquad (13-1)$$

式中比例系数 α 为液面的表面张力系数,单位为 $N \cdot m^{-1}$。它与液体的成分、温度、纯度等有关。

　　将一表面清洁的铝合金吊环垂直浸入液体中,使其底面水平并轻轻提起。当吊环底面与液体表面相平齐或略高于液面时,由于液体表面张力的作用,吊环的内、外壁会带起一部分液体,使液面弯曲,呈图 13-3 所示的形状。这时,吊环在铅直方向上受到向上的拉力 P,向下的吊环重力 mg,液体表面张力的分力 $f\cos\theta$(其中 θ 为液面与吊环侧面的夹角,称为接触角)。如果吊环静止,其在铅直方向上所受合力为零,有

$$P = mg + f\cos\theta \tag{13-2}$$

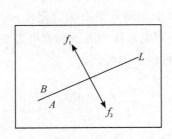

图 13-2　液体中的表面张力

图 13-3　吊环拉脱液体过程

在吊环临界脱离液体时 $\theta \approx 0$,即 $\cos\theta \approx 1$,则上述平衡条件可近似为

$$P = mg + f \tag{13-3}$$

由于表面张力 f 与液面及吊环的接触边界周长 $\pi(D_1 + D_2)$ 成正比,故

$$f = \alpha \cdot \pi(D_1 + D_2) \tag{13-4}$$

将式(13-3)代入上式,得液体表面张力系数为

$$\alpha = \frac{f}{\pi(D_1 + D_2)} = \frac{P - mg}{\pi(D_1 + D_2)} \tag{13-5}$$

　　可见,通过实验测出拉力 P、重力 mg、吊环的内外径 D_1、D_2,代入式(13-5),即可求出液体的表面张力系数 α。

　　本实验用力敏传感器测拉力 P。首先对硅压阻力敏传感器定标,求得该传感器的灵敏度 $K(mV/g)$。如图 13-3 所示,当外力 $P > mg + f$ 时,吊环可脱出液面,测出吊环即将拉断液膜脱离液面时(临界情况 $P \approx mg + f$)的电压表读数 U_1,记录拉断后 $(P = mg)$ 数字电压表的读数 U_2,由式(13-5)有

$$\alpha = \frac{(U_1 - U_2)g}{K\pi(D_1 + D_2)} \tag{13-6}$$

【仪器介绍】

　　FD-NST-1 液体表面张力系数测定仪实物图如图 13-4 所示。

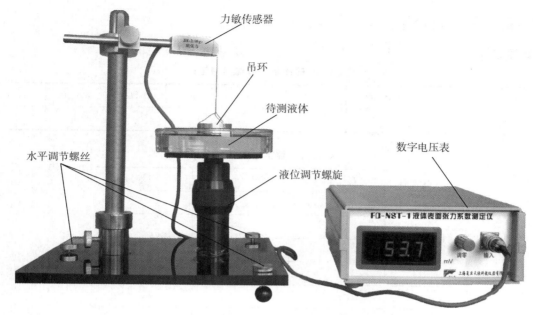

图 13-4　表面张力系数测定装置

【实验内容】

1. 准备工作

开机预热。调节底脚螺丝，使底板大致水平。依次用 NaOH 溶液、清水、纯净水清洗玻璃器皿和吊环。

2. 力敏传感器定标

若整机已预热 15 分钟以上，即可对硅压阻力敏传感器定标。将砝码盘轻轻挂在力敏传感器的挂钩上。在加砝码前应首先对仪器调零。定标后，一般不再对仪器调零。

注意：过大的拉力将损坏力敏传感器，所以安装砝码盘、吊环，以及添加砝码时应尽量轻。

3. 测定液体表面张力系数

取走砝码盘并挂上吊环，将盛放待测液体（蒸馏水）的玻璃器皿安放在升降台上。调节吊环水平（可根据吊环与其自身倒影的间距来判断是否水平）。适当调节力敏传感器的高度，确保在液位调节螺旋有效行程内吊环能够拉断液膜。

调节液位调节螺旋，使吊环下沿部分浸入液体中。反向低速转动液位调节螺旋，使液面逐渐下降。观察吊环浸入液体中及从液体中拉起时的物理过程和现象。特别注意吊环即将拉断液柱前一瞬间数字电压表读数 U_1，拉断后瞬间数字电压表读数 U_2，记下这两个数值。重复测量 6 次。

注意：旋转升降台时应尽量减小液体波动以提高实验的准确性。请思考：U_1 是液柱拉断前的最大标值，还是拉断前瞬间的示值？

4. 测量吊环内外径 D_1、D_2

取下吊环后，用游标卡尺测出吊环的内外径。

【数据记录与处理】

1. 数据记录

表 13-1　硅压阻力敏传感器定标

m/g	0.000	0.500	1.000	1.500	2.000	2.500	3.000	3.500
U/mV								

表 13-2　数字电压表读数

次　数	U_1/mV	U_2/mV	$(U_1-U_2)/\text{mV}$
1			
2			
3			
4			
5			
6			

表 13-3　吊环内外径测量

次　数	D_1/cm	D_2/cm
1		
2		
3		
4		
5		
6		

2. 数据处理

由最小二乘法知 $U\text{-}m$ 曲线的斜率为

$$K = \frac{\sum m_i \cdot U_i - n\overline{m} \cdot \overline{U}}{\sum m_i^2 - n\overline{m}^2}$$

斜率的偏差为

$$\sigma_K^2 = \frac{1}{n(\overline{m^2} - \overline{m}^2)} \cdot \sigma_U^2$$

其中 $\sigma_U^2 = \dfrac{\sum (U_i - Km_i)^2}{n-2}$。

　　(1)绘出硅压阻力敏传感器定标曲线(即 $U\text{-}m$ 曲线),并用最小二乘法求解灵敏度 K。

　　(2)计算 ΔU、D_1、D_2 的平均值和不确定度。

　　(3)利用式(13-6)计算被测液体的表面张力系数 α,并正确表示结果。注意正确传递 ΔU、D_1、D_2、K 的不确定度。

【注意事项】

1. 仪器需开机预热 15 分钟以上。
2. 吊环水平须调节好,偏差 1°,测量结果会引入 0.5% 的误差;偏差 2°,误差为 1.6%。
3. 在旋转升降台时,尽量减小液体波动。
4. 工作室风力不能大,以免吊环摆动致使零点波动,使所测系数不正确。
5. 力敏传感器使用力不宜大于 0.098 N,过大的拉力易致传感器损坏。
6. 实验结束后,需将吊环用清洁纸擦干,用清洁纸包好,放入干燥缸内。

【思考题】

1. 液柱拉脱过程中,U_1 如何变化?请说明原因。
2. 如果本实验中力敏传感器的定标曲线为一平滑的弧线,那么依据此定标曲线是否可测得表面张力?请画图说明。

【预习要求】

1. 液体表面张力是如何产生的?它与哪些因素有关?
2. 硅压阻力敏传感器定标的目的是什么?一般传感器定标的目的是什么?如何对传感器定标?

实验 14　理想气体状态方程的验证

【实验导读】

当一定质量的气体处于热平衡状态时,表征该气体状态的一组参量压强 p、体积 V 和温度 T 各有一定值。如果没有外界的影响,这些参量将维持不变。当气体与外界交换能量时,气体将从一个状态不断地变化到另一个状态。实验事实表明,表征平衡状态的三个参量之间存在着一定的关系,满足该关系的方程称为气体状态方程。在压强不太大(与大气压比较)和温度不太低(与室温比较)的实验范围内,遵守波义耳-马略特定律、查理定律和盖·吕萨克定律的气体称为理想气体。理想气体是真实气体的初步近似,很多真实气体如氢气、氧气、氮气、氦气等,在一般温度和较低的压强下,都可看作理想气体。本实验通过单独改变温度或压强或体积,验证上述三定律,并计算密封气体的物质的量或普适气体常量。

【实验目的】

1. 验证波义耳-马略特定律;
2. 验证查理定律;
3. 验证盖·吕萨克定律;
4. 计算一定气体的物质的量;
5. 计算普适气体常量。

【实验仪器】

ZKY-PTF0100 理想气体状态方程实验仪(图 14-1)

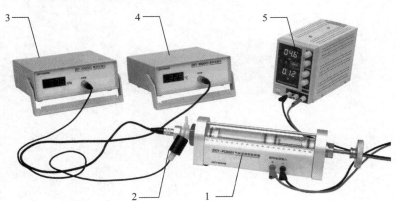

1. 气体定律实验装置;2. 气体压强传感器;3. 数字压强计;4. 数字温度计;5. 直流稳压电源

图 14-1　ZKY-PTF0100 理想气体状态方程实验仪

气体定律实验装置是验证理想气体状态方程的实验主体。一定质量的气体(实验前可改变气体体积)被活塞密封在透明电热管内,通过旋转大螺母推动活塞来改变气体的体积,采用透明电热管均匀加热方式以改变气体的温度,管内的气体通过气管可与外界空气或压强传感器连通,管内的气体温度通过内置的温度传感器配合数字温度计进行测量。

　　气体定律实验装置前面板上有一对功率电源输入孔,采用直流电源,管内气体温度设计不超过 100 ℃。若超过 100 ℃,应及时断开加热电源。其一端的四芯航空插座是温度传感器接口,邻近的气管是压强传感器接口。由于加热时电热管温度较高,加热时请勿触摸电热管,以免烫伤,并且应避免划伤玻管。

【实验原理】

　　1662 年英国化学家、物理学家波义耳根据实验结果提出:"在密闭容器中的定量气体,在恒温下,气体的压强和体积成反比关系。"这是人类历史上第一个被发现的"定律"。14 年后,法国物理学家马略特也独立地发现了这一定律,而且比波义耳更深刻地认识到这个定律的重要性。后人把他们的发现合称为波义耳-马略特定律。查理定律指出,一定质量的气体,当体积一定时,它的压强与热力学温度成正比。1802 年,盖•吕萨克发现气体热膨胀定律,即盖•吕萨克定律,指出:压强不变时,一定质量气体的体积跟热力学温度成正比。

　　上述三个定律中各物理量间的关系曲线如图 14-2 所示。

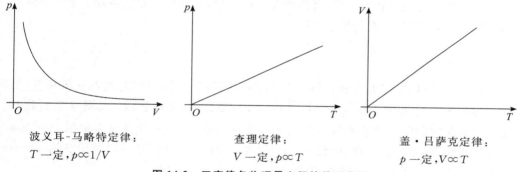

波义耳-马略特定律:　　　　　查理定律:　　　　　　　　盖•吕萨克定律:
T 一定,$p \propto 1/V$　　　　　V 一定,$p \propto T$　　　　　p 一定,$V \propto T$

图 14-2　三定律各物理量之间的关系曲线

　　根据上述三定律,以及阿伏伽德罗定律和理想气体温标定义,可以推导出理想气体状态方程,具体如下:气体的体积随压强 p、温度 T 以及气体分子的数量 N 而变,写成函数形式是 $V = f(p, T, N)$ 或

$$dV = \left(\frac{\partial V}{\partial p}\right)_{T,N} dp + \left(\frac{\partial V}{\partial T}\right)_{p,N} dT + \left(\frac{\partial V}{\partial N}\right)_{T,p} dN \tag{14-1}$$

对于一定量的气体,N 为常数,$dN = 0$,所以

$$dV = \left(\frac{\partial V}{\partial p}\right)_{T,N} dp + \left(\frac{\partial V}{\partial T}\right)_{p,N} dT \tag{14-2}$$

根据波义耳-马略特定律,$V = \dfrac{C}{p}$,C 为常数,于是有:

$$\left(\frac{\partial V}{\partial p}\right)_{T,N} = -\frac{C}{p^2} = -\frac{V}{p} \tag{14-3}$$

根据盖•吕萨克定律,$V = C'T$,C' 为常数,于是有:

$$\left(\frac{\partial V}{\partial T}\right)_{p,N} = C' = \frac{V}{T} \tag{14-4}$$

代入上式后得:

$$dV = -\frac{V}{p}dp + \frac{V}{T}dT \quad \text{或} \quad \frac{dV}{V} = -\frac{1}{p}dp + \frac{1}{T}dT \tag{14-5}$$

上式积分得：

$$\ln V + \ln p = \ln T + C' \tag{14-6}$$

故有：

$$\frac{pV}{T} = 恒量（气体质量一定） \tag{14-7}$$

该方程表示，对于一定质量的理想气体，任一状态下，pV/T 的值都相等。进一步的实验表明，在一定温度和压强下，气体的体积 V 和它的质量 m 或物质的量 n 成正比。

阿伏伽德罗定律指出，在相同温度和压强下，1 mol 各种理想气体的体积都相同。在标准状态（$p_0 = 101.3$ kPa，$T_0 = 273.16$ K）下，1 mol 的理想气体的体积 $V_m = 22.4$ L，于是可定义：

$$R = \frac{p_0 V_m}{T_0} = 8.31 \text{ J/(mol} \cdot \text{K)} \tag{14-8}$$

R 称为普适气体常数。对于任一物质的量为 n mol 的理想气体，有：

$$\frac{pV}{T} = \frac{p_0 n V_m}{T_0} = nR \text{ 或 } pV = nRT \tag{14-9}$$

该方程称为理想气体状态方程，又称理想气体定律，是描述理想气体处于平衡态时，压强、体积、物质的量和温度间关系的状态方程。

【实验内容】

实验前，拔下气体定律实验装置与压强传感器连通的气管，使玻管内外气压相等，然后将活塞旋至标尺上 90 mL 处。将气管与压强传感器重新接通，使玻管内气体处于密封状态。将气体定律实验装置的温度传感器接口与数字温度计相连，然后将活塞旋至标尺上 60 mL 处。打开直流稳压电源（不外接电路，仅预热），打开数字温度计和数字压强计，预热约 10 min，等待用电装置和密闭气体温度、压强稳定。

1. 研究等温条件下，一定质量气体的压强与体积的关系，验证波义耳-马略特定律

（1）以稳定后的温度作为室温并记录在表 14-1 中。

（2）然后改变活塞位置，在表 14-1 中记录体积视值 V' 在 60、70、80、90、100、110、120 mL 各处时的压强值 p_i，每个状态下待温度恢复到室温±0.2 ℃后记录压强值。

（3）计算表 14-1 中各压强值的倒数 $1/p$。

（4）根据表 14-1 数据绘制室温下密封气体的 V'-$1/p$ 关系曲线，用直线拟合该曲线并得到纵坐标截距 V_0，V_0 即是由于结构原因无法准确给出的密封气体的体积零差。直线斜率即为 nRT，根据温度 T（绝对温度）和 R 的参考值，计算出密封气体的物质的量 n。

2. 研究等体条件下，一定质量气体的温度与压强的关系，验证查理定律

（1）保持前述密封气体的质量（或物质的量）不变，即切勿断开气管。将活塞旋至 $V' = 90$ mL，待温度稳定后再次记录室温下该体积下的压强值 p。

（2）将直流稳压电源电流调节旋钮顺时针调至最大（以避免在实验过程中出现限流保护），在恒压模式（即 C.V 模式）下再将直流稳压电源在开路状态下电压调为（30.0±0.1）V，然后关闭直流稳压电源开关，待用导线将直流稳压电源输出端与气体定律实验装置的加热电源输入端连接后，再打开直流稳压电源开关。此后数字温度计显示气体温度逐渐升高，在表 14-2 中记录各温度下（温度间隔可采用大约 10 ℃）的压强值，直到温度达到 90 ℃后停止记录，但不

断开加热电源,需继续升温直到温度保持在 98~100 ℃之间(若发现有超出该范围的趋势,可改变直流稳压电源输出电压来保持,此步骤为下一实验做准备)。

(3)将记录的各摄氏温度换算成绝对温度,并根据表 14-2 数据绘制定容条件下密封气体的 p-T 关系曲线,用直线拟合该曲线。直线斜率即为 $nR/(V'+V_0)$。根据体积视值 V'、前述实验得到的体积零差 V_0 和物质的量 n,计算 R 并与参考值进行比较,计算相对误差。

3. 研究等压条件下,一定质量气体的温度与体积的关系,验证盖·吕萨克定律

(1)保持前述密封气体的质量(或物质的量)不变,即切勿断开气管。移动活塞扩大气体体积,使得压强降低到接近室温下体积视值 90 mL 时对应的压强 p 附近(± 1 kPa)。当温度在 98~100 ℃之间时关闭直流电源,待玻管自然降温。

(2)及时改变气体体积,使得压强随时在 $(p\pm 0.2)$ kPa 范围内,当温度降低至 90 ℃时,在表 14-3 中记录压强 p 对应的气体体积视值 V'。

(3)记录降温过程中不同温度下(温度间隔可采用大约 10 ℃)压强 p 对应的气体体积视值,直到降至 40 ℃。

(4)将记录的各摄氏温度换算成绝对温度,并根据表 14-3 数据绘制定压条件下密封气体的 V'-T 关系曲线,用直线拟合该曲线。直线斜率即为 nR/p。根据气体压强 p 和已计算出的物质的量 n,计算 R 并与参考值进行比较,计算相对误差。

实验完成后,拔下气体连通管和相关连接线并收纳,并断开所有电源。

【数据记录与处理】

1. 数据记录

表 14-1 同一温度下,测量气体的压强与体积的关系

室温:＿＿＿℃

体积视值 V'/mL	60.0	70.0	80.0	90.0	100.0	110.0	120.0
压强 p/kPa							
$1/p$/(kPa^{-1})							

表 14-2 同一体积下,测量气体压强与温度的关系

体积视值 V':＿＿＿mL

温度 T/℃	40.0	50.0	60.0	70.0	80.0	90.0
温度 T/K						
压强 p/kPa						

表 14-3 同一压强下,测量气体体积与温度的关系

压强:＿＿＿kPa

温度 T/℃	40.0	50.0	60.0	70.0	80.0	90.0
温度 T/K						
体积视值 V'/mL						

2. 数据处理

绘制等温下 V-$1/p$ 图像、等体积下 p-T 图像、等压下 V-T 图像。

【思考题】

理想气体的条件什么？空气能不能看成理想气体？

实验 15　热功当量测定

【实验导读】

　　焦耳热功当量实验精确地测量了做功与传热之间的等价关系。焦耳从 1840 年起,花几十年时间做了大量实验,论证了传热和做功都是能量传递的一种形式。热功当量是一个普适常数,与做功方式无关。热功当量值的测量是焦耳一生中持续时间最长的实验研究,也是焦耳一生最重要的研究成果。焦耳实验为能量守恒定律奠定了牢固的实验基础,也为能量守恒的定量描述迈出了重要的一步。

【实验目的】

　　用电热法测定热功当量。

【实验仪器】

　　YJ-HW-Ⅲ热功当量测定仪(图 15-1)　量热器　加热电阻　天平　数字温度计

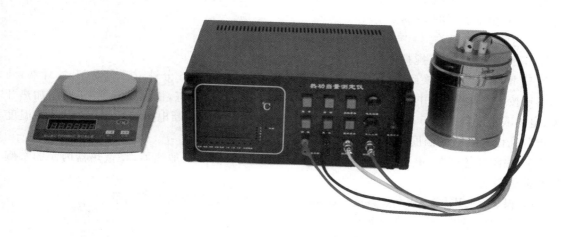

图 15-1　YJ-HW-Ⅲ热功当量实验测定仪

【实验原理】

　　设加在加热器两端的电压为 U,通过电阻的电流为 I,通过时间为 t,则电流做功为:
$$W=UIt \tag{15-1}$$
　　如果这些功全部转化为热能,使量热器系统的温度从 T_0 ℃升高至 T_f ℃,则系统所吸收的热量为:
$$Q=C_s(T_f-T_0) \tag{15-2}$$
其中 C_s 是系统的热容量。

　　假设过程中没有热量散失,则

$$W = JQ \qquad\qquad (15-3)$$

即热功当量为

$$J = W/Q(\mathrm{J/cal}) \qquad\qquad (15-4)$$

孤立的热学系统温度从 T_0 升到了 T_f 时热量 Q 与系统内各物质的质量 $m_1, m_2 \cdots\cdots$ 和比热容 $c_1, c_2 \cdots\cdots$ 以及温度变化 $T_0 - T_f$ 有如下关系：

$$Q = (m_1 c_1 + m_2 c_2 + \cdots)(T_0 - T_f) \qquad\qquad (15-5)$$

式中，$m_1 c_1, m_2 c_2 \cdots\cdots$ 是各物质的热容量。

在进行热功当量的测量中，除了用到的水外，还会有其他诸如量热器、搅拌器、温度传感器等物质参加热交换，即：

$$Q = (c_水 m_水 + c_内 m_内 + c_x m_x)(T_2 - T_1) \qquad\qquad (15-6)$$

式中，$c_水 m_水$ 为水的热容量，$c_内 m_内$ 为量热器内筒的热容量，$c_x m_x$ 为搅拌器、加热电阻、温度传感器等的热容量。如果搅拌器和温度传感器等的质量用水当量 ω 表示，则热功当量为

$$J = W/Q = W/[(c_水 m_水 + c_内 m_内 + c_水 \omega)(T_2 - T_1)] \ (\mathrm{J/cal}) \qquad\qquad (15-7)$$

ω 可以由实验室给出，也可以通过实验测出。

【实验内容】

1. 用天平称出内筒的质量，再用天平称出 150 g 左右的水，倒入量热器中，将测温电缆、搅拌电机电缆、加热电阻电缆与 YJ-HW-Ⅲ热功当量测定仪面板上对应电缆座连接好，安装好搅拌电机、测温探头、加热电阻。

2. 打开电源开关。

3. 打开搅拌开关，搅拌一段时间后记录系统温度 T_1。

4. 按压"显示"切换到"电压"状态，按压"功能"选择计功为 5 分钟，按"启动"开始计功，同时迅速按下加热开关，并调节恒压输出至 12 V。切换到计时状态，快到 5 分钟时，关闭加热开关，电功表自动测量出 5 分钟之内加热电阻所做的功 $W(UIt)$，断电后仍要继续搅拌，待温度不再升高记录其最高温度 T_2。

5. 关闭搅拌开关、电源开关，轻轻拿出温度计探头、搅拌器、加热器，将量热器内筒的水倒出并擦干备用。

6. 根据 $J = W/Q = W/[(c_水 m_水 + c_内 m_内 + c_水 \omega)(T_2 - T_1)]$ 求出热功当量。

7. 重复测量 3～5 次，取平均值。

本实验仪的水当量 ω 约 12 g（由实验室给出）。

【数据记录及处理】

1. 自拟数据表格记录数据。

2. 按式(15-7)求出热功当量，并与公认值($J = 4.1868$ J/cal)相比较，求出百分误差。

3. 水在 25 ℃时的比热容为 0.9970 cal·g^{-1}·$℃^{-1}$(4.173 J·g^{-1}·$℃^{-1}$)，不锈钢在 25 ℃时的比热容为 0.120 cal·g^{-1}·$℃^{-1}$(0.502 J·g^{-1}·$℃^{-1}$)。

【注意事项】

1. 供电电源插座必须良好接地。

2. 在整个电路连接好之后才能打开电源开关。

3. 严禁带电插拔电缆插头。

4. 仪器加热温度不应超过 50 ℃。

5. 切勿将加热器裸露在空气中加热。

【思考题】

1. 准确测量热功当量的困难主要来自哪里？如何减小实验误差？

2. 你认为本实验测量方法的主要问题是什么？

实验 16　万用电表的使用

【实验导读】

　　万用电表是生产实践与科学实验中最常用的多功能仪表,它可以测量多种电学量,如直、交流电压及直流电流、电阻等;而且量程多,结构简单紧凑,携带方便,但准确度低,不适用于精密测量。万用电表主要由磁电式电流表头、转换开关和扩程电阻等组成。各种不同型号的万用电表扩程电阻阻值不同,但电路结构大同小异。

【实验目的】

　　1. 掌握万用电表的基本原理;

　　2. 了解交流挡与欧姆挡的设计,能正确使用万用电表;

　　3. 学会读电表仪器。

【实验仪器】

TH-SS12 型直流数显稳压电源 1 台　　　　MF50 万用电表 1 只

待测电阻 6 个　　　　　　　　　　　　　单刀开关 1 个

导线若干条

【实验原理】

1. 直流电流挡和电压挡

　　万用电表的直流电流挡的分流电阻都是闭路抽头式,电压挡则以闭路抽头式的电流表为"等效表头",再串联分压电阻,如图 16-1 所示。

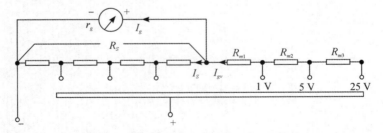

图 16-1　直流电压和电流挡的设计原理图

2. 交流电压挡

　　万用电表的表头是磁电式表头,只适用于测量直流电压。若为交流信号,须经过整流,变成直流后才可进行测量。图 16-2 为半波整流式等效表头。其中,D_1 为串联于表头的二极管,D_2 是为了使 D_1 在电压反向时不被击穿而设置的。其工作过程如下:

　　当 A 端为高电位(＋)时,电流经过的线路为 $A \rightarrow D_1 \rightarrow$ 表头 $\rightarrow B$,当 B 端为高电位时,$B \rightarrow D_2 \rightarrow A$,不流经表头,故称半波整流。多量程的交

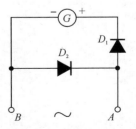

图 16-2　半波整流式等效表头

流电压挡是在包含半波整流(或全波整流)的等效表头上再附加分压电阻而成的,其形式与直流电压挡相同。一般万用电表交流电压挡的刻度均表示为交流电压的有效值。

3. 电阻挡(欧姆挡)的设计

3.1　欧姆表原理

如图16-3所示,其中,虚线框内部分为欧姆表,a、b为两接线柱(表笔插孔)。E是电源(干电池),它与限流电阻R_0及微安表头相串联。测量时,将待测电阻R_x接在a、b上。由欧姆定律可知,回路中的电流为:

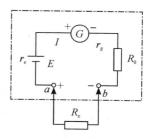

$$I = \frac{E}{(r_e + R_0 + r_g) + R_x} \qquad (16-1)$$

图16-3　欧姆表原理图

式中E为电池电动势,r_e为电池的内阻,R_0为限流电阻,r_g为表头的内阻。由式(16-1)可以得出电阻与电流的关系,即:

$$R_x = \frac{E}{I} - (r_e + R_0 + r_g) \qquad (16-2)$$

由式(16-2)可以看出,对于给定的欧姆表电路,E、r_g、r_e、R_0一定时,被测电阻R_x的阻值与表头指针偏转大小(即电流表读数)有一一对应的关系(不是线性的关系)。把表头的标尺按与电流对应的电阻进行刻度,则该表头就可以直接用来测量电阻。表头的刻度如图16-4所示,可直接由表盘上读出阻值R_x。

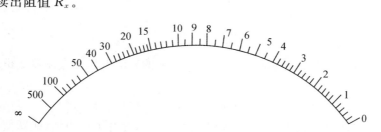

图16-4　欧姆刻度线

当图16-3中的a、b两端开路,即$R_x = \infty$时,$I = 0$,这时指针指在表头的零($\infty\ \Omega$)位置;当a、b两点用表笔短接时,即$R_x = 0$,则:

$$I = \frac{E}{r_e + R_0 + r_g} = I_{gm} \qquad (16-3)$$

这时指针在表头的满刻度(0 Ω)。可见,当被测电阻阻值由零变化到无穷大时,表头指针则由满刻度变化到零。所以,欧姆表的标度和电流挡、电压挡相反。当$R_x = r_e + R_0 + r_g$时,

$$I = \frac{E}{2(r_e + R_0 + r_g)} = \frac{I_{gm}}{2} \qquad (16-4)$$

可见,当被测电阻$R_x = r_e + R_0 + r_g$即欧姆表总内阻时,指针指在刻度标尺中心位置,所以,把

$$R_{中} = r_e + R_0 + r_g \qquad (16-5)$$

称为中心电阻。

3.2　调零电路

上述欧姆表的刻度是根据电池的电动势E和内阻r_e不变的情况设计的。但是,实际上,

电池在使用过程中,内阻会不断增加,端电压也会逐渐减小。这时若将表笔短路,指针就不会满偏地指在"0"欧姆处,这一现象称为电阻挡的零点偏移,它给测量带来一定的系统误差。对此,最简单的克服方法是调节限流电阻 R_0,使指针满偏地指在"0"欧姆处。但这会改变欧姆表的内阻,使其偏离标尺的中间刻度值,从而引起新的系统误差。

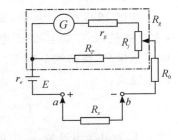

图 16-5　调零电路图

较合理的电路是:在表头回路里,接入对零点偏移起补偿作用的电位器 R_j,如图 16-5 所示。电位器 R_j 上的滑动触头把 R_j 分成两部分,一部分与表头串联,其余部分与表头并联。因电动势增大或内阻减小致使电路中的总电流偏大时,可将滑动触头下移,以增加与表头串联的阻值,减小与表头并联的阻值,使分流增加,起到减小流经表头电流的目的;而当实际的电动势低于标称值,或内阻值高于设计标准,致使总电流偏小时,可将滑动触头上移,以增大表头电流。总之,调节电位器 R_j 的滑动触头,可以使表笔短接时,流经表头的电流保持满标度电流。电位器 R_j 称为调零电位器。由于改变调零电位器 R_j 的滑动触头时,整个表头回路的等效电阻 R_g 随之改变,所以中值电阻 $R_中 = R_0 + R_g + r_e$ 也会有变化。为了减小这个变化对测量结果带来的误差,通常在设计欧姆表时,都是先设计 $R \times 1\,000\ \Omega$ 挡,这一挡的中值电阻约为 $10^4\ \Omega$,是一个很大的电阻,R_g 的变化对它的影响就可以忽略不计。对于 $R \times 100\ \Omega$、$R \times 10\ \Omega$、$R \times 1\ \Omega$ 各挡,则采用给 $R \times 100\ \Omega$ 挡并联分流电阻的办法来实现。

【仪器介绍】

1. 电源

一般电磁学实验所用的电源为直流,实验室常用的直流电源为直流数字稳压电源,其使用方法如下:

(1)打开插座开关,将"电压调节"电位器调至最小,然后开启电源。

(2)根据实验需要的直流电压值调"电压选择开关",此开关作粗调(跳跃变化)之用,"电压调节"旋钮作细调之用(连续),"电压选择开关"和"电压调节"两个配合使用,就能达到我们所要的电压值。

(3)一般稳压电源的内部有过流保护装置,当过流时,保护电路起作用,使电压降至零伏,这时调"电压调节"旋钮不起作用,当我们排除故障后,即可照常使用。

(4)使用直流电源,必须注意正负极。一般"+"或红色表示正极,"-"或黑色表示负极。干电池一般中央为正,边缘为负。

(5)使用电源必须遵守下列规则:后接、先拆、不短路,即接线时最后才接通电源,拆线时先断开电源并拆下电源线,且任何时候都不能使电源两端短路。

交流电源:一般常用的为交流 220 V 或 380 V 两种,使用交流电源应特别注意安全!

2. MF50 型万用电表

2.1　概况

MF50 型万用电表为磁电式整流系仪表,可供测量直流电流、直流电压、交流电压、电阻以及音频电平、晶体管放大系数 h_{FE}、L_I、L_U、电容、电感等。

2.2　仪器结构

MF50 型万用电表面板结构如图 16-6 所示,它由表盘、插孔、挡位选择开关、挡位指示盘及欧姆挡调零旋钮三部分组成。

图 16-6　MF50 型万用电表面板结构

2.2.1　表盘

表盘由刻度线、指针和机械调零旋钮组成，由指针所指刻度线的位置读取测量值，机械调零旋钮位于表盘下部中间的位置。MF50 型万用电表有 8 条刻度线。从上往下数，第一条刻度线是测量电阻时读取电阻值的欧姆专用刻度线，第二条刻度线是用于交流、直流电压和直流电流读数的共用刻度线，第三条刻度线是测量 10 V 以下交流电压的专用刻度线，第四、五条刻度线是测量三极管放大倍数的专用刻度线，第六、七条刻度线是测量负载电流、负载电压的专用刻度线，第八条刻度线是测量音频电平的专用刻度线。

2.2.2　插孔

"＊"为黑表笔插孔，"＋"为红表笔插孔；"NPN"、"PNP"为 hFE 插孔；"＋100 μA"为直流电流挡 0～100 μA 专用插孔；"＋2.5 A"为直流电流挡 0～2.5 A 专用插孔。

2.2.3　挡位选择开关、挡位指示盘及欧姆调零旋钮

面板图右边中间为挡位拨动开关，它的旁边为挡位指示盘；"Ω"为欧姆挡调零旋钮。

2.3　使用方法

2.3.1　测量前的准备

使用之前，应注意指针是否指在零位，如不指在零位，可用螺丝刀旋动表头上的零位调整器使指针调到零位。把 1.5 V 及 9 V 电池装入万用电表电池夹内（注意电池极性）。把两根表笔分别插到插孔上，红的插在"＋"插孔内，黑的插在"＊"插孔（公用插孔）内。

2.3.2　直流电流测量

根据所测电流的大小，把开关转到相应的电流挡"mA"上。测量时把万用电表串接在被测的电路中，红表笔接触在电路的正端，黑表笔接触在电路的负端。

当使用 100 μA 挡或 2.5 A 挡时，开关都应转到 250 mA 位置上（或除电阻挡、h_{FE} 挡以外的其他挡上），但红表笔在使用 100 μA 挡时应插在＋100 μA 的插孔内，在使用 2.5 A 挡时应插在＋2.5 A 的插孔内。

电流测量的刻度看第二条刻度线。挡数指量程,即指针指到满刻度的值。

2.3.3 直流电压测量

把开关转到与被测电压相应的直流电压挡"V"上,红表笔接电路的正端,黑表笔接电路的负端,测出的电压在第二条刻度线上读出。如不能确定被测电压的大约数值时,应先将范围选择开关旋至最大量程上,根据指示值的大约数值,再选择适宜的量程,使指针得到较大的偏转度。

2.3.4 交流电压测量

与直流电压测量相似,只需把开关转到交流电压"V"范围内。交流10 V挡刻度看第三条刻度线,其他各挡看第二条线。

2.3.5 电阻测量

先将开关转到电阻挡"Ω"范围内,把红黑两表笔短路,调整调零旋钮"Ω",使指针指在0 Ω位置上(即满刻度位置),再把表笔分开去测被测电阻的两端(注:该电阻必须从电路中拆除),即可测出被测电阻的阻值。电阻的读数在第一条刻度线上读出,并需乘上该挡的倍率。

2.3.6 负载电流 L_I 和负载电压 L_U 的测量

在测量元件的电阻时,在该被测元件中流过的电流和它两端存在的端电压简称为负载电流 L_I、负载电压 L_U。L_I、L_U 的刻度实际上是电阻挡的辅助刻度,L_I、L_U 和 R 之间的关系如下:

$$L_I = \frac{L_U}{R}$$

L_I 看第六条刻度线,L_U 看第七条刻度线,其读数与欧姆挡各挡的关系如表16-1所示。

表16-1 L_I、L_U 读数与欧姆挡关系

电阻挡	负载电流 L_I	负载电压 L_U
Ω×1	0~145 mA	0~1.5 V
Ω×10	0~14.5 mA	0~1.5 V
Ω×100	0~1.45 mA	0~1.5 V
Ω×1 k	0~145 μA	0~1.5 V
Ω×10 k	0~145 μA	0~15 V

下面举一个简单的例子来说明它大致的用法。例如用 Ω×100 电阻挡来测定某元件的电阻时,如果测出的阻值为1 000 Ω,同时在 L_I 刻度上读出为0.75 mA,L_U 为0.75 V,即表示该元件在两端电压为0.75 V时其内部通过的电流为0.75 mA。

如果该元件为二极管,测出的阻值为其正向电阻,那么 L_I、L_U 上测得之值即为该二极管在此点的特性。

2.3.7 晶体管 h_{FE} 的测定

测量 h_{FE} 时,应把开关转到 Ω×1 k,调好欧姆零位,再把开关转到 h_{FE} 处,把晶体管 c、b、e三极插入万用电表上的 c、b、e 插孔内,这时在 h_{FE} 刻度上即可读出 h_{FE} 的大小。但应注意 PNP管看第四条刻度线,NPN管看第五条刻度线(h_{FE} 为参考值,仅供小功率管测定)。

2.3.8 dB值的测量

dB刻度是根据0 dB=1 mW600Ω输送线标准设计,如换算到0 dB=6 mW500Ω输送线标准时,只需将读数减去8 dB。刻度看第八条刻度线。

测量方法与测量交流电压相同,刻度上的 dB 值是 10 $\underset{\sim}{V}$ 的,测量范围为 $-10\sim+22$ dB。如读数大于 $+22$ dB 时,需换 50 $\underset{\sim}{V}$、250 $\underset{\sim}{V}$ 或 1 000 $\underset{\sim}{V}$。用 50 $\underset{\sim}{V}$、250 $\underset{\sim}{V}$ 或 1 000 $\underset{\sim}{V}$ 测量 dB 时,须把读数加上表 16-2 中所列的校正值。

表 16-2　dB 测量时,量程、测量范围与读数校正值表

量　　程	读数校正值	测量范围
50 $\underset{\sim}{V}$	$+14$ dB	$+4\sim+36$ dB
250 $\underset{\sim}{V}$	$+28$ dB	$+18\sim+50$ dB
1000 $\underset{\sim}{V}$	$+40$ dB	$+30\sim+62$ dB

当测音频电压时,如果同时存在直流电压,应在正表笔上串接一只大于 0.1 μF 的隔直流电容器(注意:电容器耐压必大于被测线路电压值)。

2.4　用万用电表检查电路

万用电表常用来检查电路,发现故障。实验中,遇到线路连接经检查无误,但当合上开关,电表不能正常工作时,就需寻找故障。一般故障不外三种:

(1)导线内部断线;

(2)开关或接线柱接触不良;

(3)电表或元件内部损坏。

这些故障有的是可以根据发生的现象,如仪表指针的偏转、指示灯不亮等分析判断的,有的则不能,这就需要用万用电表来检查。

方法有两种:

(1)电压表法。首先,要正确理解电路原理,了解它的电压正常分布,然后在接有电源的情况下,从电源两端开始,从顺或逆电流的方向,逐个检查各接点的电压分布,出现电压反常之处,就是故障之所在。

(2)欧姆表法。将电路逐段拆开(特别要注意将电源和电路断开,而且,应使待测部分无其他分路),用欧姆表检查各部分电路的电阻分布及导线和触点通或不通。

【实验内容】

1. 测直流电压

按图 16-7 所示要求接好电路,选择合适的电压量程,分别测出 U_{ab}、U_{bc}、U_{cd}、U_{ae}、U_{ef}、U_{fd},并记录数据。

2. 测直流电流

选择合适的电流量程,测出图 16-7 电路中两支路的电流 $(I_1、I_2)$ 和总电流 (I_a),并记录数据。

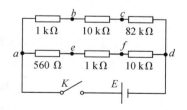

图 16-7　实验电路图

3. 测电阻

断开图 16-7 电路中的电源及连线,选择合适的欧姆挡,测出 6 个电阻阻值和并联电路中 ad 两端的等效电阻 R_{ad},并记录数据。

【注意事项】

(1)测量电流时应将万用表串联到所测量的支路中,所以必须先把被测支路断开。如果没有断开支路就把两支表笔搭到支路的两端点上去,实际上是用电流表去测电压,电表可能被烧毁;而测量电压则将表与被测两端并接。两者都应使万用表的正极表笔接电路的正端,负极表笔接电路负端,不能接反(即要让电流从万用表的正极流入,负极流出)。选择合适的挡位使指针的偏转较大。

(2)在测量电阻时,应注意:

①当短路表笔并调节欧姆调零旋钮"Ω"时,不能使指针指到 0 Ω 处,表示电池电压已不足,需更换电池。更换时,要注意极性不能装反;另外应注意电池夹与电池有良好的接触,Ω×1挡耗电较大,测试时间宜短。

②应将被测电路的电源切断。如果测量某个电阻的阻值,应将它从电路中拆除;如果电路中有电容器存在,应先将其放电后才能测量,切勿在电路带电情况下测量电阻。

③每次换挡后都要调节欧姆表零点,即将两表笔短接,同时调节调零旋钮"Ω",使指针指到 0 Ω 刻度,然后反复分开、短接两表笔数次,看指针是否都指在 0 Ω 刻度,若没有要重新调零。

④不得测如灵敏电流计内阻之类额定电流极小的器件的电阻。

⑤为了减小测量误差,必须合理地选择量程。使用欧姆挡时,应使指针尽量落在欧姆刻度尺中心位置附近较为理想;根据被测电阻的数量级选择合适的挡位,例如一个几十千欧的电阻就应选"×10 kΩ"挡,不要选"×1 kΩ"挡(因为选"×1 kΩ"挡,指针指在几十的位置,这部分的刻度的读数误差比较大)。

⑥执表笔时,手不能接触任何金属部位。

(3)测量时,应根据被测参数的性质选择正确挡位,使指针有较大的偏转(测量电阻值偏转在中心位置附近),以减少误差。当待测大小不能预计时,量程选择应先大后小。

(4)读数时首先分清相应刻度线及所选的挡位,不能读错刻度线;直流电流、直流电压应该读第二条刻度线,不能读第三条的交流 10 V。

(5)测量高电压时,量程开关换挡时应先断电,以防触点间产生火花。

(6)每次使用完毕,应将量程开关置于交流电压的最大挡,以防止耗电及误测损坏。

归纳起来,使用万用表时要遵循"一看、二扳、三试、四测"四个步骤。

一看:测量前,看看仪表连接是否正确,是否符合被测量的要求。要测电流时,仪表必须串联在被测的支路中;在测电阻前,仪表要调零。

二扳:按照被测电学量的种类(如直流电压、电阻等)和估计的大小,将转换开关扳到适当的挡位。若不知被测量范围,可先选较高的量程,逐渐降低到适当的量程。

三试:测量前,先用表笔触被测试点,同时观看指针的偏转情况。如果指针急剧偏转并超过量程,应立即抽回表笔,检查原因,予以改正。

四测:试验中若无异常现象,即可进行测量,读取数据。

测量时,使用表笔不要用力过猛,以免表笔滑动碰到其他电路,造成短路或超压事故。

【数据记录与处理】

1. 数据记录

将实验数据记录到下列表格中。

电源电压 $E=$ _____ V。

表 16-1　测直流电压

项　目	U_{ab}	U_{bc}	U_{cd}	U_{ae}	U_{ef}	U_{fd}
电压挡						
测量值/V						

表 16-2　测直流电流

项　目	I_{abcd}	I_{aefd}	I_a
电流挡			
测量值/mA			

表 16-3　测电阻

项　目	R_{ab}	R_{bc}	R_{cd}	R_{ae}	R_{ef}	R_{fd}	R_{ad}
读数×电阻挡/Ω							

2. 数据处理

(1)计算 $U_{ad}=U_{ab}+U_{bc}+U_{cd}$ 与 $U_{ad}=U_{ae}+U_{ef}+U_{fd}$,看是否相等。

(2)计算 $I_{abcd}+I_{aefd}$,看是否等于 I_a 。

(3)计算 $(R_{ab}+R_{bc}+R_{cd})/\!/(R_{ae}+R_{ef}+R_{fd})$ (符号"$/\!/$"表示电阻的并联),看是否等于 R_{ad} 。

(4)分析实验结果。

【思考题】

1. 欧姆表的标度 Ω 为什么与电流相反？且刻度不均匀？

2. 欧姆表的中心阻值是怎样确定的？

【预习要求】

1. 如图 16-7 所示,若 $E=12$ V,试估算各个电阻的两端的电压、各支路的电流以及总电流的大小。

2. 如何测量电路的电流和电压？

3. 如何测量实验中 6 个电阻的阻值及 ad 两端的等效电阻？

4. 如果在测量电压时发现万用表的指针没有偏转,是什么原因？(电路的接法是正确的,且是通路的。)

实验 17　电表的扩程与校准

【实验导读】

　　电学实验中经常要用电表(电压表和电流表)进行测量,常用的直流电流表和直流电压表都有一个共同的部分,常称为表头。表头通常是一只磁电式微安表,它只允许通过微安级的电流,一般只能测量很小的电流或电压。如果要用它来测量较大的电流或电压,就必须进行改装,以扩大其量程。采用的方法是通过串联或并联一个电阻将表头改装成大量程的电流表或电压表。经改装后的微安表具有测量较大电流、电压和电阻等多种用途。

【实验目的】

　　1. 了解电表的基本结构,掌握电表改装的基本原理和方法,并学会校准曲线的描绘和应用;

　　2. 熟悉电表的规格和用法,了解电表内阻对测量的影响,掌握电表级别的定义;

　　3. 学会将电流计改装成电流表和电压表。

【实验仪器】

　　TKDG-1 型电表改装与校准实验仪 1 套　　导线 7 条

【实验原理】

1. 将表头改装为电流表

　　磁电式电流计(称为表头)一般满度电流是很小的,若要测量较大的电流,需要扩大电表的电流量程。办法是:在表头两端并联一个分流电阻 R_P,使超过电流计所不能承受的那部分电流从 R_P 流过。由表头和 R_P 组成的整体就是电流表,如图 17-1 中虚线框内的部分。选用不同的分流电阻 R_P,可得到不同量程的电流表。根据欧姆定律:

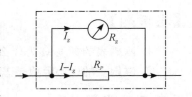

图 17-1　表头改装为电流表

$$(I-I_g)R_P = I_g R_g \tag{17-1}$$

则

$$R_P = \frac{I_g}{I-I_g}R_g \tag{17-2}$$

表头的规格 I_g(满偏电流)、R_g(表头内阻)事先测出,根据需要的电流表的量程,由上式就可算出并接的电阻值 R_P。

2. 将表头改装为电压表

　　通常 R_g 的数值不大,故表头满度电压 $U_g = I_g R_g$ 也很小,一般为零点几伏。为了测量较大的电压,需在表头上串一个较大的电阻 R_S,将超过表头所不能承受的那部分电压降落在 R_S 上,如图 17-2 所示。表头和串联电阻 R_S 组成的整体就是电压表,R_S 称为扩程电阻。选用不同大小的 R_S,电压表的量程就不同。

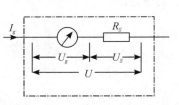

图 17-2　表头改装为电压表

因为
$$U_S = I_g R_S = U - U_g$$

所以
$$R_S = \frac{U}{I_g} - R_g$$

根据所需要的电压表量程,由上式可算出串联的电阻值 R_S。

3. 电表的标称误差和校准

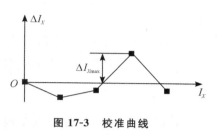

电表扩程后需要校准,将待校准的电表和一个标准的电表同时测量一定的电流(或电压),记下待校准电表的读数 I_x 和标准电表的读数 I_s,从而得到各个刻度的修正值 ΔI_x,$\Delta I_x = I_s - I_x$,若将各个刻度值校准一遍,可给出 ΔI_x-I_x 曲线,相邻的两点用直线相连,整个图形呈折线状,称为校准曲线,如图 17-3 所示。以后使用此电表时,可根据校准曲线予以修正,从而获得较高的准确度。

图 17-3　校准曲线

将校准所得的最大绝对误差 ΔI_{max} 除以量程的百分数,称为该电表的标称误差。

$$标称误差 = \frac{最大的绝对误差}{量程} \times 100\%$$

根据标称误差的大小,电表分为不同的等级,电表的等级常用一个圆圈标在表的面板上。例如 ⓪.⑤ 级,其标称误差不大于 0.5%。使用未校准的电表测量时,其测量误差就用电表的等级来确定。

【仪器介绍】

TKDG-1 型电表改装与校准实验仪集成了可调电压源(带三位半数显)、被改装表的表头、可变电阻箱、校准用三位半数字电压表和电流表等部件。

1. 结构

实验仪器面板结构如图 17-4 所示,它主要由用作校准的三位半数字式电压表、三位半数字式电流表,用作被改装的指针式大面板模拟表头,可调电阻与可变电阻箱,以及可调直流稳压电源等组成。

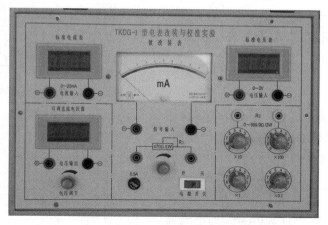

图 17-4　TKDG-1 型电表改装与校准实验面板结构图

2. 技术指标

可调直流电压源:0~2 V 输出可调,三位半数字显示。

指针表头：量程 1.00 mA，内阻 R_g 为 100 Ω。

470 Ω 可调电阻：用于改装表头的内阻。

可变电阻箱：量程 0～999.9 Ω。

数字电压表：量程 0～2 V。

数字电流表：量程 0～20 mA。

3. 使用注意事项

(1)注意接入改装表电信号的极性与量程大小，以免指针反偏或过量程时出现"打针"现象。

(2)实验仪提供的标准电流表和标准电压表仅作校准时的标准。

【实验内容】

1. 将量程为 1.00 mA 的表头扩程到 5.00 mA

(1)由式 $R_2 = \dfrac{I_g}{I - I_g} R_g$ 算出分流电阻 R_2 的理论值，内阻 $R_g = 100\ \Omega$。

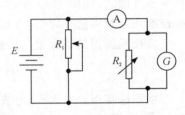

图 17-5　电流表扩程与校准原理图

(2)严格遵守电学实验规程，按图 17-5 接好电路，其中 R_1 采用 470 Ω 可调电阻器，R_2 采用电阻箱，E 采用直流稳压电源。

(3)校准量程：将电阻箱调至略小于 R_2 理论值，调节可调电阻器 R_1 及电压 E，使标准表示数为 5.00 mA，此时被改装表还没满偏，适当增大 R_2 使表头的读数增大。但是增大 R_2 的同时，标准表的示数会减小，再次调整 R_1 及 E 使标准表示数为 5.00 mA，然后再适当增大或减小 R_2，重复以上操作直到被改装表满偏时，标准表的读数恰好为 5.00 mA。记下此时 R_2 的实际值，数据记入表 17-1 中。

(4)校准刻度值：保持 R_2 不变，调节变阻器 R_1 及电压 E，使被改装表的读数 I_x 从大到小取五个刻度值（如表 17-2），记下各个对应的标准表指示数 I_S，然后，再调整 R_1 及电压 E 使电流从小到大重测一遍，数据记入表 17-2 中。

2. 将 1.00 mA 的表头扩程为 1.00 V 的伏特表

(1)计算扩程电阻 R_2 的值。

(2)按图 17-6 所示接好校准电路，R_1 采用 470 Ω 可调电阻器，R_2 采用电阻箱，与校准 mA 表一样，校准量程及五个刻度值，并记录数据。

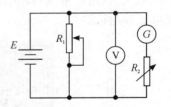

图 17-6　电压表扩程与校准原理图

【注意事项】

1. 为了保护电路，在没有接通电源之前将电压输出调至最小，接通电源后再逐渐增大。

2. 将 R_1 旋在适当的中间位置，不要放在最小的位置，以免电源短路。

【数据记录与处理】

1. 将 1.00 mA 表头扩程为 5.00 mA 的电流表

(1)将数据记入下列表 17-1、表 17-2 中。

表 17-1　各参数理论和实验值

I_g/mA	R_g/Ω	扩程后量程 I/mA	扩程电阻 R_2/Ω	
			理论值	实际值

表 17-2　电表的校准数据

被校表读数 I_X/mA		1.00	2.00	3.00	4.00	5.00
标准表读数 I_S/mA	上升时 I_S'					
	下降时 I_S''					
$\overline{I_S}=\dfrac{I_S'+I_S''}{2}$						
$\Delta I_X=\overline{I_S}-I_X$						

（2）作校准曲线 ΔI_X-I_X，以 I_X 为横坐标，$\Delta I_X=\overline{I_S}-I_X$ 为纵坐标，各点之间以直线连接。

2. 将 1.00 mA 表头扩程为 1.00 V 的伏特表

（1）将数据记入表 17-3、表 17-4 中。

表 17-3　各参数理论和实验值

I_g/mA	R_g/Ω	改装后量程 U/V	扩程电阻 R_2/Ω	
			理论值	实际值

表 17-4　电压表的校准数据

被校表读数 U_X/V		0.20	0.40	0.60	0.80	1.00
标准表读数 U_S/V	上升时 U_S'					
	下降时 U_S''					
$\overline{U_S}=\dfrac{U_S'+U_S''}{2}$						
$\Delta U_X=\overline{U_S}-U_X$						

（2）作校准曲线 ΔU_X-U_X，以 U_X 为横坐标，$\Delta U_X=\overline{U_S}-U_X$ 为纵坐标，各点之间以直线连接。

【思考题】

1. 能否把本实验用的表头扩程为 50 μA 电流表？为什么？

2. 校准电流表时发现改装表的读数相对于校准表的读数偏高，试问要达到标准表的数值，改装表的分流电阻应调大还是调小？校正电压表时发现改装表的读数相对于标准表的读数偏低，试问要达到标准表的数值，改装表的分压电阻应调大还是调小？

【预习要求】

1. 表头改装成电流表和电压表的方法是什么？如何计算 R_P 和 R_S 的阻值？

2. 在调节 R_2 时标准表的读数会不会变化？若会，会如何变化？为什么会变化？如何调节电路使得标准表的示数为 5.00 mA 且扩展表满偏？

实验 18　示波器的使用

【实验导读】

　　示波器是一种用途广泛的电子测量仪器,它能对电压信号的波形进行直接观察和定量分析,凡是可以转换成电信号的电学量与非电学量信号都可以用示波器观察与测量。多踪示波器可以用来比较不同信号的波形和时序。

　　模拟示波器是利用电子束在荧光屏上描绘的图像来反映电压信号的变化的,由于电子射线的惯性极小,因此模拟示波器对周期信号的观察和测量尤为适用,但它难以测量单次或瞬间信号。数字存储示波器是一种新型的示波器,它是模拟示波器技术、数字化测量技术、计算机技术的综合产物,其内部采用了大规模集成电路和微处理器,整个仪器在控制程序的统一指挥下工作。它有很高的采样速率,并能够长期存储波形。除了能观测常规的电压信号外,还能捕获和存储单次或瞬间信号,同时可进行数字计算和数据处理,功能扩展十分方便,因此它比模拟示波器具有更广泛的发展和应用前景。本实验介绍的属 ST16B 型模拟示波器,简称示波器。

【实验目的】

　　1. 了解示波器的大致结构和工作原理;

　　2. 初步掌握通用示波器各个旋钮的作用和使用方法;

　　3. 学习使用示波器观察电信号的波形,测量电压和频率;

　　4. 学习利用李萨如图测量电信号的频率。

【实验仪器】

　　功率函数信号发生器(DF1636A 型)1 台　　　示波器(ST16B 型)1 台

　　50 Ω 同轴电缆线 2 根

【实验原理】

　　示波器由四部分组成:电子示波管、扫描和触发装置、放大部分和电源部分。下面我们只叙述前两部分的作用及如何使用示波器而得到稳定的图形,至于具体线路不作介绍。

1. 示波管

　　如图 18-1 所示,示波管是示波器的核心构件,它由电子枪、偏转板和荧光屏三部分组成,被封装在高真空管内。

1.1　电子枪

　　电子枪由灯丝 H、阴极 K、控制栅极 G、聚焦阳极 A_1、加速阳极 A_2 组成。其工作原理是:灯丝通电发热,使阴极受热后发射大量电子,电子经栅极孔出射,后又经第一阳极 A_1 和第二阳极 A_2 所产生的电场加速后会聚于荧光屏上一点,称为聚焦。A_1 与 K 之间的电压通常为几百伏特,可用电位器 W_2 调节,A_1 与 K 之间的电压除有加速电子的作用外,主要是达到聚焦电子的目的,所以 A_1 称为聚焦阳极,W_2 即为示波器面板上的聚焦旋钮。A_2 与 K 之间的电压有一千多伏,可通过电位器 W_3 调节,A_2 与 K 之间的电压除了有聚焦电子的作用外,还有加速电

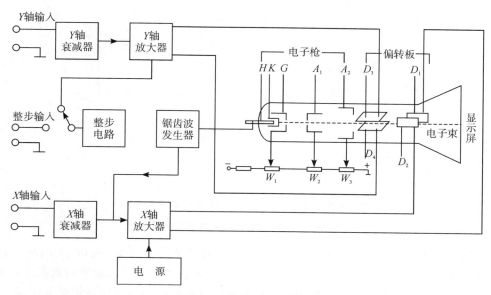

图 18-1　示波器结构原理图

子的作用,因其对电子的加速作用比 A_1 大得多,故称 A_2 为加速阳极。在有的示波器面板上设有 W_3,并称其为辅助聚焦旋钮。在栅极 G 与阴极 K 之间加了一负电压,即 $U_K > U_G$,调节电位器 W_1 可改变它们之间的电势差。G、K 间的负电压的绝对值越小,通过 G 的电子就越多,电子束打到荧光屏上的光点就越亮,调节 W_1 可调节光点的亮度。W_1 在示波器面板上为"辉度"旋钮。

1.2　偏转板

水平(X 轴)偏转板由 D_1、D_2 组成,垂直(Y 轴)偏转板由 D_3、D_4 组成。偏转板加上电压后可改变电子束的运动方向,从而可改变电子束在荧光屏上产生的亮点的位置。电子束偏转的距离与偏转板两极板间的电势差成正比。

1.3　显示屏

在示波器底部玻璃内涂上一层荧光物质即为显示屏,高速电子打在上面就会发出荧光,单位时间打在上面的电子越多,电子的速度越大,光点的辉度就越大。荧光屏上的发光能持续一段时间,称为余辉时间。由于荧光物质的余辉及人眼的视觉暂留作用,我们将看到一个连续的波形图。

2. 扫描原理

如果在横偏转板(X 方向)上加上波形为锯齿状的电压,而纵偏转板(Y 方向)不加任何电压,如图 18-2(a)所示,即横偏转板电压从负开始($t=t_0$),随时间成正比地增加到正($t_0 < t < t_1$),然后又突然返回负($t=t_1$),再从此开始与时间成正比地增加($t_1 < t < t_2$),重复此过程,这时电子束在荧光屏上的亮点就会作相应的运动:亮点由($t=t_0$)匀速地向右运动($t_0 < t < t_1$),到右端后,马上回到左端,然后再从左端匀速地向右运动($t_1 < t < t_2$),不断重复前述过程。亮点只在横向运动,我们在荧光屏上看到的便是一条水平亮线。

如果在纵偏转板(Y 方向)上加正弦电压,波形如图 18-2(b)所示,而横偏转板(X 方向)不加任何电压,则电子束的亮点在纵方向随时间作正弦式振荡,横方向不动,我们看到的将是一条垂直亮线。

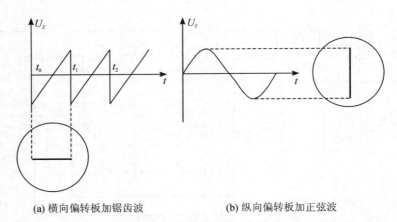

(a) 横向偏转板加锯齿波　　　　　　　　　(b) 纵向偏转板加正弦波

图 18-2　横纵偏转板加不同波形电压

于正弦电压的 a 点，锯齿形电压是负值 a'，亮点在荧光屏上 a'' 处，对应于 b'，亮点在荧光屏上 b'' 处，依此类推，亮点由 a'' 经 b''、c''、d''、e'' 描出了正弦图形。如果正弦波与锯齿波的周期相同（即频率相同），当在纵偏转板上加正弦电压的同时又在横偏转板上加锯齿形电压，则荧光屏上的亮点将同时进行方向互相垂直的两种位移。我们看到的将是合成的位移，即正弦波图形，其合成原理如图 18-3 所示。当正弦波电压到 e 时，锯齿波电压也刚好到 e'，这样亮点就描绘了整个正弦波曲线。由于锯齿波电压这时马上变负，故亮点回到左边，重复前面过程，亮点第二次在同一位置描出同一根曲线，周而复始。这时，我们将看到这根曲线稳定地停在荧光屏上。但如果正弦波与锯齿波的周期稍有不同，则第二次描出的曲线将和第一次的曲线位置稍微错开，在荧光屏上将看到不稳定的图形，是不断移动的图形，甚至很复杂的图形。由上可见，要想看见纵向偏电压的图形，必须：

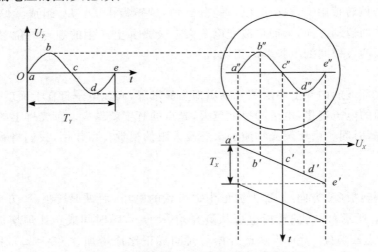

图 18-3　正弦波的一个周期波形扫描原理图

第一，加上横向偏电压，把纵向偏电压产生的垂直亮线"展开"，这个展开过程称为扫描。如果扫描电压与时间成正比变化（锯齿波形扫描），则称为线性扫描，线性扫描能把纵向偏电压如实地描绘出来；如果横偏压加非锯齿形波，称为非线性扫描，描绘出来的图形将不是原来的波形。

第二，只有纵向偏电压与横向偏电压周期严格地相同，或后者是前者的整数倍，图形才会

简单而稳定,换句话说,构成简单而稳定的示波图形的条件是纵向偏电压频率与横向偏电压频率的比值是整数,也可用式子表示:

$$\frac{f_Y}{f_X} = n \quad (n=1,2,3,\cdots) \tag{18-1}$$

实际上,由于产生纵向偏电压与产生横向偏电压的振荡源是独立的,振荡源之间的频率比不会自然满足简单整数比,所以示波器中锯齿波扫描电压的频率必须可调,细心调节它的频率,就可大体上满足式(18-1)。但要准确地满足式(18-1),光靠人工调节是不够的,特别是待测电压的频率越高,问题就越加突出,为了解决这一问题,在示波器内部还加装了自动频率跟踪装置,称为"同步"或"整步"。人工调到接近满足式(18-1)的条件,再加同步的作用,扫描电压的周期就能准确地等于待测电压周期的整倍数,从而获得稳定的波形。

3. 李萨如图形测信号的频率

示波器除了可以观察和测量电压以外,还可以测量频率(或周期)、相位和时间。本实验利用李萨如图来测量频率。

示波管内的电子束受 X 偏转板上正弦电压的作用时,屏幕上亮点作水平方向的简谐振动。如果 X 和 Y 偏转板同时加正弦电压时,亮点的运动将是两个互相垂直振动的合成。如果 X 方向振动频率 f_X 与 Y 方向振动频率 f_Y 相同,亮点合成运动的轨迹一般是一个椭圆。在一般情况下,如果 f_X 和 f_Y 成整数比时,合成运动的轨迹是一个稳定的封闭曲线,此曲线称为李萨如图形,如图 18-4 所示。

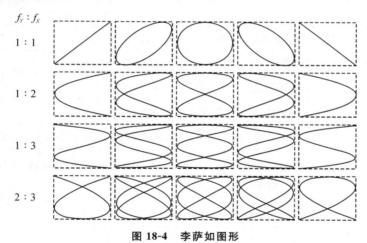

图 18-4　李萨如图形

李萨如图形与振动频率之间有一简单的关系:

$$\frac{f_Y}{f_X} = \frac{X \text{ 方向切线对图形的切点数 } N_X}{Y \text{ 方向切线对图形的切点数 } N_Y}$$

如果式中 f_X 为已知,即可由李萨如图形的切点数算出未知频率 f_Y。

【仪器介绍】

1. DF1636A 型功率函数信号发生器

1.1　技术参数

DF1636A 是一种具有正弦波、三角波、方波和对称可调脉冲的便携台式函数发生器。其主要技术参数如下:

(1)波形:正弦波、三角波、方波、脉冲波。

(2)频率

范围:0.1 Hz~100 kHz,分六挡;

显示:5 位 LED 显示,误差≤$3×10^{-5}$±1 位数字。

(3)输出幅度

正弦波、三角波幅度(峰谷):≥45 V。

方波幅度(峰谷):≥32 V。

(4)功率输出

频率低于或等于 20 kHz 时(最大):10 W(负载阻抗为 10 Ω)。

频率大于 20 kHz 时(最大):5 W。

(5)电压输出

输出阻抗:50 Ω。

衰减:50 dB、40 dB、60 dB。

1.2　使用说明

本仪器开启电源即可工作,但为保证性能稳定,最好预热 10 分钟后使用。其前面板标志及控制器的作用见表 18-1 及图 18-5。

表 18-1　DF1636A 型功率函数信号发生器控制器作用

序号	面板标志	作　　　　用
1	电源	按下开关,电源接通,频率计、电压表亮
2	频率调节	频率调节旋钮,与 3、11 配合使用,选择信号的频率
3	微调	频率微调旋钮,与 11 配合调节信号频率
4	波形选择	波形选择开关,用于选择输出信号的波形
5	占空比	当 4 波形选择开关按下脉冲波时,调节该旋钮可以改变输出信号的占空比
6	衰减(dB)	输出信号衰减开关。按下开关可以产生 20 dB 或 40 dB 衰减,两个按钮同时按下可产生 60 dB 衰减
7	电压输出	函数信号波形由此输出,阻抗为 50 Ω
8	功率输出	功率放大器的输出端最大输出功率可达 10 W
9	输出幅度	信号输出幅度调节电位器,可以同时改变电压输出和功率输出的幅度。为保证输出指示的精度,当需要输出幅度小于信号源最大输出幅度的 10% 时,建议使用衰减器
10	电压显示器	用于指示功率输出、电压输出电压的峰值。V_{P-P}、mV_{P-P} 指示灯亮有效。使用功率输出时,请不要按下 6 衰减器,否则将显示电压输出(空载)时的峰谷值
11	频率范围(Hz)	频率范围选择开关,与 2、3 配合选择信号的工作频率
12	频率显示器	用于指示仪器内部信号的频率,Hz、kHz 灯亮有效,闸门灯闪烁,表示频率计正在工作
13	固定频率	输出为 100 Hz、10 V 的正弦波信号(在后面板上,图中未画出)

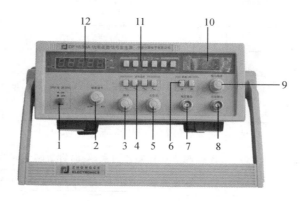

图 18-5 DF1636A 型功率函数信号发生器

2. ST16B 型示波器

示波器是为了使示波管得到良好的图形而设计的,ST16B 型示波器是一种便携式单踪示波器。本仪器具有 DC 10 MHz 的 Y 轴频带宽度和 10 mV～10 V/DIV 偏转因数,量程宽,触发灵敏度高,并设有触发锁定功能,操作方便。其前面板控制件如图 18-6 所示,控制件名称及功能列于表 18-2 中。

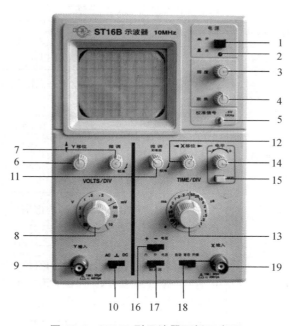

图 18-6 ST16B 型示波器面板示意图

表 18-2 ST16B 型示波器面板控制件功能

序 号	控制件名称	功 能
1	电源开关	接通或关闭电源
2	电源指示灯	电源接通时灯亮
3	亮度	调节光迹的亮度,顺时针方向旋转光迹增亮

续表

序号	控制件名称	功　能
4	聚焦	调节垂直光迹的清晰度
5	校准信号	输出频率为 1 kHz,幅度为 0.5 V 的方波信号,用于校正 10∶1 探极以及示波器的垂直和水平偏转因素
6	Y 移位	调节光迹在屏幕上的垂直位置
7	微调	连续调节垂直偏转因素,顺时针旋转到底为校准位置
8	Y 衰减开关	调节垂直偏转因素
9	信号输入端子	Y 信号输入端
10	AC⊥DC(Y 耦合方式)	选择输入信号的耦合方式。AC:输入信号经电容耦合输入;DC:输入信号直接输入;⊥:Y 放大器输入端被接地
11	微调、X 增益	当在"自动、常态"方式时,可连续调节扫描时间因数,顺时针旋转到底为校准位置;当在"外接"时,此旋钮可连续调节 X 增益,顺时针旋转为灵敏度提高
12	X 移位	调节光迹在屏幕上的水平位置
13	TIME/DIV(扫描时间)	调节扫描时间因数
14	电平	调节被测信号在某一电平上触发扫描
15	锁定	此键按进后,能自动锁定触发电平,无须人工调节,就能稳定显示被测信号
16	＋、－(触发极性)、电视	＋:选择信号的上升沿触发 －:选择信号的下降沿触发 电视:用于同步电视场信号
17	内、外、电源(触发源选择开关)	内:选择内部信号触发;外:选择外部信号触发;电源:选择电源信号触发
18	自动、常态、外接(触发方式)	自动:无信号时,屏幕上显示光迹;有信号时与"电平"配合稳定地显示波形。常态:无信号时,屏幕上无光迹,有信号时与"电平"配合稳定地显示波形;外接:X-Y 工作方式
19	信号输入端子	当触发方式开关处于"外接"时,为 X 信号输入端;当触发源选择开关处于"外"时,为外触发输入端

2.1　操作方法

(1)将有关控制件按表 18-3 设置。

表 18-3　有关控件设置

控制件名称	作用位置
辉度 3	居中
聚焦 4	居中
位移 6、12	居中
垂直衰减开关 8	0.1 V 或合适挡
微调 7、11	校准位置
自动、常态、外接 18	自动
TIME/DIV 13	0.2 ms 或合适挡
＋、－16	＋
内、外、电源 17	内
AC⊥DC 10	AC

（2）接通电源 1，电源指示灯 2 亮，稍后屏幕上出现光迹，预热 5 分钟左右，分别调节辉度 3、聚焦 4，使光迹清晰。

2.2　垂直系统的操作

（1）衰减开关应根据输入信号幅度旋至适当挡位，调节位移 6 以保证在有效面内稳定显示整个波形，根据需要配合调节微调 7，微调比≥2.5∶1。

（2）输入耦合方式："DC"适用于观察包含直流成分的被测信号，如信号的直流电平和静态信号的电平。当被测信号频率很低时，也必须采用这种方式。"AC"适用于信号中的直流分量要求被隔断，用于观察信号的交流分量。"⊥"通道输入接地（输入信号阻断），用于确定输入为零时的光迹所处位置。

（3）X-Y 操作：当 18 处于外接时，本机可作为 X-Y 示波器使用，此时原 Y 通道 9 作为 Y 轴输入，19 作为 X 轴输入，灵敏度调 11，可从 0.2～0.5 V/DIV 连续可调。

（4）触发源选择

①内触发：由 Y 输入信号触发。

②外触发：由外部信号触发，外触发信号由 19 输入。

③电源触发：由电源触发（同市电频率）。

2.3　水平系统的操作

（1）扫描速率设定：扫描开关根据信号频率旋至适当位置，调节位移 12 以保证有效面内能观察显示的波形，可根据需要调节微调 11，微调比≥2.5∶1。

（2）触发方式的选择："自动"：无信号时为一扫横线，一旦有信号输入，适当调节电平 14，电路自动转换到触发扫描状态，显示稳定的波形（输入信号频率应高于 20 Hz）；"常态"：无光迹，一旦有信号输入，适当调节电平 14，电路将被触发扫描；"锁定"：按下 15 为锁定，无信号时为不稳定扫描，一旦有信号输入时，屏幕上就显示稳定波形，无须调节电平 14；"电视"：对电视信号中场信号进行同步，同步信号为负极性。

（3）极性选择："＋"选择被测信号上升沿触发扫描；"－"选择被测信号下降沿触发扫描。

（4）电平的设置：用于调节被测信号在某一合适电平上启动扫描。

2.4　测量

2.4.1　电压测量

在测量时,把 Y 微调置校准位置,这样可按"VOLTS/DIV"的指示值直接计算被测信号的电压幅值。

由于被测信号一般都含有交流和直流两种成分,因此在测试时应根据下述方法操作。

(1)交流电压的测量

当只需测量被测信号的交流成分时,应将 Y 轴输入耦合方式开关 10 置"AC"位置,调节"VOLTS/DIV"开关,使波形在屏幕中的显示幅度适中,调节"电平"旋钮 14(或按下锁定键 15)使波形稳定,分别调节 X、Y 轴位移,使波形显示值方便读取,如图 18-7 所示。根据"VOLTS/DIV"的指示值和波形在垂直方向显示的坐标(DIV),按下式计算

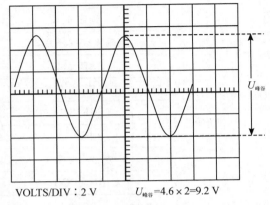

VOLTS/DIV : 2 V　　$U_{峰谷}=4.6\times2=9.2$ V

图 18-7　交流电压测量

$$U_{峰谷}=\frac{\mathrm{V}}{\mathrm{DIV}}\times H(\mathrm{DIV}),U_{有效值}=\frac{U_{峰谷}}{2\sqrt{2}}$$

如果使用的探头置 10 : 1 位置,应将该值乘以 10。

(2)直流电压的测量

当需测量被测信号的直流或含直流成分的电压时,应先将 Y 轴耦合方式开关 10 置"⊥"位置,调节 Y 轴位移使扫描基线在一个合适的位置上,再将耦合方式开关 10 转换到"DC"位置,调节"电平"14(或按下锁定键)使波形同步,根据波形偏移原扫描线的垂直距离,用上述方法读取该信号的各个电压值,如图 18-8 所示。

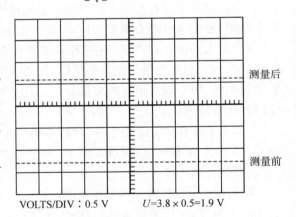

测量后

测量前

VOLTS/DIV : 0.5 V　　$U=3.8\times0.5=1.9$ V

图 18-8　直流电压测量

2.4.2　时间测量

(1)时间间隔的测量

对某信号的周期或该信号任意两点间时间参数的测量,可先输入被测信号,使波形获得稳定同步后,根据该信号周期或需测量的两点间的水平方向距离乘以"TIME/DIV"指示值,如图 18-9 所示。

$$时间间隔(\mathrm{s})=两点间的水平距离(格)\times扫描时间因数(时间/格)$$

(2)周期和频率的测量

在图 18-9 的例子中所测得的时间间隔即为信号的周期 T,该信号的频率为

$$f=\frac{1}{T}$$

$$f=\frac{1}{T}=\frac{1}{16\times10^{-3}}=62.5 \text{ Hz}$$

（3）上升或下降时间的测量

上升（或下降）时间的测量方法和时间间隔的测量方式一样，只不过是测量被测波形满幅度的 10% 和 90% 两处之间的水平轴距离，如图 18-10 所示，测量步骤如下：

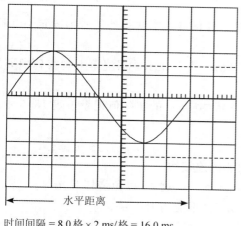

时间间隔 = 8.0 格 × 2 ms/格 = 16.0 ms

图 18-9　时间间隔测量

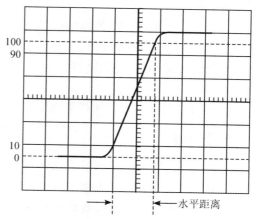

上升时间 = 1.8 格 × 2 μs/格 = 3.6 μs

图 18-10　上升时间测量

送入被测信号，调整 Y 衰减器 8 和微调 7，使波形的显示幅度为 5 格，调整扫描开关 13，使屏幕上能清晰的显示上升沿或下降沿。调整垂直移位，使波形的顶部和底部分别位于 100% 和 0% 的刻度线上，测量 10% 和 90% 两点间的水平距离格。

上升（或下降）时间＝水平距离（格）×扫描时间因数（时间/格）

2.4.3　电视场信号测量

将电视信号馈送至 Y 输入插座，将触发方式 16 置于"电视"并将扫描开关置于合适的位置，屏幕上就能显示出负极性同步信号。

2.4.4　X-Y 方式的应用

在某些场合，X 轴偏转需外来信号控制，如接外扫描信号、阶梯信号，及李萨如图形的观察，或作其他设备的显示装置时要用这种方式。X-Y 的操作：将 18 拨至外接，由 19 端输入 X 信号，其偏转因素直接由 11 调节，由 9 输入 Y 信号，其偏转因素由 8 调节。

【实验内容】

1. 用 ST16B 示波器观察电压波形

（1）认识面板上各旋钮，了解控制器的作用。

（2）用 DF1636A 功率函数信号发生器作信号源，使频率为 1 000 Hz，输出正弦波、方形波和三角形波，用示波器观察这些波形。

①从函数信号发生器输出信号，送到示波器的 Y 轴。

②调节示波器上的各旋钮，尤其是扫描时间 13，Y 衰减开关 8，触发源选择开关 17 选"内"，触发方式 18 选"自动"，15 按锁定以便在屏幕上观察到简单、稳定和清楚的图形，AC⊥DC 开关 10 拨在 AC。

③按功率函数信号发生器的"波形"选择键∿　⊓　∿，在示波器屏幕上将显示出正弦波、方波和三角波，将这些波形图记录下来，并按要求记录波形的相关参数于表 18-4 中。

2. 观察 $\dfrac{f_Y}{f_X} = \dfrac{1}{1}, \dfrac{2}{1}, \dfrac{3}{1}, \dfrac{1}{2}$ 等的李萨如图形

（1）将功率函数信号发生器"波形选择"置"〜"，适当选择输出幅度，并根据 f_Y 值来选择"频率范围"。

（2）将示波器18 打在"外接"时，即示波器 X 轴接入外信号。本实验外信号为固定100 Hz的正弦波。

（3）轻轻地旋动功率函数信号发生器"频率微调"旋钮，直至在示波器屏幕上观察到预期的李萨如图形。

（4）将所观察到的李萨如图形画在实验报告中，并将相应 f_Y 的实际值记录于表18-5 中。

【注意事项】

1. 示波器打开后需预热 $1\sim2$ 分钟，不要拔插仪器的连接线。

2. 荧光屏的亮点不可太强，并且不可固定在荧光屏上一点过久，以免烧坏荧光屏。

3. 示波器上所有的开关及旋钮都有一定的旋转角度，不能用力过猛。

4. 观察李萨如图形时，信号频率不要太高，否则看不清楚。

【数据记录与处理】

表 18-4　波形及相关参数

信号波的种类	正弦波	方波	三角波
信号频率（读数）			
信号频率（测量）			
波形			

表 18-5　李萨如图形及相关参数

$f_Y : f_X$	1 : 1	2 : 1	3 : 1	1 : 2
李萨如图形				
f_X/Hz				
f_Y（理论值）/Hz				
f_Y（测量值）/Hz				
偏差 Δf_Y/Hz				

【思考题】

1. 用示波器观察、测量两个同频率、互相垂直振动的电信号合成时，被观察的信号应从哪几个接线柱输入示波器？此时示波器水平偏转板上所加的电压是锯齿波扫描电压吗？

2. 做李萨如图形实验时，能否用示波器的"同步"把图形稳定下来？

【预习要求】

实验前请认真、仔细阅读仪器简介，并回答下列问题：

1. 示波器由几部分构成？各部分的功能是什么？

2. 示波器的 X 偏转板上加锯齿波电压的作用是什么？如果不加该锯齿波电压，屏幕上会显示什么图形？

3. 什么情况下，会在屏幕上出现稳定的李萨如图？实际上会稳定吗？

实验 19　用惠斯登电桥测电阻

【实验导读】

电桥法是常用的电阻测量方法之一。平衡电桥是用比较法进行测量的,即在平衡条件下,将待测电阻与标准电阻进行比较以确定其阻值。它具有测试灵敏、精确和方便等特点。

电桥从结构来分,有单臂电桥和双臂电桥;从指示状态来分,有平衡电桥和非平衡电桥;从所用电源的性质来分,有直流电桥和交流电桥。直流电桥又分为单臂电桥和双臂电桥,前者即为惠斯登电桥,主要用于精确测量中值电阻($1\ \Omega \sim 100\ k\Omega$ 之间的数量级);后者称为开尔文电桥,适合测量低电阻($1\ \Omega$ 以下)。

【实验目的】

1. 掌握惠斯登电桥的原理,学会自搭惠斯登电桥;
2. 学会正确使用电桥测量电阻;
3. 了解电桥的测量误差及灵敏度。

【实验仪器】

YJ24-1 型直流稳压电源 1 台　　　　THPZ-1 型平衡指示仪 1 台
直流电阻箱 1 只　　　　　　　　　ZX38A/11 型交/直流电阻箱 3 只
待测电阻 3 个　　　　　　　　　　单刀开关 1 个
导线 10 条

【实验原理】

电阻是电路中的基本元件,测量电阻的方法很多。用伏安法可以测量电阻,但有很大的缺点,除了使用的电流表与电压表本身的精度带来的误差外,测量方法也不可避免地带来误差。如图 19-1 所示,无论采用图(a)或图(b)哪种线路,由于电流表总有内阻,电压表内阻总是有限大,因此,不能同时测量到正确的电流和电压值,矛盾的焦点是电表的内阻问题,因为电表中有电流通过。如果采用电桥测电阻,就不存在这个问题,从而能获得正确的电阻值。

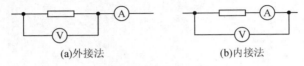
(a)外接法　　　　　　　　　　　(b)内接法
图 19-1　伏安法测电阻

1. 电桥原理

电桥的基本电路图如图 19-2(a) 所示,四个电阻 R_1、R_2、R_x、R_0 组成电桥的四个臂。两对角线分别接检流计 G 和电源,所谓“桥”是对 BD 这条对角线而言的。检流计 G 的作用是将桥两端的电位 U_B 和 U_D 进行比较。当 $U_B = U_D$ 时,检流计 G 中无电流通过,即 $I_g = 0$,此时,电桥平衡。

电桥平衡时

$$I_g=0, I_2=I_x, I_1=I_0, I_xR_x=I_0R_0$$

$$I_1R_1=I_2R_2 \qquad\qquad (19-1)$$

$$R_x=\frac{R_2}{R_1}R_0 \qquad\qquad (19-2)$$

若 R_1、R_2 和 R_0 $\left(\text{或 } R_0 \text{ 及比率} \dfrac{R_1}{R_2}\right)$ 已知，则 R_x 可由上式求出。通常把 R_1、R_2 所在臂称为"比较臂"。

2. 交换法减小和修正电桥误差

在假设电桥的灵敏度足够高的情况下，由式（19-1）可知，测 R_x 的误差主要来自于 R_1、R_2、R_0 三个电阻，其相对误差为

$$\frac{\Delta R_x}{R_x}=\frac{\Delta R_1}{R_1}+\frac{\Delta R_2}{R_2}+\frac{\Delta R_0}{R_0}$$

若将图 19-2(a)中的桥臂电阻 R_x 与比较臂电阻 R_0 交换，如图 19-2(b)所示，调比较臂，使电桥重新平衡，则有

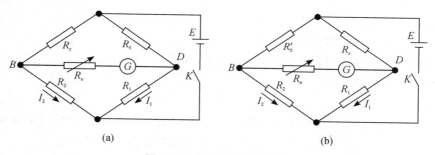

图 19-2　电桥的基本电路图

$$R_x=\frac{R_1}{R_2}R_0' \qquad\qquad (19-3)$$

其中 R_0' 为电桥平衡时比较臂的阻值。将式（19-3）与式（19-2）相乘，可得到

$$R_x=\sqrt{R_0 \cdot R_0'} \qquad\qquad (19-4)$$

其相对误差为

$$\frac{\Delta R_x}{R_x}=\frac{1}{2}\left(\frac{\Delta R_0}{R_0}+\frac{\Delta R_0'}{R_0'}\right)\approx\frac{\Delta R_0}{R_0} \qquad\qquad (19-5)$$

可见，使用交换法时，电桥的误差只取决于 R_0 的误差，而一般 $\dfrac{\Delta R_0}{R_0}$ 都是用精密度很高的电阻箱（0.1 级），这就减小了电桥的误差。

3. 电桥的灵敏度

式（19-2）是在电桥平衡的条件下得到的，而电桥是否平衡是由检流计有无电流来判断。检流计的灵敏度总是有限的，在电桥平衡后，若比较臂 R_0 改变一个 ΔR_0，则电桥失去平衡，有电流 I_g 流经检流计；但如果电流 I_g 很小，检流计无法觉察，那么，我们仍认为电桥还处于平衡，则 ΔR_0 就是由于检流计灵敏度不够带来的误差。为此，引入电桥灵敏度 S 的概念，它定义为

$$S=\frac{\Delta n}{\dfrac{\Delta R_x}{R_x}} \qquad\qquad (19-6)$$

ΔR_x 是 R_x 对平衡点的微小偏离,而 Δn 是由于电桥偏离平衡而引起检流计偏转的格数。此数值大,说明电桥灵敏度高。例如,$S=100$ 格 $=0.2$ 格$/0.2\%$,事实上,只要检流计有 0.2 格偏转,实验者就可以觉察出来。也就是说,R_x 只有 0.2% 的变化,即此电桥由于灵敏度带来的误差肯定不会大于 0.2%。

在实际测量时,为方便起见,式(19－6)可改写成

$$S=\frac{\Delta n}{\dfrac{\Delta R_0}{R_0}} \qquad\qquad (19-7)$$

【仪器介绍】

THPZ-1 型平衡指示仪。

1. 用途及主要技术数据

THPZ-1 型平衡指示仪适用于大学物理实验中电桥组装实验作桥路平衡指示、直流电位差计实验作平衡指示,及微电流双向检测等。在本实验中,THPZ-1 型平衡指示仪行使检流计的功能。

主要技术数据:

输入内阻:120 Ω。

量程:20 mA,2 mA,200 μA,20 μA。

最低分辨率(最低检测灵敏度):10^{-8}A(0.01 μA)。

共模抑制比:100 dB。

2. 结构及使用方法

普通的动圈式检流计在实验操作中容易被损坏,THPZ-1 型平衡指示仪采用高性能仪器用放大器、三位半数显,带输入保护,不易损坏。外部结构如图 19-3 所示。

电源开关:使平衡指示仪接通交流 220 V 电源。

电流信号输入:用于连接待检测电流信号。

调零:平衡指示仪初始调零旋钮,调零时先将两"电流信号输入"端短接,将"灵敏度选择"置于最高挡(20 μA),调节该电位器,使面板上的三位半数显表头输出调节为零,这样平衡指示仪的调零就完成了。

灵敏度选择:用于改变检测电流灵敏度。

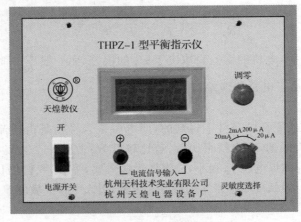

图 19-3　THPZ-1 型平衡指示仪

3. 使用方法

（1）平衡指示仪调零：用导线将两"电流信号输入"端（"＋"、"－"接线柱端钮）短接，同时将"灵敏度选择"置于最高挡（20 μA），打开"电源开关"，调节"调零"旋钮直至显示值为零。

（2）将待测电流的两端接到"电流信号输入"端，指示仪显示待测电流的大小与流向。

（3）根据电流的大小与极性按需要改变"灵敏度选择"，当待测电流为零时，桥路平衡。

【实验内容】

1. 用自组成电桥测量未知电阻

（1）按图 19-4 连接电路，保护电阻 R_n 应调至最大，各臂的阻值应成比例（R_x 的大约值可以从电阻上看出或用万用电表测出）。

（2）为了保护平衡指示仪，应注意切换"灵敏度选择"调节旋钮：先将"灵敏度选择"调至"20 mA"或"2 mA"挡位，避免超过量程；当调节至电桥近乎平衡时，将"灵敏度选择"调至"200 μA"或"20 μA"挡位，以提高灵敏度。平衡指示仪在使用前要先调节零点。开始时一般将电源的电压输出调至最小，然后再慢慢增大。

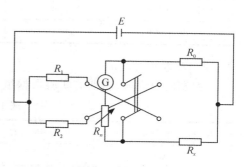

图 19-4　实验电路图

（3）确定待测电阻 R_x 的值，根据比例关系调节 R_0 使电桥接近平衡。在电桥接近平衡时，将保护电阻 R_n 调至最小，再调节 R_0 使平衡指示仪示数为零（注意：此时"灵敏度选择"置于"200 μA"或"2 μA"挡）。

（4）用上述方法测几十、几百、几千欧的电阻各一只，分别取 $R_1：R_2＝500（\Omega）：500（\Omega）$ 及 $R_1：R_2＝50（\Omega）：500（\Omega）$ 两种比例。每次更换 R_x 前均要注意：第一，要增大 R_n；第二，平衡指示仪"灵敏度选择"应置于"20 mA"或"2 mA"挡位。

（5）用交换法测 R_x。在电桥测量线路上，让某一比例臂下的 R_x 与 R_0 互换，调节 R_0 使电桥平衡，记下此时的值（称 R_0'）。

＊2. 用自组成电桥测上述电阻对应的电桥灵敏度

测电桥灵敏度方法是：当电桥平衡后，再调 R_0，增或减 R_0，使平衡破坏，平衡指示仪偏离零点恰好 5.00 μA，记录这时的 R_0 值（即 R_0'），则 $\Delta R_0＝|R_0'－R_0|$，由此算出

$$S＝\frac{\Delta n}{\dfrac{\Delta R_0}{R_0}}$$

【注意事项】

1. 电阻箱的值不能全旋到 0。

2. 自组电桥必须先经老师检查正确后才能通电。

3. 自组电桥测电阻时，选取电源电压及比例臂时，应注意电阻箱的载流能力，切勿超过。

4. 电阻箱接入电路时应拧紧接线柱，以免产生附加的接触电阻。

【数据记录与处理】

1. 数据记录

1.1　测量电阻

将实验数据记录于表 19-1 中。

表 19-1　用自组电桥测电阻

$R_1 : R_2$	R_{x1}			R_{x2}			R_{x3}		
	R_0	R_0'	R_x	R_0	R_0'	R_x	R_0	R_0'	R_x
500 : 500									
50 : 500									

*1.2　测电桥灵敏度

根据实验内容,将所有实验数据填入表 19-2 中。

表 19-2　测量电桥灵敏度

$R_1 : R_2 = 500 : 500$	R_{x1}/Ω	R_{x2}/Ω	R_{x3}/Ω
R_0			
$R_{0+}' (\Delta n = +5.00\ \mu A)$			
$R_{0-}' (\Delta n = -5.00\ \mu A)$			

2. 数据处理

(1)用 $R_x = \sqrt{R_0 \cdot R_0'}$ 计算不同比例臂测得的各电阻的阻值。

(2)用 $S = \dfrac{\Delta n}{\dfrac{\Delta R_0}{R_0}}$ 计算灵敏度。

(3)计算电阻值的不确定度

单次测量 $U_{R_x} = \sqrt{U_A^2 + U_B^2} = U_B$。

①电阻箱精确度等级的不确定度分量

由 $U_R = \sum a_i \% \cdot R_i$ 计算 R_0、R_0' 的不确定度。

合成不确定度

$$U_{RB} = R_x \cdot \sqrt{\left(\frac{U_{R_0}}{2R_0}\right)^2 + \left(\frac{U_{R_0'}}{2R_0'}\right)^2}$$

②由检流计灵敏度引起的不确定度分量

$$U_{SB} = \frac{0.2}{S} \cdot R_x$$

③总合成不确定度

$$U_B = \sqrt{U_{RB}^2 + U_{SB}^2}$$

(4)结果表示

$$R = R_x \pm U_B$$

【思考题】

1. 电桥灵敏度是什么意思？如果测量电阻要求误差小于万分之五，那么电桥的灵敏度应为多大？

2. 电桥测电阻时，若比例臂的倍率选择不当，对测量结果有何影响？

【预习要求】

1. 电桥法测电阻的原理是什么？如何判断电桥平衡？

2. 用自组电桥测电阻时，滑动变阻器 R_n 起什么作用？为什么开始时要把阻值调到最大，而后又逐渐减小？

实验 20　用模拟法测绘静电场

【实验导读】

在工程技术中,经常会碰到一些不易被测试或测试条件不足的物理量,一般往往采用模拟法来进行测量。模拟法在科学实验中有着极其广泛的应用,其本质上是用一种易于实现、便于测量的物理状态或过程,模拟不易实现、不便测量的状态或过程。模拟法的基本条件是两种不同的过程或现象在形式或数学上有相似之处。本实验用恒定电流场模拟静电场,静电场和电流场本来是两种不同的场,但是这两种不同的场所遵守的规律在形式上相似,有相同的数学形式,因此可以用电流场模拟静电场。

【实验目的】

1. 了解实验中的一种常用的方法——模拟法;
2. 用模拟法研究静电场的分布;
3. 加深对电场强度和电位概念的理解。

【实验仪器】

EQC-2 型导电玻璃静电场描绘仪 1 套

直流数字稳压电源及数字电压表(10 V,1 A)1 台

导线 3 条

【实验原理】

在一些科学研究和生产实践中,往往需要了解带电体周围静电场的分布情况。一般来说带电体的形状比较复杂,很难用理论方法进行计算,用实验手段直接研究或测绘静电场通常很困难。由于仪表(或其探测头)放入电场后,总会使被测电场的分布状态发生改变,而且除静电式仪表之外的一般磁电式仪表不能用于静电场的直接测量,因为静电场中不会有电流流过,对这些仪表不起作用。所以,人们常用"模拟法"间接测绘静电场的分布。

1. 模拟的理论依据

电场是用空间各点的电场强度 $\vec{E}$ 和电位 U 来描述的,为了形象地显示出电场的分布情况,可用电场线和等位面来描述电场。电场线是按空间各点电场强度的方向顺次连成的曲线,曲线上每一点的切线方向都与该点的电场强度方向一致。等位面(或等位线)是电场中电位相等的各点构成的几何面(或线)。电场线和等位面(或等位线)互相正交。因此,有了等位面(或等位线)的图形就可以画出电场线。而电场中的电位是一个标量,又易于测量,因此可以将一个电场强度的测绘用电场中的电位测绘来代替。

为了克服直接测量静电场的困难,我们可以仿造一个与待测静电场分布完全一样的电流场,用容易直接测量的电流场去模拟静电场。

静电场与恒定电流场本是两种不同的场,但是它们两者之间在一定条件下具有相似的空

间分布,即两种场遵守的规律在形式上相似。它们都可以引入电位 U,而且电场强度 $\vec{E}=-\nabla U$;它们都遵守高斯定理。对静电场,电场强度在无源区域内满足以下积分关系

$$\oint_S \vec{E} \cdot \mathrm{d}\vec{S} = 0, \oint_l \vec{E} \cdot \mathrm{d}\vec{l} = 0$$

而对于恒定电流场,电流密度矢量 $\vec{J}$ 在无源区域内也满足类似的积分关系

$$\oint_S \vec{J} \cdot \mathrm{d}\vec{S} = 0, \oint_l \vec{J} \cdot \mathrm{d}\vec{l} = 0$$

由此可见,$\vec{E}$ 和 $\vec{J}$ 在各自区域中满足同样的数学规律。若恒定电流场空间内均匀地充满了电导率为 σ 的各向同性导电介质,导电介质内的电场强度 $\vec{E}'$ 与电流密度矢量 $\vec{J}$ 之间遵循欧姆定律

$$\vec{J} = \sigma \vec{E}'$$

因而,$\vec{E}$ 和 $\vec{E}'$ 在各自的区域中也满足同样的数学规律。在相同的边界条件下,由电动力学的理论可以严格证明:像这样具有相同边界条件的相同方程,其解也相同。因此,我们可以用恒定电流场来模拟静电场。也就是说静电场的电场线和等势线与恒定电流场的电流密度矢量和等位线具有相似的线分布。所以测定出恒定电流场的电位分布也就求得了与它相似的静电场的电场分布。

2. 模拟同轴圆柱形电缆的静电场

利用恒定电流场与相应的静电场在空间形式上的一致性,只要保证电极形状一定,电极电位不变,空间介质均匀,则在任何一个参考点,均应有 $U_{稳恒}=U_{静电}$ 或 $\vec{E}_{稳恒}=\vec{E}_{静电}$。下面以同轴圆柱形电缆的静电场和相应的模拟场——恒定电流场来讨论这种等效性。

如图 20-1 所示,在真空中有一半径为 r_a 的圆柱形导体 A 和一个内径为 r_b 的圆筒形导体 B,它们同轴放置,分别带等量异号电荷,由高斯定理可知,在垂直于轴线的任一个截面内,都有均匀分布的辐射状电场线,这是一个与坐标 z 无关的二维场。在二维场中电场强度 $\vec{E}$ 平行于 xy 平面,其等位面为一簇同轴圆柱面。因此,只需研究任一垂直横截面上的电场分布即可。

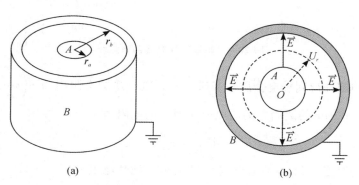

(a)　　　　　　　　(b)

图 20-1　同轴圆柱形电缆的静电场

在以轴心 O 为圆心,半径为 r 的圆周上[见图 20-1(b)]各点电场强度为

$$E = \frac{\lambda}{2\pi\varepsilon_0 r}$$

式中 λ 为 A（或 B）的电荷线密度。而电位为

$$U_r = U_a - \int_{r_a}^{r} \vec{E} \cdot \mathrm{d}\vec{r} = U_a - \frac{\lambda}{2\pi\varepsilon_0}\ln\frac{r}{r_a} \qquad (20-1)$$

式中 U_r 为距轴心 r 处的电位，U_a 为距轴心 r_a 处的电位。

若 $r = r_b$ 时 $U_b = 0$，则有

$$\frac{\lambda}{2\pi\varepsilon_0} = \frac{U_a}{\ln\dfrac{r_b}{r_a}}$$

代入式（20-1）得

$$U_r = U_a\frac{\ln\dfrac{r_b}{r}}{\ln\dfrac{r_b}{r_a}} \qquad (20-2)$$

距中心 r 处电场强度为

$$E_r = -\frac{\mathrm{d}U}{\mathrm{d}r} = \frac{U_a}{\ln\dfrac{r_b}{r_a}}\cdot\frac{1}{r} \qquad (20-3)$$

若上述圆柱形导体 A 与圆筒形导体 B 之间不是真空，而是均匀地充满了一种电导率为 σ 的电介质，且 A 和 B 分别与直流电源的正负极相连，见图 20-2，则在 A、B 间将形成径向电流，建立起一个稳恒电流场 $\vec{E_r'}$。可以证明电介质中的电场强度 $\vec{E_r'}$ 与原真空中的静电场 $\vec{E_r}$ 是相同的。

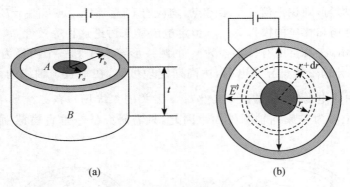

(a)　　　　　　　　　　(b)

图 20-2　同轴圆柱电缆的电流场

取厚度为 t 的圆柱形同轴电介质片来研究。设电介质的电阻率为 $\rho\left(\rho = \dfrac{1}{\sigma}\right)$，则从半径为 r 的圆周到半径为 $r+\mathrm{d}r$ 的圆周之间的电介质薄块的电阻为

$$\mathrm{d}R = \rho\frac{\mathrm{d}r}{2\pi r\cdot t} \qquad (20-4)$$

这里 t 为电介质的厚度，那么从半径 r 到 r_b 之间的圆柱片电阻为

$$R_{r r_b} = \frac{\rho}{2\pi t}\int_{r}^{r_b}\frac{\mathrm{d}r}{r} = \frac{\rho}{2\pi t}\cdot\ln\frac{r_b}{r} \qquad (20-5)$$

由此可知，半径 r_a 到 r_b 之间的圆柱片电阻为

$$R_{r_a r_b} = \frac{\rho}{2\pi t}\cdot\ln\frac{r_b}{r_a} \qquad (20-6)$$

若设 $U_b=0$,则径向电流为

$$I=\frac{U_a}{R_{r_ar_b}}=\frac{2\pi t U_a}{\rho\ln\dfrac{r_b}{r_a}} \tag{20-7}$$

距轴心为 r 处的电位为

$$U_r=IR_{r_{r_b}}=U_a\,\frac{\ln\dfrac{r_b}{r}}{\ln\dfrac{r_b}{r_a}} \tag{20-8}$$

则稳恒电流场 $\vec{E_r'}$ 为

$$E_r'=-\frac{\mathrm{d}U_r'}{\mathrm{d}r}=\frac{U_a}{\ln\dfrac{r_b}{r_a}}\cdot\frac{1}{r} \tag{20-9}$$

可见式(20-8)与式(20-2)具有相同形式,说明恒定电流场与静电场的电位分布函数完全相同,即柱面之间的电位 U_r 与 $\ln r$ 均为线性关系,并且 $\dfrac{U_r}{U_a}$ 即相对电位仅是坐标 r 的函数,与电场电位的绝对值无关。显而易见,稳恒电流的电场 $\vec{E'}$ 与静电场 $\vec{E}$ 的分布也是相同的,因为

$$E'=-\frac{\mathrm{d}U_r'}{\mathrm{d}r}=-\frac{\mathrm{d}U_r}{\mathrm{d}r}=E$$

实际上,并不是每种带电体的静电场及模拟场的电位分布函数都能计算出来,只有 σ 分布均匀而且几何形状对称规则的特殊带电体的场分布才能理论严格计算。上面只是通过一个特例,证明了用恒定电流场模拟静电场的可行性。

为什么这两种场的分布相同呢?我们可以从电荷产生场的观点加以分析。在导电介质中没有电流通过时,其中任一体积元(宏观小,微观大,即其内仍包含大量原子)内正负电荷数量相等,没有净电荷,呈电中性。当有电流通过,单位时间内流入和流出该体积元内的正或负电荷数量相等,净电荷为零,仍然呈电中性,因而整个导电介质内有电流通过时也不存在净电荷。这就是说,真空中的静电场和有稳恒电流通过时导电介质中的场都是由电极上的电荷产生的。事实上,真空中电极上的电荷是不动的,在有电流通过的导电介质中,电极上的电荷一边流失,一边电源补充,在动态平衡下保持电荷数量不变,所以这两情况下电场分布是相同的。

3. 模拟两根无限长带电直导线的静电场

一对平行带电长直导线模拟电极产生的稳恒电流场与等值异号电荷产生的静电场形式完全一致。图 20-3 分别为平行长直导线的模拟电极和横向剖面上的电场分布。

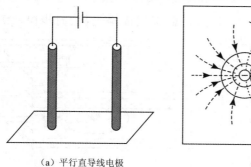

（a）平行直导线电极　　　　　　　　（b）等值异号电荷电场

图 20-3　平行长直导线及其垂直截面的静电场

4. 模拟两块平行带电平板之间的静电场

电场强度与电位之间的关系为：

$$E = -\nabla U$$

假设两无限大带电平板之间的电压为 U_0，A 板带正电荷，B 板带负电荷，带电平板之间的距离为 L，则有：

$$U = E \cdot L$$

对于两极板间任意一点 P，则有：

$$U_P = E \cdot L_P$$

式中 L_P 为 P 点到 B 板的垂直距离。我们可以选用合适的电极配置方式，用二维导电玻璃上的电场和电位分布来模拟真空中三维电场和电位分布的一个剖面。例如，用两条直线（A、B）电极模拟两无限大带电平板，将直线 A 连接电源的正极，直线 B 连接电源的负极，如图 20-4 所示。用数字电压表的负极与直线 B 相连，正极作为探针在导电玻璃上两电极间探测，绘出 5 条以上的等位线，作 U_i-L_i 曲线，由曲线的斜率可求出其电场强度 E。

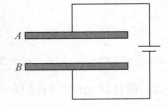

图 20-4　平行板间的静电场

5. 模拟静电场的实验条件

模拟方法的使用有一定的条件和范围，不能随意推广，否则将会得到荒谬的结论。用恒定电流场模拟静电场的条件可以归纳为以下三点：

（1）恒定电流场中的电极形状应与被模拟的静电场中的带电体几何形状相同。

（2）恒定电流场中的导电介质应是不良导体且电导率分布均匀，并满足 $\sigma_{电极} \gg \sigma_{导电质}$ 才能保证电流场中的电极（良导体）的表面也近似是一个等位面。

（3）模拟所用的电极系统与被模拟的电极系统的边界条件相同。

6. 静电场的测绘方法

由式（20—3）可知，场强 $\vec{E}$ 在数值上等于电位梯度，方向指向电位降落的方向。考虑到 $\vec{E}$ 是矢量，而电位 U 是标量，从实验测量来讲，测定电位比测定场强容易实现，所以可先测绘等位线，然后根据电场线与等位线正交的原理，画出电场线。这样就可以由等位线的间距确定电场线的疏密和指向，将抽象的电场形象地反映出来。

【仪器介绍】

EQC-2 型导电玻璃静电场描绘仪。

1. 描绘仪的装置

EQC-2 型导电玻璃静电场描绘仪包括导电玻璃、双层固定支架、同步探针等，如图 20-5 所示。支架采用双层式结构，上层放记录纸，下层放导电玻璃，电极已直接制作在导电玻璃上，并将电极引线接出到外接线柱上。电极间有电导率远小于电极且各向均匀的导电介质。接通直流电源（10 V）就可以进行实验。在导电玻璃和记录纸上方各有一探针，通过金属探针臂把两探针固定在同一手柄座上，两探针始终保持在同一铅垂线上。移动

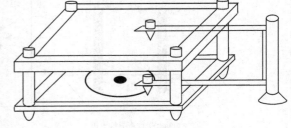

图 20-5　EQC-2 型导电玻璃静电场描绘仪

手柄座时,可保证两探针的运动轨迹是一样的。由导电玻璃上方的探针找到待测点后,按一下记录纸上方的探针,在记录纸上留下一个对应的标记,可再用钢笔点清楚。移动同步探针在导电玻璃上找出若干电位相同的点,由此即可描绘出等位线。

2. 使用方法

本仪器有 EQC-2 型双层式静电场测绘仪一套及静电场描绘仪专用电源(10 V,1 A)一台,其中静电场描绘仪专用电源面板如图 20-6 所示。

2.1 接线

静电场专用稳压电源 9～15 V,"＋"(红)接线柱用红色电线连接描绘架,"－"(黑)接线柱用黑色电线连接描绘架黑接线柱。专用稳压电源"探针测量""＋"(红)接线柱用红色电线连接探针架接线柱。将探针架放好,并使探针下探头置于导电玻璃电极上,开启开关,指示灯亮,数字显示。

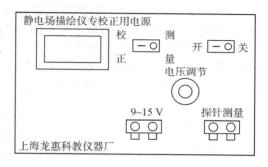

图 20-6　描绘仪专用电源面板

2.2 探测

开关打在"开"和"校正"的位置,如数字显示为 0 V,则移动探针架至电极中心上,数字显示 10 V 左右,调整电压,一般常用 10 V,以便于运算。然后开关打在"测量"的位置,纵横移动探针架,则电源电压的液晶显示读数随着运动而变化。如要测等位线上 0～10 V 任何一个点,纵横移动都可测到。

2.3 记录

实验报告都需要记录,以备学生计算或验证,对模拟法做深刻研究。此时要在描绘架上铺平原始数据记录白纸,用橡胶磁条吸住,当液晶显示读数为需要记录的数值时,轻轻按下记录纸上方的探针,并在白纸上用钢笔记下黑色小点。

【实验内容】

1. 描绘同轴电缆的静电场分布

(1)利用图 20-2(b)所示模拟模型,将导电玻璃上内外两电极分别与直流稳压电源的正负极相连接,电压表正负极分别与同步探针及电源负极相连接,移动同步探针测绘同轴电缆的等位线簇。

(2)要求相邻两等位线间电位差为 1 V,共测 6 条等位线,每条等位线测定出 8 个均匀分布的点。

(3)以每条等位线上各点到原点(用作图法找圆心)的平均距离 $\bar{r}$ 为半径画出等位线的同心圆簇。

(4)然后根据电场线与等位线正交原理,画出均匀分布的 8 条电场线,并指出电场强度方向,得到一张完整的电场分布图。

2. 测绘一对均匀带电无限长直平行导线垂直截面上的电场的等位线,从而画出电力线的分布

(1)利用图 20-3(a)所示模拟模型,将导电玻璃上两电极分别与直流稳压电源(10 V)的正负极相连接,电压表正负极分别与同步探针及电源负极相连接,移动同步探针测绘等位线簇。

(2)要求相邻两等位线间电位差为 1 V,共测 6 条等位线。

(3)根据电场线与等位线正交的原理,画出电场线分布图,并用箭头标出电场线的方向。

3. 测绘平行板间电场分布

用上述方法测绘平行板间电场分布。

* 4. 描绘聚焦电极的电场分布

利用图 20-7 所示模拟模型,测绘阴极射线示波管内聚焦电极间的电场分布。要求测出 9～11 条等位线。相邻等位线间的电位差为 1 V。该场为非均匀电场,等位线是一簇互不相交的曲线,每条等位线的测量点应取得密一些。画出电场线,可了解静电透镜聚焦场的分布特点和作用,加深对阴极射线示波管电聚焦原理的理解。

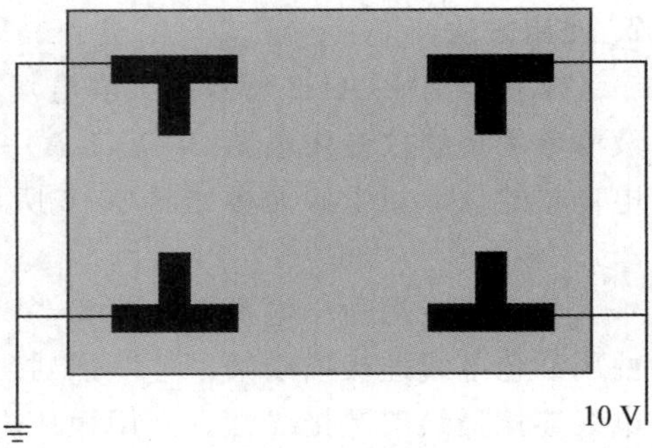

10 V

图 20-7 模拟模型图

【数据记录与处理】

1. 数据记录

记录数据于表 20-1 中。

表 20-1 等位线的描绘

| 电压 U/V | 等位点半径 r/cm | | | | | | | | | 理论值 r/cm | $\dfrac{U_r}{U_a}$ | $\ln \bar{r}$ | $\ln r$ |
	1	2	3	4	5	6	7	8	$\bar{r}$				
1.00													
2.00													
3.00													
4.00													
5.00													
6.00													

2. 数据处理

(1)圆柱形电缆静电场的数据处理:①在坐标纸上作出相对电位 $\dfrac{U_r}{U_a}$ 和 $\ln \bar{r}$ 的关系曲线,并与理论结果(由理论式算出 r,作出同样关系曲线)比较,其中 $r_a = 0.50$ cm,$r_b = 7.50$ cm。②再根据曲线的性质说明等位线是以内电极中心为圆心的同心圆。

(2)其他电极电场的数据处理请参考实验原理自行设计。

3. 注意事项

(1)两极板不可短路。

(2)记录纸必须保持平整,不能折叠,否则模拟电场与原静电场的分布将不会相同。

【思考题】

1. 在描绘同轴电缆的等位线簇时,如何正确确定圆形等位线簇的圆心?如何正确描绘圆形等位线?

2. 由式(20—2)可导出圆形等位线半径 r 的表达式 $r = \dfrac{r_b}{\left(\dfrac{r_b}{r_a}\right)^{\frac{U_r}{U_a}}}$,试讨论 U_r 及 E_r 与 r 的关系,说明电场线的疏或密随 r 值的不同如何变化。

【预习要求】

1. 用恒定电流场模拟静电场的理论依据是什么？
2. 用恒定电流场模拟静电场的条件是什么？

实验 21　电子束线的偏转

【实验导读】

　　示波器中用来显示电信号波形的示波管和电视机里显示图像的显像管及雷达指示管、电子显微镜等电子器件的外形和功用虽各不相同,但它们都有产生电子束的系统和对电子加速的系统;为了使电子束在荧光屏上清晰地成像,还有聚焦、偏转和强度控制等系统。因此统称它们为电子束线管。电子束的聚焦和偏转可以通过电场对电子的作用(即电聚焦和电偏转)或磁场对电子的作用(即磁聚焦和磁偏转)来实现。本实验研究电子束的电偏转和磁偏转。通过实验,加深对电子在电场及磁场中运动规律的理解,有助于了解示波器和显像管的工作原理。

【实验目的】

　　1. 研究带电粒子在电场和磁场中偏转的规律;
　　2. 了解电子束线管的结构和原理。

【实验仪器】

　　EB-Ⅳ电子束实验仪 1 台　　　　　导线 1 套

【实验原理】

1. 电子束在电场中的偏转

　　假定由阴极发射出的电子其平均初速度近似为零,在阳极电压作用下,沿 z 方向作加速运动,则其最后速度 v_z 可根据功能原理求出来,即

$$eU_2 = \frac{1}{2}mv_z^2$$

移项后得到

$$v_z^2 = \frac{2eU_2}{m} \tag{21-1}$$

式中 U_2 为加速阳极相对于阴极的电势,$\frac{e}{m}$ 为电子的电荷与质量之比(简称比荷,又称荷质比)。如果在垂直于 z 轴的 y 方向上设置一个匀强电场,那么电子将以 v_z 速度飞入偏转电场中并在 y 方向上发生偏转,如图 21-1 所示。若偏转电场由一平行板电容器构成,板间距离为 d,极间电势差为 U_d,则电子在电容器中所受到的偏转力为

$$F_y = eE = \frac{eU_d}{d} \tag{21-2}$$

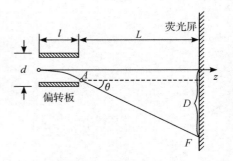

图 21-1　电子在电场中的偏转

根据牛顿定律 $F_y=m\ddot{y}=\dfrac{eU_d}{d}$，因此

$$\ddot{y}=\frac{e}{m}\frac{U_d}{d} \qquad (21-3)$$

即电子在电容器的 y 方向上由静止开始作匀加速直线运动，直到横越电容器，而在 z 方向上作匀速运动，电子横越电容器到达 A 点的时间为：

$$t_1=\frac{l}{v_z} \qquad (21-4)$$

即电子飞出电容器后，由于受到的合外力近似为零，于是电子几乎做匀速直线运动，一直打到荧光屏上，如图 21-1 中的 F 点。由 A 点到达 F 点的时间为：

$$t_2=\frac{L}{v_z} \qquad (21-5)$$

整理以上各式可得到电子偏离 z 轴的距离

$$D=K_E\frac{U_d}{U_2} \qquad (21-6)$$

式中，

$$K_E=\frac{Ll}{2d}\left(1+\frac{l}{2L}\right)$$

是一个与偏转系统的几何尺寸有关的常量。所以电子在电场中偏转的特点是：电子束线偏离 z 轴（即荧光屏中心）的距离与偏转板两端的电压 U_d 成正比，与加速极的加速电压 U_2 成反比。

为了反映电子在电偏转的灵敏程度，定义了电偏转灵敏度：

$$\delta_e=\frac{D}{U_d}=\frac{K_E}{U_2} \qquad (21-7)$$

2. 电子束在磁场中的偏转

如果在垂直于 z 轴的 x 方向上设置一个由亥姆霍兹线圈所产生的恒定均匀磁场，那么以 v_z 速度飞越的电子在 y 方向上也将发生偏转，如图 21-2 所示。假定使电子偏转的磁场在 l 范围内均匀分布，则电子受到的洛伦兹力大小不变，方向与速度垂直，因而电子作匀速圆周运动，洛伦兹力就是向心力，所以电子旋转的半径

$$R=\frac{mv_z}{eB} \qquad (21-8)$$

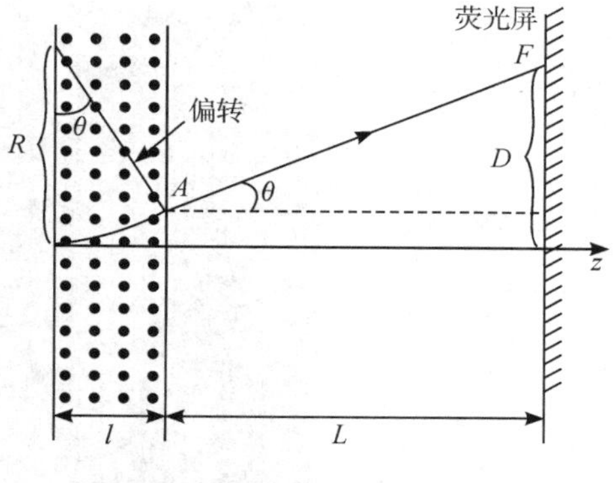

当电子飞到 A 点时将沿着切线方向飞出，直射荧光屏，由于磁场由亥姆霍兹线圈产生，因此磁场强度

图 21-2　电子在磁场中的偏转

$$B=kI \qquad (21-9)$$

式中 k 是与线圈半径等有关的常量，I 为通过线圈的电流值。根据图 21-2 的几何关系可得：

$$D=(R-R\cos\theta)+L\tan\theta \qquad (21-10)$$

当偏转角足够小时可取近似：

$$\tan\theta\approx\sin\theta\approx\theta,\cos\theta\approx1-\frac{\theta^2}{2} \qquad (21-11)$$

联立式（21-1）、式（21-8）、式（21-9）、式（21-10）、式（21-11），并加以整理简化，可得

到电子偏离 z 轴的距离

$$D = K_M \frac{I}{\sqrt{U_2}} \qquad (21-12)$$

式中

$$K_M = \frac{Llk}{\sqrt{2}}\left(1+\frac{l}{2L}\right)\sqrt{\frac{e}{m}}$$

也是一个与偏转系统的几何尺寸有关的常量。所以磁场偏转的特点是:电子束的偏转距离与加速电压的平方根成反比,与偏转电流成正比。

定义磁偏转灵敏度:

$$\delta_m = \frac{D}{I} = \frac{K_M}{\sqrt{U_2}} \qquad (21-13)$$

【仪器介绍】

EB-Ⅳ型电子束实验仪。

1. 仪器概况

整个实验仪器安放在一个仪器箱内,各元件成积木式结构,根据不同的装配,构成不同的实验电路。

仪器的核心是一只电子示波管,面板图如图 21-3 所示。这种示波器体积较小,偏转灵敏度高,管壁的石墨屏蔽成环带状,从管壁外部可以清楚地看到管内各电极的形态构造,很适宜教学上的特殊要求。示波管在仪器面板上是固定的,必要时可以去掉刻度板,把管身稍微抬起,以便套上纵向磁场线圈。

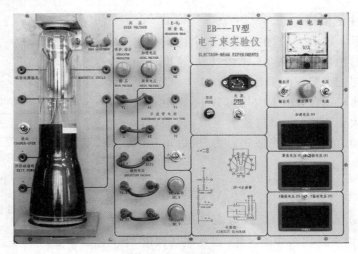

图 21-3　电子束实验仪

实验中采用的电子示波管型号是 8SJ45J,就是示波器中的示波管,通常用在雷达中。它的工作原理与电视显像管非常相似,又名阴极射线管(CRT)或电子束示波管。它是阴极射线示波器中的主要部件,在许多近代科学技术领域中都要用到,是一种非常有用的电子器件。利用电子示波管来研究电子的运动规律非常方便,同时研究示波管中电子的运动也有助于了解示波器的工作原理。

电子示波管的构造如图 21-4 所示。
包括下面几个部分：

（1）电子枪。它的作用是发射电子，
把它加速并聚成一细束。

（2）偏转系统。由两对平板电板构
成，一对上下放置的叫 Y 轴偏转板或垂
直偏转板，另一对左右放置的是 X 轴偏
转板或水平偏转板。

（3）荧光屏。用于显示电子束打在
示波管端面的位置。

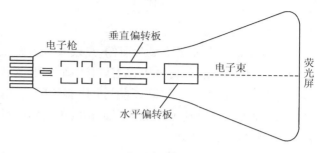

图 21-4　电子示波器

以上这些部分都密封在一只玻璃外壳中，玻璃管壳内抽成高度真空，以避免电子与空气分
子发生碰撞引起电子束的散射。

电子枪的内部构造如图 21-5 所示，电子源是
阴极板，图中用字母 K 表示。它是一个金属圆柱
筒，里面装有一根加热用的钨丝，两者之间用陶瓷
套管绝缘。灯丝通电时（6.3 V 交流电）把阴极加
热到很高的温度，在圆柱筒端部涂有钡和锶的氧
化物，这种材料中的电子得到足够的能量（由于加
热）会逸出表面，并能在阴极周围空间自由运动，
这个过程叫热电子发射。与阴极共轴布置着四个
圆筒状电极，其中有几个中间带有小孔的隔板，电

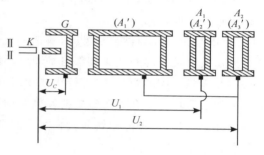

图 21-5　电子枪内部结构图

极 G 称为控制栅，正常工作时加有相对于阴极 K 大约 5～20 V 的负电压，它产生一个电场，把
阴极发射出来的电子推回到阴极去。改变控制栅极的电位可以限制穿过 G 上小孔出去的电
子数目，从而可以控制电子束的强度。电极 A_1' 与 A_3' 连一起，称为加速电极 A_2，两者相对于 K
加有同一电压 U_2，一般约有几百伏到几千伏的正电压。它产生一个很强的电场，使电子沿电
子枪轴线方向加速。电极 A_2'，称为聚焦电极 A_1，相对于 K 加有电压 U_1，U_1 介于 K 和 A_2 的
电位之间，把电子束聚焦成一束很细的电子束，使它打在荧光屏上形成很小的一个光斑，聚焦
程度好坏主要取决于 U_1 和 U_2 的大小。

仪器面板根据需要划分成几个功能，左面是示波管部分，在管颈两侧可以插入横向磁场线
圈，左下方为外接交直流磁场激励电源的电路。中部的上方是电子束强度控制电路部分、电子
枪的供电及控制电路，它的下面是静电偏转系统的供电及控制电路，右下方为原理图。

仪器箱内装有小型电源，配有交流 6.3 V 电源（供示波管灯丝用）、直流负高压
（−1300±50）V、直流偏转电压等多组电源。整个电路设计简单、直观而可靠，考虑了高压部
分操作测量的安全，并且使用实验室通用仪表测量得到的实验数据具有足够的精度。

全部电路采用各种颜色的导线整齐地排布在面板的背面。学生可以翻开面板，了解各部
分测量电路的原理，熟悉实际测量电路的布置。在进行电子的各项实验之前，先把这一内容单
独排做一次实验，一方面是对以前做过的电路方面的实验的一次总结和实践，另一方面也为以
后的实验做准备。

2. 具体操作

2.1　电聚焦、电偏转

只要示波管荧光屏上显示图像(点或线),则面板上的三块数显表就会分别显示出加速电压、聚焦电压、栅压、偏转电压(XY),其中聚焦电压和栅压要通过一只转换开关分别显示,XY偏转电压也同样如此。如果对表上电压有怀疑,现电子束面板上仍保留了原电子束面板上的测量孔,通过各测量孔可以对各项工作电压分别进行测量校对。

2.2　磁偏转、螺旋运动

做这两项实验时,由于本机内装有励磁电源,故除了按正常操作规范外,还必须注意以下两点:

(1)磁偏转。当示波管上出现光点后,取下机箱上盖内的两只横向偏转线圈,插入示波管管颈两侧的插孔内,然后打开仪器面板右侧的励磁开关至开的位置,缓缓旋动电压调节旋钮,不需任何外加接线,即可达到实验目的。面板左侧还设有换向开关,如需换向,只需拨动开关,即可达到换向目的。

(2)螺旋运动。做该实验时,请把示波管轻轻向上抬起,然后再把大线筒缓缓套进示波管,直至示波管荧光屏和线筒端部略平即可。然后利用本机配套的两根短接线,一端插入大线筒,一端与面板左侧的两只"910"接线柱相连,检查无误后,打开励磁开关,旋动电压调节旋钮,即可方便地实现电子在纵向磁场的螺旋运动实验。

注意:以上两种磁偏转实验在实验前应先把电压调节旋钮逆时针旋到底,然后再打开励磁开关。

3. EB-Ⅳ电子束实验仪使用说明(分项实验接线参考)

本仪器结构合理,外形美观,原理直观。仅此一套实验仪即可做系统性很强的四个基础实验,教学效果好。现将四个实验接线步骤简述如下,供参考。

3.1　电子在横向电场作用下的运动(电偏转)

(1)灯丝纽子开关拨向"示波器"一边,示波器灯丝亮。

(2)接插线:A_1—V_1,A_2—$\perp$,V_{d1}—X_1Y_1,V_{dy}—Y_2,V_{dx}—X_2。

(3)调焦:把聚焦选择开关置于"点"聚焦位置,辉度控制处在适当位置,调节聚焦电压,使屏上光点聚成一细点,光点不要太亮,以免烧坏荧光物质。

(4)测加速电压U_2:用万用表2 500 V挡。"—"—K,"+"—A_2,或从面板上三块数字表上直接读出。

(5)测偏转电压U_d:用数字表直流200 V挡。"—"—Y_1,"+"—Y_2,或从面板上三块数字表上直接读出。如需测 X 偏转灵敏度只需将 Y_1、Y_2 换成 X_1、X_2 即可。

(6)光点调零:用面板上数字表观测 U_d,调 V_{dy}(或 V_{dx})使 U_d 为 0,这时光点应在 y(或 x)轴上的中心原点,若不在,可调 V_{y0}(或 V_{x0}),即调 y 零(x 零)旋钮使光点处在中心原点。

(7)测绘不同 U_2 时(至少二组)的 D-U_d 直线(D 从屏外刻度板读出)。

3.2　电子在纵向不均匀电场作用下的运动(电聚焦)

(1)第一聚焦接线:A_1—V_1,A_2—$\perp$。

(2)测加速电压U_2:同 3.1(4)。

(3)测聚焦电压U_1:"—"—K,"+"—A_1,用万用表1 000 V挡测(或用面板上数字表直接读出)。

(4)加速电压对截止栅压的影响:A_1—V_1,A_2—$\perp$,测 U_2(表接线同上)。

(5)测栅压 U_C:用数字表直流 200 V 挡。"＋"—K,"－"—V_C 或用面板上数字表直接读出。

3.3　电子在横向磁场作用下的运动(磁偏转)

(1)接线:V_{d1}—X_1Y_1,A_1—V_1,A_2—$\perp$;机外直流稳压电源串接毫安表,再接到本机"外供磁场电源",两只偏转线圈分别插入示波管两侧。

(2)测绘不同 U_1 的 D-I_S 直线(至少二组),D 从屏外刻度板读出,I_S 从串接毫安表上读出,或从面板上数字表直接读出。D 可以通过仪器换向开关换向。$I_S=0$,$D=0$,如光点不在中心可通过 3.1(6)调零。

(3)测地磁场时应去掉杂散磁场,将仪器转动 360°,测光点偏转最高及最低之间距离为 $2D$;测 U_2 和 L(示波管电子枪最后电极 A_2 到屏间距离),计算地磁。

3.4　电子在纵向磁场作用下的运动(电子的螺旋运动)

(1)接插线:A_1—V_1,A_2—$\perp$(测 U_2 表接线同上)。

(2)纵向磁场线圈套上示波管。线圈两头一接外磁场电源安培表,一接直流稳压电源(或用调压器波形更佳)。

(3)用胶带贴透明塑料膜于示波管屏上,用电偏转把光点拉开,偏离中心。

(4)描下不同 I_S 时的屏上光点轨迹,测几个特殊角的 I_S 值,计算及测量从 A_2 到屏的距离,代入公式计算荷质比 $\dfrac{e}{m}$。

在 X 轴上加交流电压(开关打向 $V_x\sim$),此时光点为一细线,改变 I,观察聚焦散焦现象。

【实验内容】

1. 研究和验证示波管中电场偏转的规律

检验:(1)加速电压不变时,偏转距离与偏转电压是否成正比。

(2)偏转电压不变时,偏转距离与加速电压是否成反比。

1.1　调焦

接好插线即 A_1—V_1,A_2—$\perp$,V_{d1}—X_1Y_1(光点调零是必须的),V_{dy}—Y_2,V_{dx}—X_2(如本实验仪器介绍中图 21-3 所示),开启电源开关,灯丝纽子开关拨向"示波器"一边,示波器灯丝亮。然后,把聚焦选择开关置于"点"聚焦位置,调节聚焦电压,使屏上光点聚成一细点,调节栅压,控制辉度,使光点不要太亮,以免烧坏荧光物质。

1.2　光点调零

用面板上数字表观测 U_d,分别调 V_{dy} 和 V_{dx} 为 0,这时光点应在 y(或 x)轴上的中心原点,若不在,可调 x、y 调零旋钮使光点处在中心原点。

1.3　测偏转距离 D 与偏转电压 U_d 的关系

分别取加速电压 $U_2=1\,000$ V 和 $U_2=1\,100$ V(若此时光点没聚焦或位置不在中心原点,应按照 1.1 和 1.2 再进行调焦和调零点),测量 6 组 D-U_d。要求 D 每改变一格(即 2 mm)测量一次 U_d。U_d 数据可从面板上三块数字表上直接读出,也可用数字表直流 200 V 挡。"－"—Y_1,"＋"—Y_2(如需测 X 偏转只需将 Y_1、Y_2 换成 X_1、X_2 即可)。重复测量三遍,把测得的数据记入表 21-1 中。

1.4　测偏转距离 D 与加速电压 U_2 的关系

先调节 U_d 使光点处于离中心原点比较远的地方(这样 D 随 U_2 变化比较明显),同时使 U_2 处于最小值位置,然后逐渐增加 U_2 的值,并重新调焦后记下相应的 D 值,U_2 的值可从面板上加速电压数字表上直接读出或用万用表 2 500 V 挡。"−"—K,"＋"—A_2,进行测量。同样重复测量三遍,把测得的数据记入表 21-2 中。

2. 研究和验证显像管中磁场偏转的规律

检验:(1)加速电压不变时,偏转距离与偏转电流是否成正比。

(2)偏转电流不变时,偏转距离与加速电压的平方根是否成反比。

1.1　接线

V_{d1}—X_1Y_1,A_1—V_1,A_2—⊥;机外直流稳压电源串接毫安表,再接到本机"外供磁场电源",两只偏转线圈分别插入示波管两侧。

1.2　调焦

接通电源,并调整聚焦旋钮、栅压旋钮,使光点辉度、聚焦良好。

1.3　光点调零

将电压旋钮旋至最小,打开励磁开关,励磁电流指零,同时调节 x、y 调零,使光点处在中心原点。

1.4　测 D 与 I 的关系

取一定的加速电压 U_2,逐步增大励磁电流,记下相应的 D 值。

【数据记录与处理】

1. 电偏转

(1)按表 21-1 填写所测得的 D-U_d 数据。

表 21-1　D-U_d 数据

	D/mm								
$U_2=1\ 000$ V	U_d/V	1							
		2							
		3							
		平均值							
$U_2=1\ 100$ V	U_d/V	1							
		2							
		3							
		平均值							

(2)根据数据以 U_d 为横坐标,D 为纵坐标作 D-U_d 曲线图,并根据曲线斜率求得电偏转灵敏度。

(3)按表 21-2 填写测得的 D-U_2 数据。

表 21-2　D-U_2 数据

U_d/V							
D/mm							
U_2/V	1						
	2						
	3						
	平均值						
$(1/U_2)$/V^{-1}							

(4)以 $1/U_2$ 为横坐标，D 为纵坐标，作 D-$\dfrac{1}{U_2}$ 曲线，验证 $D \propto \dfrac{1}{U_2}$。

2. 磁偏转

(1)自行设计表格，填写所测得的 D、I。

(2)根据数据作 D-I 曲线图，并根据曲线斜率求得磁偏转灵敏度。

(3)自行设计表格，填写所测得的 D、$\sqrt{U_2}$。

(4)作 D-$\dfrac{1}{\sqrt{U_2}}$ 曲线图，验证 $D \propto \dfrac{1}{\sqrt{U_2}}$。

【注意事项】

1. 控制栅压使荧光屏上的亮线不太亮，太亮既不容易观测聚焦点，又易损坏荧光物质。

2. 示波器一般要先预热几分钟，再开始实验。

3. 仪器使用时，周围应无较强的磁场、电场，以免对电子束的偏转产生影响。

4. 仪器应南北方向测试，尽量避免地磁场的影响。

5. 本实验使用的电压很高，必须先正确接线，再接通电源，以免损坏仪器，并注意人身安全。

6. 调节高压时，应从最低开始，慢慢升压。在更换测量项目或不用高压时，或结束实验前都应先将高压旋钮旋至电压最低。

【思考题】

1. 在加速电压不变的条件下，偏转距离是否与偏转电压或偏转电流成正比？

2. 在偏转电压或者偏转电流不变的情况下，偏转距离与加速电压有什么关系？

3. 电偏转、磁偏转灵敏度是否受加速电压 U_2 的影响，为什么？

【预习要求】

1. 光点的辉度如何控制？

2. 光点调零是什么？它有什么意义？

3. 当取不同加速电压 U_2 时，测得的 D-U_d 曲线有何不同？

4. 测 D、U_2 时，U_d 如果取零或很小，会有什么结果？

5. 测磁偏转时，插入的两只线圈的绕向应如何？

实验 22　用阿贝折射仪测透明介质的折射率

【实验导读】

阿贝折射仪(Abbe refractometer)是根据全反射原理设计而成的,能测定透明、半透明液体或固体的折射率和平均色散的仪器,如仪器上接恒温器,则可测定 0～70℃内的折射率 D。国产 WYA 型阿贝折射仪的测量范围为 1.300～1.700(精度为±0.000 2)。它的优点是可以直接读出折射率的数值,操作简便,测量比较准确,还可测量不同温度的折射率;测量液体时所需样品很少,测量固体时对样品的加工要求不高。它有两种工作方式:透射式和反射式。

【实验目的】

1. 应用全反射原理测定液体折射率;
2. 熟悉阿贝折射仪的构造及使用。

【实验仪器】

阿贝折射仪　酒精　甘油(或乙醚)　蒸馏水　光源(白炽灯)

【实验原理】

1. 仪器原理

1.1　光学部分

仪器的光学部分由望远镜系统与读数系统两部分组成(如图 22-1 所示)。

(1)望远镜系统

光线经反射镜 1 反射进入进光棱镜 2 时便在其磨砂面上产生漫反射,使被测液层内有各种不同角度的入射光,经折射棱镜 3 产生一束折射角大于临界角的光线,待测液体放置在棱镜 2、3 之间,折射光线经阿米西(Amice)消色散棱镜组 4 以抵消由于折射棱镜与待测物质所产生的色散。通过物镜组 5 将明暗分界线成像于分划板 6 上,再经目镜 7、8 放大成像后为观察者所观察[如图 22-1(a)所示]。

(2)读数系统

光线由小反光镜 14 经毛玻璃 13、照明刻度盘 12,经转向棱镜 11 及物镜 10 将刻度成像于分划板 9 上,再经目镜 7′、8′放大成像后为观察者所观察[图 22-1(b)]。

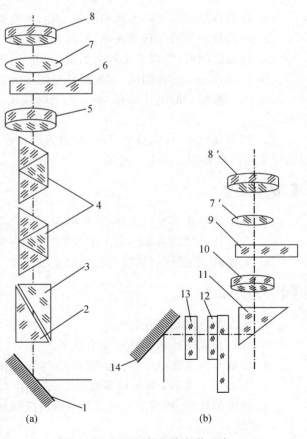

图 22-1　阿贝折射仪的光学系统

（3）阿米西消色散棱镜组

由两个完全相同的直视棱镜组成，每一个直视棱镜又由三个分光棱镜复合而成，如图 22-2 所示。棱镜Ⅰ和Ⅲ的介质相同，与棱镜Ⅱ互为倒置，并使钠黄光（D 线）能无偏向地通过，但对波长较长的红光（C 线）、波长较短的紫光（F 线），因复合棱镜的色散，

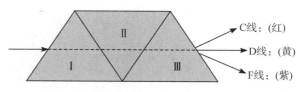

图 22-2　Amice 消色散棱镜组

将产生相应的偏折，其主截面如图 22-2 所示。消色散棱镜组通过一个公用的旋钮调节，使绕望远镜的光轴沿相反方向同时转动，转动的角度可从读数盘上读出。在平行于阿贝折射仪棱镜的主截面内，产生一个随转动角度改变的色散，色散的方向和数值的大小均可变化，以抵消由于折射棱镜和待测样品产生的色散，使观察的半荫视场清晰，界线分明。从消色散棱镜组转动的角度，对照仪器的附表，便可查知样品的平均色散 $n_F \sim n_C$。

1.2　结构部分（如图 22-3 所示）

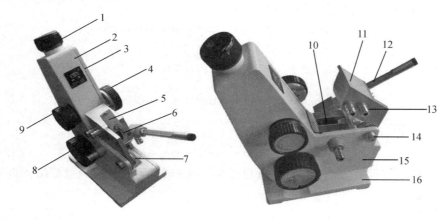

1. 目镜；2. 壳体；3. 盖板；4. 棱镜锁紧手轮；5. 遮光板；6. 进光孔；7. 反射镜；8. 折射率刻度调节手轮；9. 色散调节手轮；10. 折射棱镜；11. 进光棱镜；12. 温度计；13. 恒温器接头；14. 转轴；15. 棱镜座；16. 底座

图 22-3　阿贝折射仪

2. 实验原理

折射仪的基本原理即为折射定律：

$$n_1 \sin\alpha_1 = n_2 \sin\alpha_2$$

n_1、n_2 为交界面两侧两种介质的折射率（如图 22-4 所示），α_1 为入射角，α_2 为折射角。

若光线从光密介质进入光疏介质，入射角小于折射角，改变入射角可以使折射角达到 90°，此时的入射角称为临界角，本仪器测定折射率就是基于测定临界角的原理。

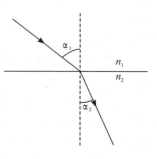

图 22-4　折射原理图

图 22-5（a）中当不同角度光线射入 AB 面时，其折射角都大于 i，如果用一望远镜对出射光线视察，可以看到望远镜视场被分为明暗两部分，二者之间有明显分界线，见图 22-5（b），明暗分界处即为临界角的位置。

图 22-5（a）中的 ABCD 为一折射棱镜，其折射率为 n_2，AB 面以上是待测物体。

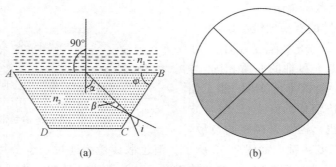

图 22-5　全反射原理图

设待测液体（或固体）的折射率为 n_1，由折射定律得

$$\left.\begin{array}{l} n_1 \cdot \sin 90° = n_2 \cdot \sin\alpha \\ n_2 \cdot \sin\beta = \sin i \end{array}\right\} \qquad (22-1)$$

因为 $\varphi = \alpha + \beta$，则 $\alpha = \varphi - \beta$，代入 (22-1) 式，得

$$n_1 = n_2 \sin(\varphi - \beta) = n_2(\sin\varphi\cos\beta - \cos\varphi\sin\beta) \qquad (22-2)$$

由式 (22-1) 得

$$n_2^2 \sin^2\beta = \sin^2 i, \quad n_2^2(1 - \cos^2\beta) = \sin^2 i$$

$$n_2^2 - n_2^2\cos^2\beta = \sin^2 i, \quad \cos\beta = \sqrt{\frac{n_2^2 - \sin^2 i}{n_2^2}}$$

代入式 (22-2)，得

$$n_1 = \sin\varphi\sqrt{n_2^2 - \sin^2 i} - \cos\varphi\sin i \qquad (22-3)$$

棱镜折射角 φ 与折射率 n_2 均已知，当测得临界角 i 时即可换算得到被测物体折射率 n_1。

【实验内容】

1. 准备工作

1.1　清洁工作

每次测定工作之前及进行读数校准时，必须将进光棱镜的毛面、折射棱镜的抛光面用脱脂棉花蘸一些无水酒精轻擦干净，待干后方可使用，以免留有其他物质，影响成像清晰度和测量精度。

1.2　读数校正

通常使用蒸馏水对阿贝折射仪的读数进行校正，因为蒸馏水在一定温度（20℃）和一定光源（钠光 589.3 nm）照射下，$n_水 = 1.3330$。

转动棱镜锁紧手轮 4，打开棱镜，用干净的滴管取少许蒸馏水，均匀滴在折射棱镜 10 的抛光表面上（要求液层均匀，充满视场，无气泡）；盖上进光棱镜 11，用棱镜锁紧手轮 4 锁紧；打开遮光板 5，盖上反射镜 7。

调节目镜 1，使十字线成像清晰；旋转折射率刻度调节手轮 8，使目镜视场下方显示的示值为蒸馏水的折射率值（20℃时，$n_水 = 1.3330$）；并旋转色散调节手轮 9，使明暗分界线不带任何彩色。

观察望远镜内明暗分界线是否在十字线的中间，若有偏差，则用螺丝刀微量旋转折射仪壳体后方小孔内的螺钉，使明暗分界线移至十字线中心。移动光源，使视场中明暗对比更加明显。

如使用仪器上的标准玻璃块（$n_D = 1.5172$）进行校正，则应根据测定固体折射率的方法，在标准玻璃块与折射率棱镜之间滴入高折射率的接触液,按上述方法进行校正。

校正完毕后,在以后的测定过程中不允许随意调节校准螺钉。

2. 测定工作

(1)转动棱镜锁紧手轮 4,打开棱镜,用脱脂棉花蘸一些无水酒精将棱镜面轻擦干净。用干净滴管取少许待测液体,滴在折射棱镜 10 的抛光表面上,要求液膜均匀,无气泡,并充满视场。盖上进光棱镜 11,用手轮 4 锁紧。

(2)打开遮光板 5,盖上反射镜 7,调节目镜 1,使十字线成像清晰,旋转折射率刻度的调节手轮 8,并在目镜视场中找到如图 22-6 所示的明暗分界线的位置,再旋转色散调节手轮 9,使明暗分界线不带任何彩色,微调折射率刻度的调节手轮 8,使分界线对准十字线的中心,此时目镜视场内指示的刻度值就是待测液体的折射率值。如图 22-6 所示,折射率 $n=1.331\ 5$。

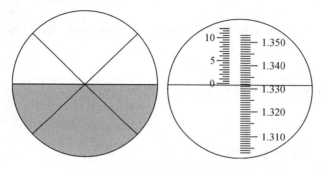

图 22-6　阿贝折射仪的读数视场

(3)重复以上两步骤,分别测量酒精和甘油的折射率。

每种液体要求测 7 次,求出算术平均值。另外,折射率与温度有关,所以应记录测量时的室温。

【数据记录与处理】

1. 数据记录

把数据记录于表 22-1 中。

表 22-1　用阿贝折射仪测量液体的折射率

室温:＿＿＿＿＿＿＿＿＿

次　数	$n_{酒精}$	$n_{甘油}$
1		
2		
3		
4		
5		
6		
7		
$\bar{n}$		

2. 数据处理

计算酒精与甘油折射率的平均值及其不确定度并表述结果。

【注意事项】

1. 阿贝折射仪在测量之前必须先进行读数校正。

2. 测量工作之前，注意做好棱镜面的清洁工作，以免在工作面上残留其他物质而影响测量精度。

3. 任何物质的折射率都与测量时使用的光波波长和温度有关，本仪器在消除色散的情况下测得的折射率，对应光波的波长 $\lambda = 589.3$ nm。如需要测量不同温度时的折射率，可将阿贝折射仪与恒温、测温装置连用，待棱镜组和待测物质达到所需温度后，方能进行测量。一般均在室温下进行。

4. 使用完毕，应尽快用脱脂棉花将两棱镜面上的液体揩去，直到洁净干燥。

【思考题】

如何对阿贝折射仪的读数进行校准？

【预习要求】

1. 阿贝折射仪的工作原理是什么？

2. 阿贝折射仪由哪几部分组成？

3. 阿贝折射仪在使用时有哪些注意事项？

4. 如何使用阿贝折射仪测量待测液体的折射率？

实验 23 用牛顿环干涉测透镜曲率半径

【实验导读】

牛顿环(Newton's ring)是一种用分振幅的方法实现的定域等厚干涉现象,是牛顿在进一步考察胡克研究的肥皂泡薄膜的色彩问题时提出来的。其中最有价值的成果是:发现通过测量同心圆的半径就可算出凸透镜和平面玻璃板之间对应位置空气层的厚度,但由于他主张光的微粒说而未能对它做出正确的解释。直到19世纪初,托马斯·杨才用光的干涉原理解释了牛顿环现象,并参考牛顿的测量结果计算了不同颜色的光波对应的波长和频率。物理学家们利用这一装置,做了大量卓有成效的研究工作,推动了光学理论特别是波动理论的建立和发展。例如,托马斯·杨利用这一装置验证了相位的跃变理论;阿喇戈通过检验牛顿环的偏振状态,对微粒说理论提出了质疑;斐索用牛顿环装置测定了钠双线的波长差,从而推断钠黄光具有两个强度近乎相等的分量等等。

牛顿环被广泛应用于测量透镜的曲率半径、检验光学元件表面的平整度及测量光波波长等。

【实验目的】

1. 观察和研究等厚干涉的现象和特点,加深对光的波动性的认识;
2. 掌握用牛顿环测定透镜曲率半径的原理和方法;
3. 掌握读数显微镜的调节和使用方法;
4. 学会用逐差法处理实验数据。

【实验仪器】

读数显微镜 钠光灯 牛顿环仪

【实验原理】

1. 仪器原理

1.1 牛顿环仪装置

牛顿环仪装置是由一块曲率半径较大的待测平凸玻璃透镜 L 和磨光的光学玻璃平板 P(平晶)叠合装在金属框架 F 上构成的,如图 23-1 所示。框架边上有三个螺旋 H,用以调节 L 和 P 之间的接触距离,以改变干涉环纹的形状和位置。调节 H 时,螺钮不可旋得过紧,以免接触压力过大引起透镜弹性形变,甚至损坏透镜。

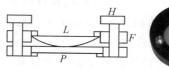

图 23-1 牛顿环仪装置

1.2 读数显微镜(移测显微镜)

(1)结构与原理

读数显微镜的型号比较多,实验室采用的型号是 JCD3 型,其规格如下:

总放大率   30 倍(物镜 3×,目镜 10×)

视场直径	4.8 mm
测量范围	0～50 mm
测微鼓轮最小读数	0.01 mm
测量精度	0.02 mm

JCD3 型读数显微镜的外形结构如图 23-2 所示,它由螺旋测微装置和显微镜两部分组成。显微镜装在一个比较精密的移动装置上,使其可在垂直于光轴的某一个方向上移动,移动的距离可以从螺旋测微装置中读出。

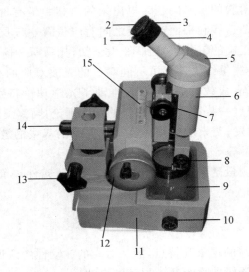

1.锁紧螺钉;2.目镜;3.目镜锁紧圈;4.目镜接筒;5.棱镜室;6.镜筒;7.调焦手轮;8.反射镜调节手轮;9.载物台;10.反光镜旋轮;11.底座;12.测微鼓轮;13.锁紧手轮;14.横轴;15.标尺

图 23-2　读数显微镜

(2)调节与测量方法

①把待测物置于显微镜载物台上。

②调节目镜,使目镜分划板上的十字叉丝清晰;转动目镜,使十字叉丝中的一条线与显微镜的移动方向相垂直。

③调节显微镜镜筒,使它与待测物靠近,调节显微镜的调焦手轮,使视场中看到的物像清晰,并清除视差(即眼睛左右移动时,叉丝与物像间无相对位移)。

④转动测微鼓轮,使十字叉丝逐次与待测物体的两端对准。记下两次读数值 x_1、x_2,则待测物体的长度表示为:$L = |x_2 - x_1|$。

注意:两次读数鼓轮必须只向一个方向转动,以避免螺距差。

⑤读数

读数显微镜的读数由主尺读数和测微鼓轮读数组成。主尺刻度每小格 1 mm;测微鼓轮每转一圈,显微镜在主尺上移动 1 mm,鼓轮上有 100 个等分格,每格 0.01 mm。测量值为主尺读数加测微鼓轮读数,主尺读数只读取整数位,测微鼓轮还必须估读一位。如图 23-3 所示,图中示值为:$x = 23.000 + 0.795 = 23.795$ mm。

读数显微镜使用时,有三个可能引起误差的因素应注意避免或消除:其一,被测长度方向与显微镜移动方向不平行时,引起测量误差;其二,测起点读数与测终点读数测微鼓轮转动方

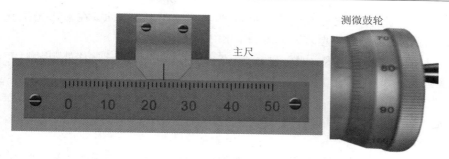

图 23-3　读数显微镜的读数系统

向不一致，也会引起测量误差，测量时应保持一致的转动方向；其三，读数显微镜的零点误差。当转动测微鼓轮使显微镜对准主尺零刻度线（或任意一条刻度线）时，观察测微鼓轮读数。如果测微鼓轮读数不为零，表明仪器存在零点误差，测量读数必须修正。修正方法为：假如仪器零点误差为 Δx_0，当测微鼓轮读数大于 Δx_0 时，直接减去 Δx_0；当测微鼓轮读数小于 Δx_0 时，应将读数加上 1 mm，再减去 Δx_0。

2. 实验原理

　　当一曲率半径很大的平凸透镜的凸面与一磨光平玻璃板相接触时，在透镜的凸面与平玻璃板之间将形成一空气薄膜，其厚度在中心接触点为零，向边缘逐渐增大。如图 23-4 所示，若以波长为 λ 的单色平行光垂直入射，则由空气膜上、下表面的两束反射光可相遇而互相干涉，形成以中心接触点为圆心，内疏外密、明暗相间的同心圆环形干涉条纹，称为"牛顿环"。在反射方向观察时，将看到一组以接触点为中心的亮暗相间的圆环形干涉条纹，而且中心是一暗斑；如果在透镜方向观察，则看到的干涉环纹与反射光的干涉环纹的光强分布恰成互补，中心是亮斑，原来的亮环处变为暗环，暗环处变为亮环，如图 23-5 所示。

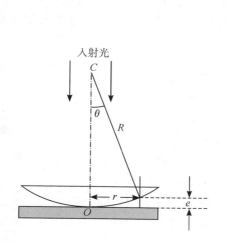

图 23-4　实验原理图

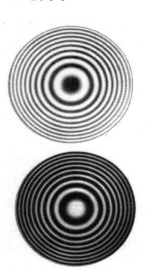

图 23-5　干涉图样

　　两束反射光的光程差及干涉明暗条件为：

$$\delta=2e+\frac{\lambda}{2}=\begin{cases} m\lambda & m=1,2,3,\cdots \quad 明 \\ (2m+1)\frac{\lambda}{2} & m=0,1,2,3,\cdots \quad 暗 \end{cases} \qquad (23-1)$$

式中 e 是干涉明（或暗）条纹处空气膜厚度，λ 为入射光波长。可见，在平行光垂直入射条件下，同一干涉条纹对应的薄膜厚度相同，故称为"等厚干涉"。

设透镜 L 的曲率半径为 R，由图 23-4 知，某一干涉暗纹半径 r 与该处膜的厚度 e 及 R 三者之间的关系为：

$$r^2 = R^2 - (R-e)^2 = 2eR - e^2 \tag{23-2}$$

因为 $R \gg e$，可略去 e^2，所以

$$r^2 = 2eR \tag{23-3}$$

将式（23-3）代入式（23-1），则得 m 级干涉暗条纹的半径 r_m，m 级干涉亮条纹半径 r_m' 分别为：

$$r_m = \sqrt{mR\lambda} \quad m = 0,1,2,\cdots \tag{23-4}$$

$$r_m' = \sqrt{(2m-1)R \cdot \frac{\lambda}{2}} \quad m = 1,2,3,\cdots \tag{23-5}$$

以上两式表明，当 λ 已知时，只要测出第 m 级暗环（或亮环）的半径，即可算出透镜的曲率半径 R；相反，当 R 已知时，即可算出 λ。

但是，由于两接触镜面之间难免附着尘埃，并且在接触时难免发生弹性形变，因而接触处不可能是一个几何点，而是一个圆斑，所以靠近圆心处的环纹比较模糊和粗阔，以致难以确切判定环纹的干涉级数 m，即干涉环纹的级数和序数不一定一致。这样，如果只测量一个环纹的半径，计算结果必然有较大的误差。为了减少误差，提高测量精度，必须测量距中心较远、比较清晰的两个环纹的半径，例如测量出第 m_1 个和第 m_2 个暗环（或亮环）的半径（这里 m_1、m_2 均为环序数，不一定是干涉级数），因而式（23-4）应修正为

$$r_m^2 = (m+j)R\lambda \tag{23-6}$$

式中 m 为环序数，$(m+j)$ 为干涉级数（j 为干涉级修正值），于是

$$r_{m_2}^2 - r_{m_1}^2 = [(m_2+j) - (m_1+j)]R\lambda = (m_2 - m_1)R\lambda \tag{23-7}$$

上式表明，任意两环的半径平方差与干涉级以及环序数无关，而只与两个环的序数之差 $(m_2 - m_1)$ 有关。因此，只要精确测定两个环的半径，由两个半径的平方差值就可准确地算出透镜的曲率半径 R，即

$$R = \frac{r_{m_2}^2 - r_{m_1}^2}{(m_2 - m_1)\lambda} \tag{23-8}$$

因为暗环的中心不易确定，故取暗环的直径计算，即

$$R = \frac{D_{m_2}^2 - D_{m_1}^2}{4(m_2 - m_1)\lambda} \tag{23-9}$$

由式（23-6）还可以看出，r_m^2 与 m 成直线关系，如图 23-6 所示，其斜率为 $R\lambda$。因此，也可以测出一组暗环（或亮环）的半径 r_m 和它们相应的环序数 m，作 r_m^2-m 的关系曲线，然后从直线的斜率 $k=R\lambda$，算出 R，显然它和式（23-8）的结果是一致的。

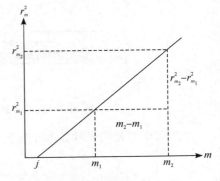

图 23-6　图线法求曲率半径

【实验内容】

1. 调节工作

（1）调节牛顿环仪。借助室内灯光，用眼睛直接观察牛顿环仪，调节框上的螺旋 H 使干涉环呈圆形，并位于透

镜的中心。注意不能,也不可使牛顿环仪松动。

（2）放置牛顿环仪,调整光源。如图 23-7 所示,把牛顿环仪置于读数显微镜(使显微镜位于标尺中部)的载物台上,使之处于物镜正下方。点亮单色扩展光源钠光灯,使其正对读数显微镜物镜的反射镜。

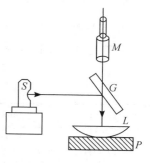

由光源发出的光照射到反射镜 G 上,使一部分光由 G 反射进入牛顿环仪。先用眼睛在竖直方向观察,调节反射镜 G 的高低及倾斜角度,使目镜视场中能观察到黄色明亮的视场。(问:实验为何用扩展光源代替平行光源,这对实验结果有否影响?)

（3）调节读数显微镜,使视场中的牛顿环干涉图样清晰明亮。

图 23-7　实验装置

①调节读数显微镜 M 的目镜,使目镜中看到的十字叉丝最为清晰。

②将读数显微镜对准牛顿环仪中心;缓缓转动调焦手轮,对干涉条纹进行调焦;看到牛顿环后,仔细调节焦距和光源位置(注意应该使环纹的左右两部分均清晰、明亮,可借助标记"十"的放置在牛顿环正上方的小纸片对焦,看到"十"字后取下纸片,再细调焦距和光源),使看到的环纹尽可能清晰,并与显微镜的测量叉丝之间无视差;最后再适当移动牛顿环仪,使目镜中十字叉丝交点与干涉环中心大致重合。

2. 测量工作

（1）用读数显微镜测量干涉环的直径

测量时,显微镜的叉丝最好调节成其中一根叉丝与显微镜的移动方向垂直,移动时始终保持这根叉丝与干涉环纹相切,这样便于观察测量,并要求在一次完整的测量过程中,只能单方向移动显微镜,以防止读数显微镜的"回程误差"。

测量时由于中心附近比较模糊,一般取 m 大于 3,至于 $m_2 - m_1$ 取多大,可根据所观察的牛顿环决定,但是从减小测量误差考虑,$m_2 - m_1$ 不宜太小。

（2）将所测数据记录在表格中,计算各暗环的直径 D 和 D^2,用逐差法求 $D_{m_2}^2 - D_{m_1}^2$,从而求得平凸透镜的曲率半径 $R = \dfrac{D_{m_2}^2 - D_{m_1}^2}{4(m_2 - m_1)\lambda}$ 及其不确定度。

下面举一测量方案供参考:

测量时,转动读数显微镜测微鼓轮,同时在目镜中观察,使十字叉丝由牛顿环中央缓慢向一侧移动至 15 环然后退回第 14 环,自第 14 环开始单方向移动测微鼓轮,每移动一环记下相应的读数 x_k,直到第 3 环。然后继续沿同一方向转动测微鼓轮,使叉丝过中心暗斑向另一侧移动,从另一侧第 3 环开始每移动一环记下相应的读数 x_k',直至第 14环,并将所测数据记入数据表格中。这样就测得了从第 3 暗环到第 14 暗环各环直径两端的位置 x_k、x_k'(如图 23-8 所示)。

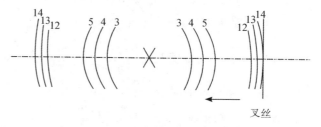

图 23-8　测量牛顿环直径示意图

各环的直径:$D_k = |x_k' - x_k|$,取 $m_2 - m_1 = 6$,可得

$$\Delta_1 = D_9^2 - D_3^2, \quad \Delta_2 = D_{10}^2 - D_4^2, \cdots, \Delta_6 = D_{14}^2 - D_8^2$$

代入式(23-9)可计算相应的曲率半径 R。

【数据记录与处理】

1. 数据记录

钠光灯的波长:$\lambda=589.3$ nm,$m-n=6$。

表 23-1　牛顿环测量透镜曲率半径

长度单位:mm

环序数	m_i	14	13	12	11	10	9
位　置	左 x'_{m_i}						
	右 x_{m_i}						
直　径	D_{m_i}						
环序数	n_i	8	7	6	5	4	3
位　置	左 x'_{n_i}						
	右 x_{n_i}						
直　径	D_{n_i}						
直径平方差	$D_{m_i}^2-D_{n_i}^2$						
透镜曲半径	$R=\dfrac{D_m^2-D_n^2}{4(m-n)\lambda}$						

2. 数据处理

2.1　待测透镜曲率半径的最佳估计值

令 $\Delta=D_m^2-D_n^2$,有

$$\overline{\Delta}=\frac{1}{n}\sum\Delta_i=\underline{\qquad\qquad}。$$

$$\overline{R}=\frac{\overline{\Delta}}{4(m-n)\lambda}=\underline{\qquad\qquad}。$$

2.2　不确定度的计算

(1)求 Δ 的不确定度

Δ 的标准偏差 $S_\Delta=\sqrt{\dfrac{\sum\limits_{i=1}^{n}(\Delta_i-\overline{\Delta})^2}{n-1}}=\underline{\qquad\qquad}。$

Δ 的 A 类不确定度 $U_{\Delta A}=\dfrac{t}{\sqrt{n}}S_\Delta=\underline{\qquad\qquad}。$

Δ 的 B 类不确定度 $U_{\Delta B}\approx0.1$ mm^2。

Δ 的总不确定度 $U_\Delta=\sqrt{U_{\Delta A}^2+U_{\Delta B}^2}=\underline{\qquad\qquad}。$

(2)根据不确定度传递公式,$U_R=\dfrac{U_\Delta}{4(m-n)\lambda}=\underline{\qquad\qquad}。$

(3)结果表示:$R=\overline{R}\pm U_R=\underline{\qquad\qquad}。$

相对不确定度:$E_R=\dfrac{U_R}{R}\times100\%=\underline{\qquad\qquad}。$

【注意事项】

1. 牛顿环仪和显微镜的光学表面不清洁时,要用专门的擦镜纸轻轻擦拭。

2. 在每一次测量过程中,读数显微镜的测微鼓轮只能向一个方向旋转,中途不能倒转,以防止"回程误差"。

3. 测量中应防止实验装置受震引起干涉环的变化。另外,显微镜与牛顿环仪不能有位置错动。

4. 平凸透镜及平板玻璃的表面加工不均匀是本实验的重要的误差来源,为此应测大小不等的多个干涉环的直径去计算 R,可得平均的效果。

5. 实验完毕后,应将牛顿环仪的调节螺丝松开,以免凸透镜变形。

【思考题】

1. 牛顿环仪干涉条纹的中心在什么情况下是暗斑? 什么情况下是亮斑?

2. 分析牛顿环相邻暗(或亮)环之间的距离(靠近中心的与靠近边缘的)。

3. 为什么说读数显微镜测量的是牛顿环的直径,而不是显微镜内被放大了的直径? 若改变显微镜的放大倍率,是否影响测量的结果?

4. 如何用等厚干涉原理检验光学平面的表面质量? 在牛顿环实验中,假如平板玻璃上有微小的凸起,则凸起处空气薄膜厚度减小,导致某处干涉条纹发生畸变。这时的牛顿(暗)环将局部内凹还是局部外凸? 为什么?

5. 如果用白光照射牛顿环仪,能否看到干涉条纹? 有何特征?

6. 如果测量的不是干涉环直径,而是干涉环的弦,对实验是否有影响? 为什么?

【预习要求】

1. 牛顿环仪干涉条纹是由哪两束光线干涉产生的? 中心斑是亮斑还是暗斑与什么有关? 为什么称之为等厚干涉?

2. 读数显微镜应如何调节? 使用时有哪些注意事项? 调焦时是从上到下还是从下到上? 如果显微镜目镜视场不亮,是为什么? 应如何调节? 如何消除视差?

3. 钠光灯使用时,有哪些注意事项?

实验 24　分光计的调节及棱镜角的测定

【实验导读】

分光计（spectrometer）是一种常用的光学仪器，实际上就是一种精密的测角仪。在几何光学实验中，主要用来测定棱镜角、光束的偏向角等，而在物理光学实验中，加上分光元件（棱镜、光栅）即可作为分光仪器，用来观察光谱，测量光谱线的波长等，所以在光学技术中，分光计的应用十分广泛。

分光计的基本部件和调节原理与其他更复杂的光学仪器（如单色仪、摄谱仪等）有许多相似之处，因此学习和使用分光计能为今后使用更为精密的光学仪器打下良好的基础。

【实验目的】

1. 熟悉分光计的结构、作用和工作原理；
2. 掌握分光计的调节要求、方法和使用规范；
3. 掌握棱镜角的测定方法。

【实验仪器】

分光计　玻璃三棱镜　钠光灯　平面反射镜

【实验原理】

1. 仪器原理

下面以学生型分光计（JJ-Y 型）为例，说明它的结构原理和调节方法。

分光计由五部分组成，即三脚底座、望远镜、载物平台、平行光管（准直管）和读数圆盘，每部分均有特定的调节螺丝，图 24-1 为 JJ-Y 型分光计的实物图。

1.1　分光计的底座

要求平稳而坚实，在底座的中央固定着中心轴，望远镜和读数圆盘（刻度盘和游标盘）可以绕该中心轴旋转。

1.2　望远镜

其作用是观察目标和确定光线行进方向。它安装在支臂上，支臂与转座固定在一起，套在主刻度盘上。它由物镜、自准直目镜和测量用十字准线（即分划板刻线）组成。物镜 L_o 和一般望远镜一样为消色差物镜，但目镜 L_e 的结构有些不同，常用的自准直目镜有高斯目镜和阿贝式目镜两种，本实验用的是阿贝式目镜。其结构和目镜中的视场如图 24-2 所示。

分划板的透明玻璃上刻有黑十字准线，在目镜与分划板之间装有一个全反射小棱镜，照明小灯泡的光自筒侧进入，经小棱镜反射后照亮分划板下半部，但分划板与小棱镜相贴处只留一个小"十"字透光。当透光"十"字位于物镜焦平面上时，透光"十"字发出的光经物镜出射后成为平行光，该平行光经反射镜反射后，再经物镜聚焦在分划板平面上，形成透光"十"字反射像（绿色）。望远镜调好后，从目镜视场中可同时看清分划板上的黑十字准线和透光"十"字像，

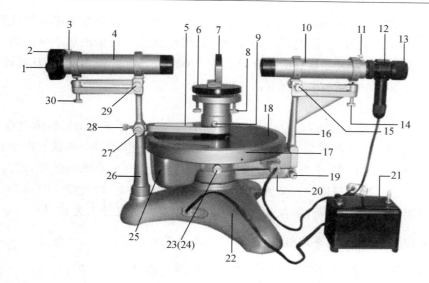

1.狭缝宽度调节手轮；2.狭缝装置；3.狭缝装置锁紧螺丝；4.平行光管(准直管)；5.制动架(二)；6.载物台；7.双面镜；8.载物台调平螺丝；9.载物台锁紧螺丝；10.望远镜；11.目镜锁紧螺丝；12.阿贝式自准直目镜；13.目镜视度调节手轮；14.望远镜光轴高低调节螺丝；15.望远镜光轴水平调节螺丝；16.支臂；17.度盘；18.游标盘；19.望远镜微调螺丝；20.制动架；21.透光"十"字照明小灯变压器；22.底座；23.度盘止动螺丝；24.望远镜止动螺丝(在23的另一侧)；25.转座；26.立柱；27.游标盘微调螺丝；28.游标盘止动螺丝；29.平行光管光轴水平调节螺丝；30.平行光管光轴高低调节螺丝

图24-1　分光计实物图

且两者间无视差。

整个望远镜筒下面的螺丝14可用来调节望远镜的倾度，当望远镜和转轴调成垂直后，可用螺丝24固定。旋紧转座左边的止动螺丝23，可使度盘与它相固连。在望远镜与转轴相连处有螺丝24，放松时，望远镜可绕轴自由转动；旋紧时，望远镜被固定，但此时若调节微调螺丝19，可使望远镜绕轴作微小转动。另外，可通过望远镜光轴水平调节螺丝15改变望远镜光轴的水平方向。

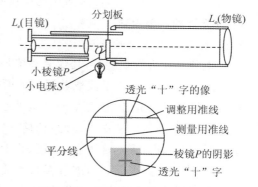

图24-2　阿贝式目镜望远镜

1.3　载物平台

其作用是放置棱镜、光栅等光学元件。它套在游标盘上。平台下有三个调节螺丝8，用来调节平台的高度及平台与铅直轴的倾斜角。松开载物平台的锁紧螺丝9，平台可绕通过平台中心的铅直轴旋转和沿轴升降，以适应高矮不同的被测对象；如果拧紧锁紧螺丝9，载物台与游标盘相固连。若旋紧游标盘止动螺丝28，则游标盘连同载物台都不能自由转动，但此时若调节微调螺丝27，可使游标盘连同载物台绕轴作微小转动。

1.4　平行光管(准直管)

其作用是产生平行光。它固定在底座的一只脚上，在其圆柱形管筒的一端装有消色差的复合正透镜,另一端装有可伸缩的套管,套管的末端有一狭缝。若用光源把狭缝照明,松开旋钮 3 使套管前后移动,改变狭缝和透镜之间的距离,当狭缝落在透镜的焦平面上时,就可以产生平行光。调节螺丝 1 可改变狭缝的宽度使其在 0.02～2 mm 范围内变化,从而改变入射光束的宽度。螺丝 29、30 可调节平行光管的光轴方向。

1.5　读数圆盘

包括度盘 17 和游标盘 18,它们分别套在主轴上。度盘上有 0°～360° 的圆刻度,共有 720 个小格,每个小格 0.5°(分度值为 0.5°,即 30′)。在游标盘上相隔 180° 处设有两个角游标,每个角游标有 30 个分格,这 30 个分格的总弧长相当于度盘上 29 个小格的弧长,因而可读到 1′(分度值为 1′)。之所以要设置一对角游标,目的在于消除偏心差(即度盘 17 的圆心不在仪器轴上所引起的误差)。可以证明,若左、右两角游标所测得的角度分别为 φ_1 和 φ_2,它们各自都可能包含偏心误差,但它们的平均值 $\varphi = \dfrac{\varphi_1 + \varphi_2}{2}$ 则不含偏心误差。

望远镜和载物平台的相对方位可由刻度盘上的读数确定。读数时是以角游标的零线为准读出度盘的主刻度值,再找角游标与刻度盘刚好重合的刻线,就是对应的分位值。

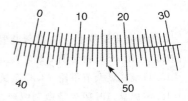

图 24-3　游标读数

例如,如图 24-3 所示,主刻度值为 40°,而角游标的第 16 条刻线刚好与刻度盘刻线重合,说明对应的分位值为 16′,因此角度值为:40°16′。

测量数据时,必须同时读取两个角游标的读数。安置角游标位置时应考虑具体实验情况,主要是要注意读数方便,且尽可能使测量中刻度盘 0° 线不通过角游标。记录与计算角度时,左、右角游标分别进行,注意防止混淆致使角度算错。

2. 分光计的调节要求

2.1　分光计的三个特征面

用分光计进行观测时,其观测系统基本上由下述三个平面构成。

① 读值平面。这是读取数据的平面,是由主刻度盘和游标盘绕中心转轴旋转时形成的。对每一具体的分光计,读值平面都是固定的(不可调的),且和中心主轴垂直。

② 观察平面。是由望远镜光轴绕仪器中心轴旋转时形成的。只有当望远镜光轴与转轴垂直时,观察面才是一个平面,否则,将形成一个以望远镜光轴为母线的圆锥面。

③ 待测光路平面。由准直管的光轴和经过待测光学元件(棱镜、光栅)作用后之反射、折射和衍射光线共同确定。调节载物平台下方的三个调节螺丝,可以将待测光路平面调节到所需的方位。

应将此三个平面调节成相互平行,否则,测得角度将与实际角度有些差异,而引入系统误差。

2.2　具体调节要求

分光计是在平行光中观察有关现象和测量角度,因此要求:

①分光计的光学系统(准直管和望远镜)要适应平行光,使准直管的出射光是平行光,使望远镜调焦于无穷远(适于观察平行光)。

②从度盘上读出的角度要符合观测现象中的实际角度,使准直管和望远镜的光轴都与分光计中心轴垂直(必要时载物台面也应与分光计的中心轴垂直)。

3. 棱镜角的测量

3.1　自准直法

如图 24-4，使自准直望远镜与 AB 面垂直，记下望远镜光轴在读数盘中的角位置 v_1、v_2；再将望远镜转到与 AC 面垂直，记下角位置 v_1'、v_2'，则望远镜转过的角度为

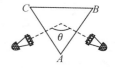

图 24-4　自准直法测量棱镜顶角原理图

$$\theta = \frac{1}{2} \left| (v_2' - v_2) + (v_1' - v_1) \right|$$

其补角即为棱镜角 A，则 $A = 180° - \theta$。

该方法称为自准直法。用自准直法测量棱镜角，必须先使待测光路平面、观察平面、读值平面相互平行。

3.2　棱脊分束法

置光源于准直管的狭缝前，将待测棱镜的顶角与准直管对齐，如图 24-5 所示，由准直管出射的平行光被棱镜的顶角分成两部分，分别被棱镜的两个光学面反射，固定分光计上其余可动部分，转动望远镜，分别在 T_1 和 T_2 位置看到由两个光学面反射过来的狭缝的像。分别记下狭缝的像与竖直准线重合时刻度盘上两角游标读数 v_1、v_2 和 v_1'、v_2'，则望远镜由 T_1 到 T_2 转过的角度为

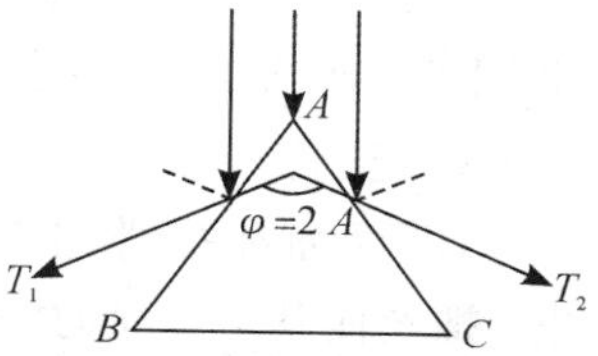

图 24-5　棱脊分束法测量棱镜顶角原理图

$$\varphi = \frac{1}{2} \left| (v_2' - v_2) + (v_1' - v_1) \right|$$

望远镜由 T_1 到 T_2 转过的角度 φ 是棱镜顶角的两倍，即棱镜角

$$A = \frac{\varphi}{2}$$

注意：在测量时，应将三棱镜的折射棱靠近载物台的中心放置，否则由棱镜两折射面所反射的光线将不能进入望远镜。

【实验内容】

1. 分光计的调节

分光计的调节必须完成两部分内容：将观察平面、待测光路平面调至与读值平面平行；分光计的光学系统适应平行光，即望远镜调焦于无穷远，准直管的出射光是平行光。

从表 24-1 可看出，通过调节载物台调平螺丝、望远镜高低螺丝、准直管高低螺丝，即可使得上述三个特征面相互平行。在三个特征面的调平过程中，将分光计的光学系统调至适应平行光。在分光计的调平过程中，只需要"十"字反射像的横线与调整用准线重合（分划板中最上面的横线）；而"十"字像的竖线，仅在判断或测量望远镜光轴与反射面的垂直时才需要将其调至与测量用准线重合。分光计的调节过程依下述 5 个步骤进行。在实际测量中，若不需要将准直管调平，则可不调第 3 步；若不要求待测光路平面平行，可不调 4、5 两步骤。在上述的调节过程中，若没有看到"十"字反射像，不可随意调节载物台调平螺丝和望远镜高低螺丝。

第 1 步：粗调，将观察平面（望远镜）、待测光路平面（载物台）调至与读值平面目测平行。

镜片放置：双面镜镜面与载物台任意两螺丝（b、c）连线垂直，如图 24-6 所示。

调好的标准：在望远镜中，均能看到双面镜两面的"十"字像。

表 24-1　分光计三个特征面及其调节螺丝

特征面	对应部件	控制螺丝
读值平面	游标盘、主刻度盘	不可调
观察平面	望远镜	望远镜高低螺丝
待测光路平面	经待测元件作用后的光线确定的平面(载物台) ＊准直管	载物台调平螺丝 ＊准直管高低螺丝

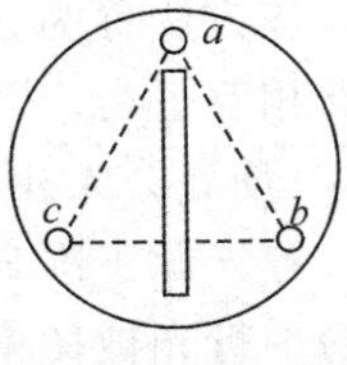

调节方法：

(1)目测调载物台 a、b、c 水平螺丝8,使载物台与刻度盘平行。

(2)目测调望远镜高低螺丝14,使望远镜光轴与刻度盘平行。

补充说明：

(1)应先调目镜13使望远镜叉丝清晰,看到"十"字像后,调焦距11使"十"字像清晰且与叉丝无视差。经过该调节,望远镜聚焦于无穷远,适应平行光。

图 24-6　镜片放置

(2)两面都看到"十"字像后,如果两面"十"字像上下位置相距较远(设相距为 T),可用 b 或 c 螺丝使其中一面的"十"字像朝另一面"十"字像的位置移动一半(约 $T/2$)。

第 2 步:细调,使观察平面(望远镜)与读值平面平行,b、c 螺丝连线与读值平面平行。

镜片放置:与第 1 步相同,如图 24-6 所示。

调好的标准:望远镜中观察到双面镜两面"十"字像横线均与调整用准线重合。

调节方法:如果"十"字像横线与调整用准线不重合,用逐次逼近法(又称各半调节法)使"十"字像横线与调整用准线重合(图 24-7)。

(1)望远镜对准平面镜,目测"十"字像横线与调整用准线的距离,设该距离为 D。

(2)调望远镜高低螺丝14使"十"字像朝调整用准线移动 $D/2$。

(3)调载物台上 b 或 c 螺丝使"十"字像朝准线移动另外 $D/2$,则"十"字像横线与调整用准线重合。

(4)转动游标盘18,使另一镜面对准望远镜,如果"十"字像与调整用准线不重合,继续用逐次逼近法调节。反复调节,直至两镜面的"十"字像横线均与调整用准线重合。

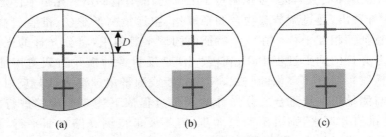

(a)　　　　　　　　　(b)　　　　　　　　　(c)

图 24-7　逐次逼近法调节示意图

＊第 3 步:调节准直管使其产生平行光,并使其光轴与望远镜光轴共面。

调好的标准:狭缝像清晰且与叉丝之间无视差,狭缝水平像与分划板平分线重合。

调节方法：

(1)用光源(如钠灯)照亮准直管狭缝;转动望远镜,使之正对准直管;前后移动狭缝2、3,

使望远镜看到的狭缝像清晰,并且狭缝像和叉丝之间无视差;调节狭缝宽度 1,使视场中呈现一条清晰的亮线。经上述调整,狭缝已位于准直管准直物镜的焦平面上,即从准直管射出平行光束。

(2)在保持狭缝前后位置不变的前提下,将狭缝旋至水平,调节准直管高低螺丝 30,使狭缝像与视场中间的水平平分线重合。这时准直管光轴和望远镜光轴近似共面。

补充说明:缝宽调节手轮旋进为加宽,调节时必须轻缓操作;移动狭缝或改变狭缝方向时,应先放松锁紧螺丝。上述两步调节完毕后,再将狭缝转至所需角度,务必确保准直管能够出射平行光,并锁紧螺丝。

第 4 步:细调,使载物台与读值平面平行。

镜片放置:双面镜镜面与 b、c 螺丝连线平行,如图 24-8 所示。

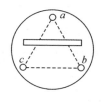

调好的标准:双面镜两面"十"字像横线均与调整用准线重合。

调节方法:不管在哪一镜面观察到"十"字像,调节载物台上螺丝 a 使"十"字像横线与调整用准线重合;转至另一镜面,"十"字像横线也与调整用准线重合(若第 2 步调节细致到位)。

图 24-8　镜片放置

补充说明:如果另一镜面的"十"字像横线与调整用准线不重合(允许有微小偏离),说明第 2 步没调节好,必须重调第 2 步。

第 5 步:细调,使待测三棱镜光路平面与读值平面平行。

镜片放置:三棱镜的任一平面与载物台的两螺丝连线垂直,如图 24-9 所示。

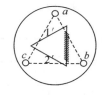

调好的标准:三棱镜两反射面的"十"字像横线均与调整用准线重合。

调节方法:调节其中一个反射面的"十"字像与调整用准线重合时,不影响另一个不在调的反射面的倾斜。例如,1' 面的"十"字像不在调整　图 24-9　三棱镜放置用准线上,则只能调 a 或 b 螺丝中的一个,但调节 a 螺丝会改变 2' 面的倾斜,而调 b 螺丝对 2' 面的倾斜影响很小,故 1' 面通过 b 螺丝的调节使"十"字像横线与调整用准线重合。同理,2' 面通过 c 螺丝调平。反复调节,直至两反射面的"十"字像横线均与调整用准线重合。

补充说明:由于载物台平面并非完整平面,因此多数情况下,放上三棱镜后,三棱镜光路平面不与读值平面平行,所以需要进行此步骤微调。此外,三棱镜的"十"字像光线会比双面镜弱,要注意观察。

2. 棱镜角的测量(自准直法)

三棱镜两反射面的"十"字像横线均与调整用准线重合后,即可测量棱镜角。

(1)锁紧度盘止动螺丝 23,使度盘能与望远镜一同转动;锁紧载物锁紧螺丝 9,使载物台能与游标盘一同转动。

(2)转动望远镜使其对准棱镜的一个折射面,使"十"字反射像的竖线移至测量用准线附近;锁紧望远镜止动螺丝 24 及游标盘止动螺丝 28,利用望远镜微调螺丝 19 或游标盘微调螺丝 27,使"十"字反射像的竖线与测量用准线重合;记录此状态的刻度盘示值 v_1、v_2。

(3)松开游标盘止动螺丝 28,转动游标盘使另一折射面对准望远镜,锁紧游标盘止动螺丝 28,利用望远镜或游标盘微调螺丝,使"十"字反射像的竖线与测量用准线重合,记录此状态的刻度盘示值 v_1'、v_2'。

(4)按(2)、(3)步骤重复测量 3~6 次,将数据记入表格。测量时,也可以利用望远镜或游标盘微调螺丝连续对同一反射面进行测量,再对另一反射面连续测量。

* 3. 棱镜角的测量(棱脊分束法)

请参照实验原理及自准直法自行设计测量步骤。

【数据记录与处理】

1. 数据记录

1.1　自准直法

将测得数据记入表 24-2 中。

表 24-2　自准直法测棱镜顶角

次　数	AB 面		AC 面		$\bar{\theta}$	A
	v_1	v_2	v_1'	v_2'		
1						
2						
3						

* 1.2　棱脊分束法

将测得数据记入表 24-3 中。

表 24-3　棱脊分束法测棱镜顶角

次数	AB 面		AC 面		$\bar{\varphi}$	A
	v_1	v_2	v_1'	v_2'		
1						
2						
3						

2. 数据处理

计算三棱镜的顶角 A 及其不确定度。

【注意事项】

1. 分光计操作中要耐心调节,仔细观察,不要损坏棱镜、狭缝等。

2. 不要用手直接触摸三棱镜的光面或双面镜的镜面及望远镜与准直管的光学镜头,也不能用镜头纸以外的东西擦拭。

3. 在调节望远镜和三棱镜的两个光学面正交时,要注意三棱镜在载物台上的放置方式。

4. 转动望远镜时,务必使用镜筒的三角支架,严禁握住望远镜筒和照明小灯的灯管筒转动,以免损坏仪器或破坏已调好的条件。

【思考题】

1. 分光计精细调节应满足哪几点要求?怎样判断是否调节好?

2. 测角 θ 时,望远镜由 $v_1=330°00'$ 经 0° 转到 $v_1'=30°15'$,望远镜的 θ 窗口实际所转角度是多少?写出计算 θ 角的通用式。

【预习要求】

1. 分光计主要由哪几部分组成？各部分的作用是什么？为什么要设置一对角游标盘？

2. 分光计调节的基本要求是什么？

3. 分光计是如何读数的？

4. 测量三棱镜的顶角时，如何使三棱镜的主截面垂直于仪器的主轴？

5. 三棱镜的顶角如何测量？

6. 在调节分光计的过程中，出现下列现象是何原因？应怎么调节？

(1)望远镜分划板上叉丝不清晰；

(2)找不到经平面镜反射后形成的亮斑或亮"十"字像；

(3)经平面镜反射后形成的亮"十"字像不清晰；

(4)用调好焦距的望远镜观察到平行光管的狭缝像不清晰。

实验 25　薄透镜焦距的测定

【实验导读】

透镜是组成光学仪器的基本元件,包括对光线起会聚作用的凸透镜和对光线起发散作用的凹透镜两大类。薄透镜(thin lens)是指透镜的中心厚度与球面的曲率半径相比较可以忽略的透镜。焦距(focus)是透镜的光心到其焦点的距离,是透镜的一个重要的特征参量。透镜的成像位置及性质(大小、虚实)均与其有关。焦距测量是否准确主要取决于主点及焦点(或物点、像点)定位是否准确。一般来说,测量透镜焦距的方法很多,应根据不同的透镜、不同的精度要求和具体的可能条件选择合适的方法。了解和掌握透镜焦距的测定方法,不仅有助于加深理解几何光学中的成像规律,也有助于加强对光学仪器调节和使用的训练。

【实验目的】

1. 掌握光学元件"等高共轴"的调整方法,并了解视差原理的实际应用;
2. 掌握薄透镜测焦距的常用测定方法;
3. 加深对薄透镜成像规律的认识与理解。

【实验仪器】

光学实验平台　发散透镜　会聚透镜(两块)　物屏(有一定形状的透光孔)　白屏　平面反射镜　尖头棒　光源　照明小灯

【实验原理】

1. 薄透镜成像公式

如图 25-1 所示,设薄透镜的像方焦距为 f',物距为 s,对应的像距为 s',则在近轴光线条件下(近轴光线是指靠近光轴并与光轴夹角很小的光线),透镜成像的公式(高斯公式)为

$$\frac{1}{s'} - \frac{1}{s} = \frac{1}{f'} \tag{25-1}$$

故

$$f' = \frac{ss'}{s - s'} \tag{25-2}$$

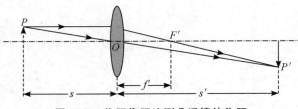

图 25-1　物距像距法测凸透镜的焦距

应用上式时,必须注意各物理量所适用的符号定则。本书规定:距离自参考点(薄透镜光心)量起,与光线行进方向一致时为正,反之为负。运算时已知量须添加符号,未知量则根据求得结果中的符号判断其物理意义。

2. 会聚透镜焦距的测量方法

2.1 物距像距法

因为实物经会聚透镜后，在一定条件下成实像，故可用白屏接收实像加以观察，通过测定物距和像距，利用式(25-2)即可算出 f'。

2.2 二次成像法(贝塞尔法)

设保持物体与白屏的相对位置不变，并使其间距离 l 大于 $4f'$，将会聚透镜置于物体与白屏之间，移动会聚透镜，当透镜位于 Ⅰ 位置时，白屏上可出现一个放大的实像，再移动透镜，当它位于 Ⅱ 位置时，白屏上可出现一个缩小的实像。

如图 25-2 所示，设透镜两个位置(Ⅰ 与 Ⅱ)之间距离的绝对值为 d；物距为 u_1 时，得放大像；物距为 u_2 时，得缩小像。由透镜公式知：

$$\frac{1}{u} + \frac{1}{v} = \frac{1}{f}$$

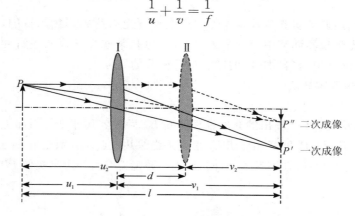

图 25-2 二次成像法测凸透镜的焦距

又由图中可看出：$u_1 = v_2, u_2 = v_1$，又

$$l - d = u_1 + v_2 = 2u_1$$

故

$$u_1 = \frac{l-d}{2}$$

又

$$v_1 = l - u_1 = l - \frac{l-d}{2} = \frac{l+d}{2}$$

得

$$f' = \frac{v_1 u_1}{v_1 + u_1} = \frac{\frac{l+d}{2} \cdot \frac{l-d}{2}}{\frac{l+d}{2} + \frac{l-d}{2}} = \frac{l^2 - d^2}{4l}$$

可见，应用物像的共轭对称性质，容易证明

$$f' = \frac{l^2 - d^2}{4l} \qquad\qquad (25-3)$$

式(25-3)表明，只要测出 d 和 l，就可以算出 f'。由于 f' 是通过透镜两次成像而求得，因而这种方法称为二次成像法。同时可以看出，利用式(25-1)、式(25-2)时，都是把透镜看成无限薄的，物距和像距都近似地用从透镜光心算起的距离来代替，这将带来较大的误差。二次成像法的优点是，把焦距的测量归结为可以精确测量的量 l 和 d，避免了由于估计透镜光心位置不准确而带来的误差。

2.3 自准直法(光的可逆性原理)

如图 25-3 所示，当尖头棒 Q 放在凸透镜 L 的物方焦平面上时，由 Q 发出的光经透镜后将成为平行光;如果在透镜后放一与透镜光轴垂直的平面反射镜 M,则平行光经 M 反射后将沿原来的路线反方向进行,并成像 Q′ 于物方焦平面上。Q 与 L 之间的距离,就是透镜 L 的像方焦距 f′,它的大小可由光学平台上的刻度尺直接测得。

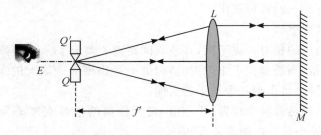

图 25-3　自准直法测凸透镜的焦距

　　这个方法是利用调节实验装置本身使之产生平行光以达到调焦的目的,所以称为自准直法。自准直法是光学仪器调节中的一个重要方法,也是某些光学仪器进行测量的依据。如分光计中的望远镜,就是根据"自准直"的原理进行调节的。

3. 发散透镜焦距的测定方法

3.1　辅助透镜成像法

　　如图 25-4 所示,设物 P 发出的光经辅助透镜 L_1 后成实像于 P′,而加上待测焦距的发散透镜 L_2 后成像于 P″,则 P′ 和 P″ 相对于 L_2 来说是物像共轭点。分别测出 L_2 到 P′ 和 P″ 的距离,则依式(25-2)可得 L_2 的像方焦距 f′。(问:加入凹透镜 L_2 后,一定有实像 P″吗? 为什么?)

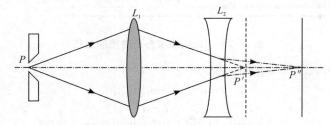

图 25-4　辅助透镜成像法测凹透镜的焦距

3.2　平面镜辅助确定虚像位置法

　　如图 25-5 所示,物 P 经待测发散透镜 L 成正立的虚像于 P′。若在 L 前放置指针 Q 和平面镜 M,则观察者在 E 处可同时看到 P′ 与 Q 在 M 镜中的反射像 Q′,利用视差法可调节 Q′ 使之与 P′ 重合,从而根据平面镜成像的对称性求出虚像的像距 OP′,测出物距 OP 与像距 OP′,由式(25-2)算出 L 的像方焦距 f′。

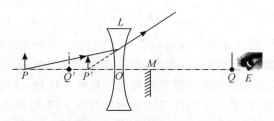

图 25-5　由平面镜辅助确定虚像位置测凹透镜的焦距

4. 光学元件共轴等高的调节要求

对于由各种光学元件（透镜、面镜等）组成的特定光学系统，运用这些光学系统成像时，要想获得优良的像质，必须保持光束同心结构，即要求该光学系统符合或接近理想光学系统的条件，这样，物方空间的任一物点，经过该系统成像时，在像方空间必有唯一的共轭像点存在，而且符合各种理论计算公式。为此，在光具座上调节光学系统，必须满足"共轴"和"等高"这两个条件。

所谓"共轴"就是指各光学元件的光轴（构成透镜的两个球面的中心的连线称为透镜的光轴）重合一致，物的中心部位处在光轴上，物面、像面垂直于光轴，并让物体发出的成像光束满足近轴光线的要求。

要求"等高"，是因为物距、像距、透镜移动的距离等都是沿光轴计算其长度的，但是长度是靠光具座（或光学平台）上的刻度来读数的，为了准确测量，要求光学系统的光轴应该跟光具座（或光学平台）导轨的基线平行——简称等高。

调节光学系统各元件的共轴等高，是光学实验中的一项基本要求，必须很好地掌握。

5. 物、像及透镜位置的确定

（1）测量物、透镜及像的位置时，要检查滑块上的读数准线和被测平面是否重合，如果不一致将致使由这些位置算出的距离有误差。可用如图 25-6 的 T 字形辅助棒去测，位置统一由辅助棒所在滑块的准线去读（图 25-7），可防止上述不一致引入误差。

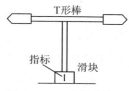

图 25-6　T 形辅助棒

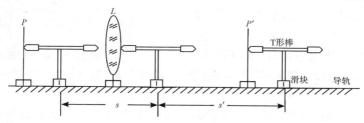

图 25-7　用 T 形棒确定位置示意图

（2）由于人眼对成像的清晰度分辨能力有限，所以观察到的像在一定范围内都清晰（此范围为景深），加之球差的影响，清晰成像位置会偏离高斯像。为使两者接近，减小测量误差，记录数值时应使用"左右逼近"的方法仔细确定成像的位置。所谓"左右逼近法"是指，先让透镜（或屏）自左向右逼近成像清晰区间，当认为像刚好清晰时，记下透镜（或屏）的读数，然后使透镜（或屏）自右向左逼近成像清晰区间，同样，当认为像刚好清晰时，再次记下透镜（或屏）的读数，并取两位置的平均值为成像清晰时透镜（或屏）的位置。

【实验内容】

1. 光学元件共轴等高的调节

1.1　粗调

如图 25-8 所示，物屏、待测透镜和像屏等光学元件用光具夹夹好后，先将它们尽量靠拢，用眼睛观察，调节高低、左右，使光源、物的中心、透镜中心、屏的中央大致在一条和导轨平行的直线上，并使物、透镜、屏的平面互相平行并且垂直于导轨（可借助 T 形棒辅助调节）。

1.2　细调

依据成像规律进行调节。例如在透镜焦距测定实验中，若物屏和观察屏相距较远（$l >$

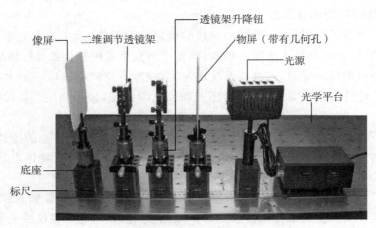

图 25-8　实验装置图

$4f'$），则移动透镜时会有两个不同的位置Ⅰ和Ⅱ，在屏上分别呈现大、小两个实像。若物的中心处在透镜光轴上，并且光轴与导轨基线平行时，则移动透镜，大小两次成像的中心必将重合。若物中心偏离光轴或导轨与光轴不平行，则当透镜移动时，两次成像的中心不再重合。这时可根据像中心偏移判断，调节至共轴等高状态。

　　如图 25-9 所示，物体 P 的中心偏离在透镜光轴之下，则大小两像 P'、P'' 的中心均偏离光轴，分别位于光轴上方的 P' 和 P'' 处，小像中心 P'' 离轴较近。

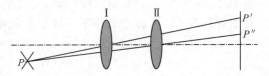

图 25-9　共轴等高的调节

　　一般调节的方法是成小像时，调节光屏位置，使 P'' 与屏中心重合；而成大像时，则调节透镜的高低或左右，使 P' 位于光屏中心，依次反复调节，便可调好。

　　对于多个透镜组成的光学系统，应先依据上面的方法调节好一个透镜的共轴，不再变动，再逐个加入其余的透镜进行调节，直到所有的光学元件都共轴为止。

1.3　凹透镜共轴等高的调节

　　先用上述方法调节物屏与凸透镜共轴等高，再调节凸透镜与凹透镜共轴等高。具体方法是：如图 25-4 所示，先固定凸透镜，调节凹透镜的左右位置，在像屏上可得到物点 P 的像点 P''；然后改变凸透镜的位置，调节凹透镜，使在像屏上（像屏的位置可左右移动）又得到像点 P'''。若 P''' 与 P'' 在像屏上是同一位置，说明凹透镜与凸透镜共轴等高，否则，就调节凹透镜的高低，使两次像点在像屏上为同一点，即达到共轴等高的要求。

2. 凸透镜焦距的测定

2.1　物距像距法测凸透镜焦距

　　用带有箭形开孔的金属屏为物，用准单色光照明。如图 25-1 所示，使物屏与白屏之间相隔一定距离，移动待测透镜，直至白屏上呈现出箭形物体的清晰像。记录物、像及透镜的位置，依式（25-2）算出 f'。改变屏的位置，重复几次，求其平均值。注意用"左右逼近法"确定像的位置。

2.2　二次成像法测凸透镜焦距

　　将物屏与白屏固定在大于 $4f'$ 的位置，测出它们之间的距离 l，如图 25-2 所示。移动透镜，使屏上得到清晰的物像，记录透镜的位置。移动透镜至另一位置，使屏上又得到清晰的物像,再记录透镜的位置,由式(25－3)求出 f'。改变屏的位置,重复几次,求其平均值。注意用"左右逼近法"确定透镜的位置。

2.3　自准直法测凸透镜焦距

　　按图 25-3 所示,以尖头棒为物 Q,移动透镜 L 并适当调整平面镜的方位,沿光轴方向可看到在尖头棒上方出现一倒立的尖头棒的像 Q',调整透镜位置用视差法使 Q 与 Q' 对齐(无视差),测出尖头棒及透镜的位置,二者之差即为透镜的焦距。重复几次,求平均值及其标准偏差。注意用"左右逼近法"确定像的位置。也可以不用尖头棒而用开孔的物屏去测。(问:如何根据视差去判断 Q 和 Q' 是否对齐,如果未对齐,应如何根据视差去移动 Q?)

　　注:为了修正透镜中心与透镜架底座读数准线不在同一平面而带来的系统误差,可在一次测量后将透镜连同透镜架旋转 $180°$ 后再作一次测量,取两次测量结果的平均值。

3. 凹透镜焦距的测定

3.1　辅助透镜法测凹透镜焦距

　　如图 25-4 所示,使物体 P 到会聚透镜 L_1 距离稍大于 L_1 焦距的 2 倍,移动像屏用"左右逼近法"确定缩小实像的位置 P',记录 P' 的位置。然后将待测发散透镜 L_2 置于 L_1 与 P' 之间的适当位置,并将像屏向外移,再移动凹透镜,用"左右逼近法"确定在屏上得到清晰放大实像 P'' 时 L_2 的位置,记录 P'' 及 L_2 的位置,求出物距 s 和像距 s',代入式(25－2)算出 f'(注意物距 s 应取的符号)。改变凹透镜的位置,重复几次,求其平均值。

*3.2　视差法测凹透镜焦距

　　如图 25-5 所示,物体 P 经凹透镜 L 后成正立虚像于 P',在 L 前另置尖头棒 Q 和平面反射镜 $M(M$ 应略低于透镜 $L)$,观察者在 L 前可以同时看到 L 中 P 的虚像 P' 和 M 中 Q 的虚像 Q'。移动尖头棒 Q,直至 P' 与 Q' 之间无视差重合,即当观察者眼睛左右移动时,P' 与 Q' 无相对运动。这时 P' 与 Q' 共面。若测出距离 QM 和 MO,则像距 $|s'|=QM-MO$,以物距 $|s|=OP$ 和 s' 代入式(25－2),求出 L 的焦距 f'。改变凹透镜的位置,重复几次,求其平均值。

【数据记录与处理】

1. 物距像距法测凸透镜焦距

　　物屏位置:$P=$ _____。

表 25-1　物距像距法测凸透镜焦距

单位:cm

次　数	透镜位置 L	像屏位置 P'			物距 $S=LP$	像距 $S'=LP'$	焦距 $f'=\dfrac{ss'}{s-s'}$
		左	右	平均			
1							
2							
3							
平均							

2. 两次成像法测凸透镜焦距

　　物屏位置:$P=$ _____,像屏位置 $P'=$ _____,$l=PP'$ _____。

表 25-2　两次成像法测凸透镜焦距

单位:cm

次数	透镜 I 位置			透镜 II 位置			$d=\mid x_2-x_1\mid$	焦距 $f'=\dfrac{l^2-d^2}{4l}$
	左 o_1'	右 o_1''	平均 x_1	左 o_2'	右 o_2''	平均 x_2		
1								
2								
3								
平均								

3. 自准直法测凸透镜焦距

表 25-3　自准直法测凸透镜焦距

单位:cm

次　数	物屏位置 x_1	像屏位置			焦距 $f'=\mid x_1-x_2\mid$
		左 x_2'	右 x_2''	平均 x_2	
1					
2					
3					
平均					

4. 辅助透镜法测凹透镜焦距

表 25-4　辅助透镜法测凹透镜焦距

单位:cm

次数	像屏位置 P'			凹透镜位置 L_2	像屏位置 P''			物距 $s=L_2P'$	像距 $s'=L_2P''$	焦距 $f'=\dfrac{ss'}{s-s'}$
	左	右	平均		左	右	平均			
1										
2										
3										
平均										

5. 视差法测凹透镜焦距

请自拟数据表格。

6. 关于不确定度的计算

下面以两次成像法为例,其余方法请自行推导相应的公式。

(1)待测透镜焦距的最佳估计值: $\overline{f'}=\dfrac{\overline{l}^2-\overline{d}^2}{4\overline{l}}=$ _____ 。

(2)不确定度的计算

① 求 l 的不确定度

标准偏差：$S_l = \sqrt{\dfrac{\sum\limits_{i=1}^{n}(l-\bar{l})^2}{n-1}} = $ _____ ；

A 类不确定度为：$U_{lA} = \dfrac{t}{\sqrt{n}}S_l = $ _____ ；

B 类不确定度为：$U_{lB} = \dfrac{\Delta_m}{2} = $ _____ ；

l 总的不确定度为：$U_l = \sqrt{U_{lA}^2 + U_{lB}^2} = $ _____ 。

② 求 d 的不确定度

标准偏差：$S_d = \sqrt{\dfrac{\sum\limits_{i=1}^{n}(d-\bar{d})^2}{n-1}} = $ _____ ；

A 类不确定度为：$U_{dA} = \dfrac{t}{\sqrt{n}}S_d = $ _____ ；

B 类不确定度为：$U_{dB} = \dfrac{\Delta_m}{2} = $ _____ ；

d 总的不确定度为：$U_d = \sqrt{U_{dA}^2 + U_{dB}^2} = $ _____ 。

③ 合成不确定度

由 $f' = \dfrac{l^2 - d^2}{4l}$ 得

$$U_{f'} = \sqrt{\left(\frac{\partial f'}{\partial d}U_d\right)^2 + \left(\frac{\partial f'}{\partial l}U_l\right)^2} = \sqrt{\left(\frac{\bar{d}}{2\bar{l}}U_d\right)^2 + \left(\frac{\bar{l}^2 + \bar{d}^2}{4\bar{l}^2}U_l\right)^2}$$

合成的绝对不确定度：$U_{f'} = \sqrt{\left(\dfrac{\bar{d}}{2\bar{l}}U_d\right)^2 + \left(\dfrac{\bar{l}^2 + \bar{d}^2}{4\bar{l}^2}U_l\right)^2} = $ _____ ；

相对不确定度：$E_{f'} = \dfrac{U_{f'}}{\bar{f'}} \times 100\% = $ _____ ；

④ 结果表示：$f' = \bar{f'} \pm U_{f'} = $ _____ 。

【注意事项】

1. 进行几何光学实验，如验证透镜成像规律、测定透镜焦距等实验，一般不直接使用发光物体或有三维分布的立体物为物，而以平面的有一定几何形状的开孔金属屏为物（或用分划板、平面网格）。

2. 在透镜前加一口径为 D 的光阑，可以满足近轴光线成像的条件，相对孔径 $\dfrac{D}{f}$ 越小像越小，但是景深将增大，因此是否要加光阑，加多大的光阑要全面考虑。

【思考题】

1. 如凸透镜的焦距大于光具座的长度，试设计一个实验，在光具座上能测定它的焦距。

2. 点光源 P 经凸透镜 L_1 成实像于 P' 点（图 25-10），在凸透镜 L_1 与 P' 之间共轴放置一凹透镜 L_2；垂直于光轴放一平面反射镜 M，移动凹透镜至一合适位置，使 P 通过整个系统后形成的像仍重合在 P 处。如何利用此现象测出凹透镜焦距？

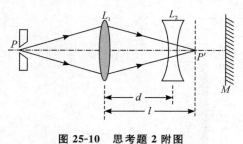

图 25-10　思考题 2 附图

3. 为什么测量透镜焦距时最好用单色光？

【预习要求】

1. 为什么要调节光学系统共轴等高？调节共轴有哪些要求？怎样调节？

2. 为什么实验中常用白屏作为成像的光屏？可否用黑屏、透明平板玻璃、毛玻璃，为什么？

3. 在薄透镜成像的高斯公式中，s、s'、f' 在具体应用时其正、负号如何规定？

4. 本实验中介绍的凸透镜和凹透镜焦距的测量方法有哪些？它们的原理分别是什么？

5. 为什么用两次成像法测凸透镜的焦距时，必须要求 $l > 4f'$？

6. 何谓"左右逼近法"？

实验 26　迈克耳孙干涉仪的调节和使用

【实验导读】

迈克耳孙干涉仪（Michelson interferometer）是 1883 年美国物理学家迈克耳孙（A. A. Michelson，1852—1931）与美国化学家莫雷（E. W. Morley，1838—1923）合作，为研究"以太"漂移而根据光的干涉原理设计的光学仪器。它是一种分振幅双光束干涉仪，是利用相干条纹来精确测定长度变化的精密光学仪器。

迈克耳孙和他的合作者曾用这种干涉仪进行了三项著名的实验：迈克耳孙—莫雷实验，证明了光速与传播方向无关，为爱因斯坦创立相对论提供了实验依据，迈克耳孙也由于这方面的贡献，获得了 1907 年诺贝尔物理学奖；首次以镉元素红光波长为单位用干涉仪准确测量了国际米原器的长度，实现了长度单位的标准化；由干涉条纹视见度随光程变化的规律，推断光谱线的精细结构。

迈克耳孙干涉仪是近代物理和计量技术中应用极广的一种精密仪器，由于它最小测量的结果可与波长相比，所以常用来观察光的干涉现象，测量微小长度的变化、光波波长、透明体的折射率，以及研究谱线的精细结构等，其意义显而易见。

【实验目的】

1. 了解迈克耳孙干涉仪的原理、结构；
2. 掌握迈克耳孙干涉仪的调节和使用方法；
3. 调节和观察迈克耳孙干涉仪产生的干涉图，以加深对各种干涉仪特点的理解；
4. 测 He-Ne 激光波长。

【实验仪器】

迈克耳孙干涉仪　　He-Ne 激光器　　毛玻璃屏

【实验原理】

1. 仪器原理

1.1　迈克耳孙干涉仪的构造

迈克耳孙干涉仪的外形和结构如图 26-1 所示。其主要部件是精密的机械传动系统和四片精细磨制的光学镜片。

M_1 和 M_2 是两块平面反射镜，其中平面镜 M_1 通过导轨上的拖板与一精密丝杠相连。旋动粗调或微调手轮，可转动丝杠，使 M_1 在导轨上沿丝杠的轴向前后移动，并读出它在移动方向的坐标。M_1 背后有三个螺丝，用来调节镜面的方位。平面镜 M_2 固定在仪器上，通过其背后的方位调节螺丝可调到与 M_1 垂直。为更精确地调节 M_2 的方位，把 M_2 装在一个与仪器固定的悬臂杆的一端，杆端有两个相互垂直的拉簧，调节水平拉簧螺丝与垂直拉簧螺丝可精细地调节 M_2 的方位，从而调节干涉图样的形状和位置。

分光板 P_1 由光学玻璃制成，厚度均匀，位于两平面镜 M_1、M_2 法线的交点，与两镜成 45°角；

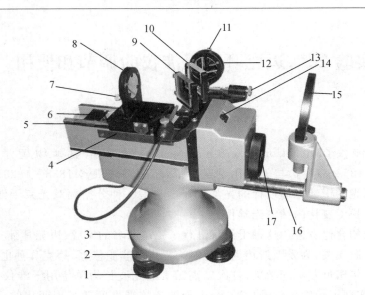

1. 调平螺钉；2. 锁紧圈；3. 底座；4. 毫米刻度尺；5. 导轨；6. 精密丝杆；7. 可动反射镜 M_1 调节螺丝；8. 可动反射镜 M_1；9. 分光板 P_1；10. 补偿板 P_2；11. 反射镜 M_2 调节螺丝；12. 固定反射镜 M_2；13. M_2 水平微调拉簧螺丝；14. 读数窗口；15. 观察屏；16. 观察屏滑动导杆；17. 粗调手轮

图 26-1　迈克耳孙干涉仪结构图

和 M_2 相对的一面,镀有称为半透膜的金属或介质薄膜,它能使入射光一半反射一半透射,即用分振幅法把一束光分成两束强度相近的相干光。补偿板 P_2 与分光板 P_1 材料、几何形状和物理性能完全相同,位于 P_1 和 M_2 之间,与 P_1 严格平行安装,用于补偿分光后两光线由于经过分光板的次数不同而引起的附加光程差。此外,仪器水平可通过调整底座上三个调节螺丝来实现。

1.2　迈克耳孙干涉仪的读数系统

确定 M_1 的位置有三个读数装置:(1)导轨左侧面的主尺,分度值为 1 mm。(2)仪器前方粗调手轮的读数窗,分度值为 0.01 mm。圆刻度盘上均匀刻有 100 个刻度,丝杠螺距为 1 mm,粗调手轮每转动一个刻度,M_1 移动 0.01 mm,转动一周则移动 1 mm。(3)仪器右侧微调手轮的读数手轮,分度值 0.000 1 mm,可估读到 0.000 01 mm。微调手轮每转一个刻度,M_1 只移动 0.000 1 mm,微调手轮每转一周,M_1 移动 0.01 mm。两个读数手轮属于蜗轮传动系统,M_1 的位置由这三个读数之和表示。

读数时,先从机体左侧毫米刻度尺上读出整数,再从读数窗口上读出小数点后的前 2 位数(这两步不需估读),最后由微调手轮读出小数点后的第 3、4、5 位数(最后一位是估读的)。如图 26-2 所示,读数为:38.856 68 mm。

毫米刻度尺

粗调读数窗口

微调读数手轮

图 26-2　迈克耳孙干涉仪的读数装置

1.3　迈克耳孙干涉仪的等效光路图

迈克耳孙干涉仪的等效光路图如图 26-3 所示。从扩展光源 S（或是单色点光源）出射的光，到达分光板 P_1 后被分成两部分：反射光 1 经 P_1 反射后向着 M_1 前进；透射光 2 透过 P_1 后向着 M_2 前进。这两列光波分别在 M_1、M_2 上反射后逆着各自的入射方向返回，最后都到达 E 处。既然这两列光波来自光源上同一点 O，因而是相干光，在 E 处的观察者能看到干涉图样。

由于从 M_2 返回的光线在分光板 P_1 的第二面上反射，使 M_2 在 M_1 附近形成一平行于 M_1 的虚像 M_2'，因而光在迈克耳孙干涉仪中自 M_1 和 M_2 的反射，相当于自 M_1 和 M_2' 的反射。由此可见，在迈克耳孙干涉仪中所产生的干涉与厚度为 d 的空气膜所产生的干涉是等效的。

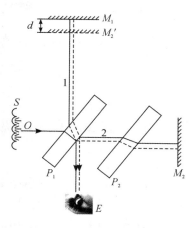

图 26-3　迈克耳孙干涉仪光路图

2. 实验原理

2.1　点光源照明产生的干涉图——非定域干涉条纹

如图 26-4 所示，激光束经短焦距扩束透镜后，形成高亮度的点光源 S，照明干涉仪。点光源 S 经 P_1 分束及经 M_1 和 M_2' 的反射后产生的干涉现象，等效于两个虚光源 S_1、S_2 所产生的干涉。其中 S_1 为点光源 S 经 P_1 及 M_1 反射后成的像，S_2 为点光源 S 经 M_2 及 P_1 反射后成的像。因从 S_1 和 S_2 发出的两列球面波在相遇的空间处处相干，即各处都能产生干涉条纹，故称为非定域干涉。此时，在这个光场中的任何地方放置观察屏都能看见干涉条纹。

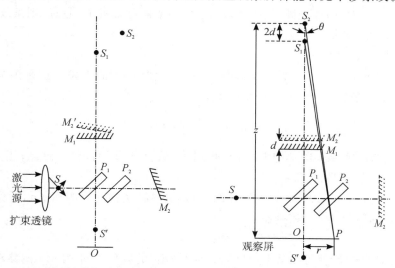

(a)点光源照明的干涉（等厚）　　　　（b)点光源照明时的干涉（等倾）

图 26-4　点光源照明时的等厚、等倾干涉

随着 S_1、S_2 与观察屏相对位置的不同，干涉条纹的形状也不相同。当观察屏与 S_1S_2 连线垂直时（此时，M_1 和 M_2 大体平行），屏上呈现出圆形的干涉条纹，圆心在 S_1S_2 连线和观察屏的交点 O 处。当观察屏与 S_1S_2 连线的垂直平分线垂直时（此时，M_1M_2' 到观察屏的距离大体相等，且它们之间有一个小夹角）将得到直线条纹，其他情况得到椭圆、双曲干涉条纹。

下面分析非定域干涉条纹的特征。

如图 26-4(b)所示，S_1S_2 到接收屏上任一点 P 的光程差为 $\Delta L = S_2P - S_1P$，当 $r \ll z$ 时，有：$\Delta L = 2d\cos\theta$，而 $\cos\theta \approx 1 - \dfrac{\theta^2}{2}$，$\theta \approx \dfrac{r}{z}$，所以：

$$\Delta L = 2d\left(1 - \frac{r^2}{2z^2}\right) \tag{26-1}$$

(1)亮纹条件

当光程差 $\Delta L = k\lambda$ 时，有亮纹，其轨迹为圆，有：

$$2d\left(1 - \frac{r^2}{2z^2}\right) = k\lambda \tag{26-2}$$

若 z、d 不变，则 r 越小，k 越大，即靠近中心的条纹干涉级次高，靠近边缘的条纹干涉级次低。

(2)条纹间距

令 r_k 和 r_{k-1} 分别为两个相邻干涉环的半径，根据式(26-2)有：

$$2d\left(1 - \frac{r_k^2}{2z^2}\right) = k\lambda，2d\left(1 - \frac{r_{k-1}^2}{2z^2}\right) = (k-1)\lambda$$

两式相减，得干涉条纹的间距为：

$$\Delta r = r_{k-1} - r_k \approx \frac{\lambda z^2}{2r_k d} \tag{26-3}$$

由此可见，条纹间距 Δr 的大小由四种因素决定：

①越靠近中心的干涉圆环(半径 r_k 越小)，Δr 越大，即干涉条纹中间疏边缘密；

②d 越小，Δr 越大，即 M_1 和 M_2' 的距离越小，条纹越疏，反之条纹越密；

③z 越大，Δr 越大，即点光源、接收屏及 $M_1(M_2)$ 镜离分束板 P_1 越远，则条纹越疏；

④波长越长，Δr 越大。

(3)条纹的"陷入"、"涌出"

缓慢移动 M_1 镜，改变 d，可看见干涉条纹"陷入"、"涌出"的现象。这是因为对于某一特定级次为 k_1 的干涉条纹(干涉环半径为 r_{k_1})有

$$2d\left(1 - \frac{r_{k_1}^2}{2z^2}\right) = k_1\lambda \tag{26-4}$$

跟踪比较，移动 M_1 镜，当 d 增大时，r_{k_1} 也增大，看见条纹"涌出"的现象；当 d 减小时，r_{k_1} 也减小，看见条纹"陷入"的现象。

对于圆心处，有 $r = 0$，式(26-2)变成 $2d = k\lambda$，若 M_1 镜移动了距离 Δd，所引起干涉条纹"陷入"或"涌出"的数目 $N = \Delta k$，则有：

$$2\Delta d = N\lambda \tag{26-5}$$

所以，若已知波长 λ，就可以从条纹"陷入"或"涌出"的数目 N 求得 M_1 镜移动的距离 Δd，这就是干涉测长的基本原理；反之，若已知 M_1 镜移动的距离 Δd 和条纹"陷入"或"涌出"的数目 N，就可以求得波长 λ。

2.2　扩展光源照明产生的干涉图

2.2.1　等倾干涉的实验原理

如图 26-5 所示，当 M_1 和 M_2' 严格平行时，所得的干涉为等倾干涉。所有倾角为 i 的入射光束，由 M_1 和 M_2' 反射的光线的光程差 δ 均为

$$\delta = 2d\cos i \tag{26-6}$$

干涉条纹满足：

$$\delta=2d\cos i=\begin{cases}k\lambda & \text{明纹}\\\left(k+\dfrac{1}{2}\right)\lambda & \text{暗纹}\end{cases}\quad k=0,1,2,3,\cdots \qquad (26-7)$$

式中 i 为光线在 M_1 镜面的入射角，d 为空气薄膜的厚度。它们将处于同一级干涉条纹，并定位于无限远。这时，在图 26-3 中的 E 处，放一会聚透镜，在其焦平面上（或用眼睛在 E 处正对 P_1 观察），便可观察到一组明暗相间的同心圆纹，如图 26-6 所示。

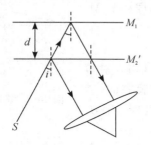

图 26-5　等倾干涉原理图　　　　　　　图 26-6　等倾干涉条纹

等倾干涉条纹的特点是：

(1)干涉条纹的级次以中心为最高。

在干涉纹中心，因 $i=0$，如果不计反射光线之间的相位突变，由圆环中心出现亮点的条件

$$\delta=2d=k\lambda \qquad (26-8)$$

得圆心处干涉条纹的级次

$$k=\frac{2d}{\lambda} \qquad (26-9)$$

当 M_1 和 M_2' 的间距 d 逐渐增大时，对于任一级干涉条纹，例如第 k 级，必定以减少其 $\cos i_k$ 的值来满足 $2d\cos i_k=k\lambda$，故该干涉条纹向 i_k 变大（$\cos i_k$ 变小）的方向移动，即向外扩展。这时，观察者将观察到条纹好像从中心向外"涌出"；且每当间距 d 增加 $\dfrac{\lambda}{2}$ 时，就有一个条纹"涌出"。反之，当间距由大逐渐变小时，最靠近中心的条纹将一个一个地"陷入"中心，且每"陷入"一个条纹，间距的改变亦为 $\dfrac{\lambda}{2}$。

因此，只要数出"涌出"或"陷入"的条纹数，即可得到平面镜 M_1 以波长 λ 为单位而移动的距离。显然，若有 N 个条纹从中心"涌出"时，则表明 M_1 相对于 M_2' 移远了

$$\Delta d=N\frac{\lambda}{2} \qquad (26-10)$$

反之，若有 N 个条纹"陷入"时，则表明 M_1 向 M_2' 移近了同样的距离。根据式(26-10)，如果已知光波的波长 λ，便可由条纹变动的数目，计算 M_1 移动的距离，这就是长度的干涉计量原理；反之，已知 M_1 移动的距离和干涉条纹变动的数目，便可确定光波的波长。

(2)干涉条纹的分布是中心宽边缘窄。

对于相邻的 k 级和 $k-1$ 级干涉条纹，有

$$2d\cos i_k=k\lambda$$

$$2d\cos i_{k-1}=(k-1)\lambda$$

将两式相减,当 i 较小时,并利用 $\cos i = 1 - \dfrac{i^2}{2}$,可得相邻条纹的角距离 Δi_k 为

$$\Delta i_k = i_k - i_{k-1} \approx \frac{\lambda}{2di_k} \qquad (26-11)$$

上式表明:

①d 一定时,视场里干涉条纹的分布是中心较宽(i_k 小,Δi_k 大),边缘较窄(i_k 大,Δi_k 小);

②i_k 一定时,d 越小,Δi_k 越大,即条纹随着薄膜厚度 d 的减小而变宽。所以在调节和测量时,应选择 d 为较小值,即调节 M_1 和 M_2 到分光板 P_1 上镀膜面的距离大致相同。

2.2.2　等厚干涉的实验原理

如图 26-7 所示,当 M_1 和 M_2' 有一很小的夹角 α,且当入射角 i 也较小时,一般为等厚干涉条纹,条纹定域于空气薄膜表面(镜面)附近,若用眼睛观测,应将眼睛聚焦在镜面附近。此时,由 M_1 和 M_2' 反射的光线的光程差仍近似为

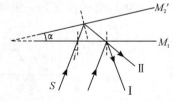

图 26-7　等厚干涉原理图

$$\delta = 2d\cos i = 2d\left(1 - \frac{i^2}{2}\right) \qquad (26-12)$$

等厚干涉条纹的特点是:

(1)在两镜面的交线附近处,因厚度较小,$d \cdot i^2$ 的影响可略去,相干的光程差主要由膜厚 d 决定,因而在空气膜厚度相同的地方光程差均相同,即干涉条纹是一组平行于 M_1 和 M_2' 交线的等间隔的直线条纹。

(2)在离 M_1 和 M_2' 的交线较远处,因厚度 d 较大,干涉条纹变成弧形,且条纹弯曲的方向背向两镜面的交线。这是由于式(26-12)中 $d \cdot i^2$ 的作用不容忽略,由于同一 k 级干涉条纹乃是等光程差点的轨迹,为满足 $2d\left(1 - \dfrac{i^2}{2}\right) = k\lambda$,因而用扩展光源照明时,当 i 逐渐增大,必须相应增大 d 值,以补偿由 i 增大时引起光程差的减小。所以干涉条纹在 i 增大的地方要向 d 增加的方向移动,使条纹成为弧形,如图 26-8、图 26-9 所示。随着 d 的增大,条纹弯曲越厉害。

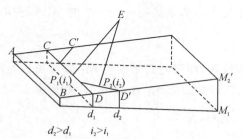

$d_2 > d_1$　　$i_2 > i_1$

图 26-8　等厚干涉条纹的弯曲

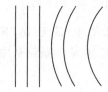

图 26-9　等厚干涉条纹

【实验内容】

1. 观察非定域干涉条纹

(1)调节水平螺丝使干涉仪水平。

(2)打开 He-Ne 多束光纤激光器,将其中一束光纤安装在分光板的前端,使出射的激光斑照射在分光板上,光轴基本与固定镜 M_2 垂直。因从光纤出射的激光已经扩束,故不需要另加

扩束镜。

（3）放倒观察屏，旋转粗动手轮，将移动镜 M_1 的位置置于机体侧面标尺所示约 32 mm 处，此位置为固定镜 M_2 和移动镜 M_1 相对于 P_1 镀膜面大约等光程的位置。透过 P_1 观察 M_1，可看到两排光点，这是由 M_1 和 M_2 上的反射光束在 P_1 前后表面多次反射产生的。

（4）仔细调节 M_1 和 M_2 背后的三个螺丝，改变 M_1 和 M_2 的相对方位，直至两排光点在水平方向和铅直方向均完全重合。此时，表明 M_1 和 M_2 相垂直，这时若立起观察屏，便可观察到非定域干涉条纹。

（5）立起观察屏，观察非定域干涉条纹，细致缓慢地调节 M_2 下方的两个拉簧螺丝，使干涉条纹成圆形并位于观察屏的中心。

（6）转动粗调手轮和微调手轮，使 M_1 在导轨上移动，并观察干涉条纹的形状、疏密及中心条纹"涌出"或"陷入"随光程差的改变而变化的情况，即从条纹的"涌出"或"陷入"，判断 d 的变化，观察间隔 d 自较大的值逐渐变小到零，然后又由零逐渐往反向变大时，干涉条纹的粗细、疏密的变化，并解释之。

若未见到干涉圆环的"涌出"或"陷入"，则沿某一方向稍稍转动粗调手轮，然后再沿同一方向旋转微调手轮就可以看到干涉圆环的"涌出"或"陷入"。

2. 测定 He-Ne 激光波长

（1）利用非定域干涉条纹测定波长。按上述方法调出干涉圆条纹，当视场中出现清晰的、对比度较好的干涉圆环时，单向缓慢地转动微调手轮，可以观察到视场中心条纹向外一个一个地"涌出"（或者"陷入"），待"涌出"（或者"陷入"）流畅时，开始记数。

（2）先记录 M_1 镜的起始位置 d_1，然后按原旋转方向缓慢转动微调手轮以移动 M_1，并观测中心条纹每"涌出"（或者"陷入"）50 条，记下 M_1 位置的读数 d_i，连续测量至 550 条条纹为止。用逐差法求出相应于 $\Delta N = 300$ 时 M_1 移动距离的平均值 $\overline{\Delta d}$，代入式（26-5）即可算出待测光波的波长 λ，与理论值 $\lambda = 632.8$ nm 比较。

注意：

（1）转动微调手轮时，粗调手轮随着转动，但转动粗调手轮时，微调手轮并不随着转动。因此在读数前应先调整零点，方法如下：将微调手轮沿某一方向（例如顺时针方向）旋转至零，然后以同方向转动粗调手轮使之对齐某一刻度。这以后，在测量时只能仍以同方向转动微调手轮使 M_1 镜移动。

（2）为了使测量结果正确，必须避免引入空程，也就是说，在调整好零点以后，应将微调手轮按原方向转几圈，直到干涉条纹开始移动以后，才可开始读数测量。

（3）震动对测量的影响甚大，要注意小心操作；若测量过程中数错条纹，就会出现粗大误差，应补测数据。

3. 观察定域干涉条纹（选做）

其中扩展光源建议采用可升降式钠灯，He-Ne 激光器作调整仪器用的辅助光源。

（1）等倾条纹的调节和观察

先用 He-Ne 激光器调整仪器，在激光器前放一小孔光阑，使扩束的激光束通过光阑，并经分光板 P_1 反射到移动镜 M_1 上（此时，应将固定镜的反射面遮住），再反射，经分光板返回到小孔光阑上，仔细调整 M_1 后的三个调节螺丝，使最后的反射光点像与光阑的小孔严格重合。转动粗调手轮移动 M_1，要求反射光点像不随 M_1 的移动而漂移。此后的实验过程中，不可再旋动 M_1 后的三颗调节螺丝。

换上钠光灯,出光口装上毛玻璃,以使光源成为扩展的面光源。用聚焦到无穷远的眼睛代替屏,在 E 处通过 P_1 向 M_1 方向看,仔细调节 M_2 后的调节螺丝,便可直接看到等倾圆条纹。进一步调节 M_2 微调螺丝,使眼睛上下左右移动时,各圆的大小不变,而仅仅是圆心随眼睛移动而移动,并且干涉条纹反差大。此时,M_1 和 M_2 完全平行,所看到的就是严格的等倾条纹。

移动 M_1 镜,观察条纹粗细和间距随光程差增加的变化规律,在实验报告上说明讨论。

（2）等厚条纹的调节和观察

观察完等倾干涉条纹后,调节 M_1 和 M_2' 靠近,使两者大致重合,微微转动 M_2 的微调螺丝,使 M_1 和 M_2' 不再平行,而有一个很小的夹角,这时视场中出现直线干涉条纹,这就是等厚干涉条纹。

仔细调节 M_2 的调节螺丝和微调螺丝,即改变夹角的大小,观察条纹的疏密变化。

放松刻度轮的止动螺丝,转动刻度轮,使 M_1 前后移动,观察干涉条纹的变化规律,即条纹的形状、粗细、疏密如何随 M_1 的位置变化而变化,并作简要分析。

【数据记录与处理】

1. 数据记录

表 26-1　M_1 镜的位置的变化量

干涉仪型号:_____;精度:_____

次数 物理量	1	2	3	4	5	6
d_i/mm						
d_{i+6}/mm						
Δd/mm						
$\overline{\Delta d}$/mm						

2. 数据处理

（1）待测光波长的最佳估计值: $\bar{\lambda} = \dfrac{2\,\overline{\Delta d}}{\Delta N} = $ _____。

（2）不确定度的计算

① 求 Δd 的不确定度

标准偏差: $S_{\Delta d} = \sqrt{\dfrac{\sum\limits_{i=1}^{n}(\Delta d_i - \overline{\Delta d})^2}{n-1}} = $ _____;

A 类不确定度为: $U_{\Delta d A} = \dfrac{t}{\sqrt{n}} S_{\Delta d} = $ _____;

B 类不确定度为: $U_{\Delta d B} = \dfrac{\Delta_m}{2} = $ _____;

Δd 总的不确定度为: $U_{\Delta d} = \sqrt{U_{\Delta d A}^2 + U_{\Delta d B}^2} = $ _____。

② 求 ΔN 的不确定度: $U_{\Delta N} \approx 0$。（原因:每次 ΔN 非常接近于 100 环。）

③根据不确定度的合成公式: $\dfrac{U_\lambda}{\bar{\lambda}} = \sqrt{\left(\dfrac{U_{\Delta N}}{\Delta N}\right)^2 + \left(\dfrac{U_{\Delta d}}{\Delta d}\right)^2} = \dfrac{U_{\Delta d}}{\Delta d} = $ _____;

绝对不确定度$:U_\lambda=\dfrac{U_{\Delta d}}{\Delta d}\bar{\lambda}=$ _____；

相对不确定度$:E_\lambda=\dfrac{U_\lambda}{\bar{\lambda}}\times100\%=$ _____。

④ 结果表示$:\lambda=\bar{\lambda}\pm U_\lambda=$ _____。

【注意事项】

1. 注意防尘、防潮、防震；不能用手接触光学表面，不要对着仪器说话、咳嗽等。

2. 实验前和实验结束后，所有调节螺丝均应处于放松状态，调节时应先使之处于中间状态，以便有双向调节的余地，调节动作要均匀缓慢。

3. 如果螺丝向后顶得过松，在移动时，可能因震动而使镜面倾角变化；如果螺丝向前顶得过紧，致使条纹形状不规则，因此必须使螺丝在能对干涉条纹有影响的范围内进行调节。

4. M_1 和 M_2 背后的三个螺丝若调节过度，仍不能产生干涉条纹，必须重新调节光源入射方位，再重调 M_1 和 M_2。

5. 旋转读数手轮时，应单向旋转，以防止倒转而出现回程误差。

【思考题】

1. 迈克耳孙干涉仪的工作原理是什么？其光程差表示式与等厚干涉有何不同？

2. 迈克耳孙干涉仪上的干涉环与读数显微镜下的牛顿环在干涉类型、环纹形状、干涉级次、环纹中心处有何异同？

【预习要求】

1. 说明迈克耳孙干涉仪中各光学元件的作用。

2. 怎样调节迈克耳孙干涉仪？在调节使用时应注意哪些问题？

3. 迈克耳孙干涉仪的读数由几部分组成，各部分的分度值分别为多少？

4. 什么是定域干涉？什么是非定域干涉？如何调出非定域干涉条纹？

5. 什么是等倾干涉？什么是等厚干涉？

6. 如何利用非定域干涉测量 He-Ne 激光波长？

实验 27　棱镜玻璃折射率的测定

【实验导读】

棱镜(prism)是由透明媒质(如玻璃、水晶等)制成的一种多面体,它是由两个或两个以上的不平行的折射平面组成的光学元件;棱镜也可在一定形状的液槽中放入某种液体构成。所有棱镜的折射面和反射面统称工作面,两工作面之交线为棱,垂直于棱的截面称主截面。

棱镜是常用的分光元件,其主要作用是改变光线的行进方向;或是根据在同一媒质中不同波长的光具有不同折射率的原理,将含有多种波长的复合光分离形成光谱(这种现象称色散)。

按其用途棱镜分成分解复合光的色散棱镜、改变光线行进方向的全反射棱镜、产生偏振光的起偏棱镜等;按其形状分为正三棱镜、直角三棱镜、等腰三棱镜等;按其使用性质分为反射棱镜和折射棱镜。

【实验目的】

1. 进一步掌握分光计的调节和使用方法;
2. 观察色散现象,了解棱镜的偏向角特性;
3. 学习用最小偏向角法测定棱镜玻璃的折射率。

【实验仪器】

分光计　双面镜　钠灯　三棱镜

【实验原理】

棱镜玻璃的折射率,可用测定最小偏向角的方法求得。如图 27-1 所示,△ABC 表示由待测的光学玻璃制成的三棱镜,AB 和 AC 是透光的光学表面(经仔细抛光),其夹角 A 为三棱镜的顶角。光线 PO 入射到 AB 面上,经待测棱镜两次折射后,从 AC 面沿 $O'P'$ 方向射出,出射光线与入射光线的夹角称为偏向角 δ。在入射光线和出射光线处于光路对称的情况下,即 $i_1 = i_4$ 时,偏向角最小,记为 δ_{min}。

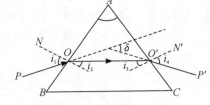

图 27-1　三棱镜光路图

可以证明:棱镜玻璃的折射率 n 与棱镜角 A、最小偏向角 δ_{min} 有如下关系:

$$n = \frac{\sin\dfrac{A+\delta_{min}}{2}}{\sin\dfrac{A}{2}} \tag{27-1}$$

因此,只要测出 A 和 δ_{min} 就可以从式(27-1)求得折射率 n。

由于透明材料的折射率是光波波长的函数,同一棱镜对不同波长的光具有不同的折射率,所以当复色光经棱镜折射后,不同波长的光将产生不同的偏向而分散开来。通常棱镜的折射率是对钠光波长 589.3 nm 而言的。

【实验内容】

1. 分光计的调节

（1）调节望远镜，使之能同时看清黑色十字准线和透光"十"字像。

（2）应用自准直原理，依照"各调一半法"，使望远镜的光轴垂直于仪器的主轴。

（3）调节准直管，使之产生平行光，并使其光轴与望远镜的光轴重合。

2. 调节待测光路平面与观察平面重合

应用自准直原理，调节棱镜折射的主截面（AC 和 AB 面），使两面均垂直于仪器的主轴。（注意：棱镜的放置方法应如图 27-2 所示，以实现一个螺丝控制一个折射面；另外，AC 和 AB 面是三棱镜的两个光面。）

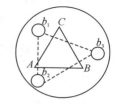

图 27-2　棱镜的放置方法

3. 测定最小偏向角

（1）转动游标盘（注意锁紧载物台的锁紧螺丝），使准直管发出的平行光入射到如图 27-3（a）所示的 AC 面。固定游标盘，放松望远镜的止动螺丝，转动望远镜（连同度盘），在 AB 面上寻找出射光线，当望远镜转到 T_1 位置时，便能清楚地看见钠光经棱镜折射后形成的黄色谱线。

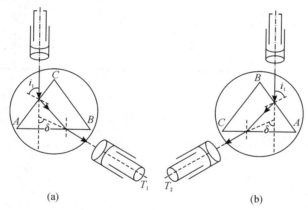

（a）　　　　　　　　　　　　　　（b）

图 27-3　最小偏向角的测定

（2）在固定游标盘的条件下，松开载物台的锁紧螺丝，慢慢转动载物台，改变入射角 i_1，使谱线往偏向角减小的方向移动，同时转动望远镜（连同度盘）跟踪该谱线。

（3）当载物台转到某一位置，该谱线不再移动，这时无论载物台向哪个方向转动，该谱线均向相反方向移动，即偏向角都变大。这个谱线反向的极限位置就是棱镜对该谱线的最小偏向角的位置。

（4）左右缓慢转动载物台，同时调节望远镜微调螺丝，进行精确调整，使望远镜分划板上的竖直准线对准黄色谱线的极限位置（中心），记录望远镜在 T_1 位置的角游标读数 v_1、v_2。

（5）转动载物台（连同三棱镜），使准直管发出的平行光入射到如图 27-3（b）所示的 AB 面（使光线向另一侧偏转），转动望远镜（连同度盘），在 AC 面上寻找出射光线。同样当望远镜转到 T_2 位置时，便能清楚地看见钠光经棱镜折射后形成的黄色谱线。

（6）同（2）、（3）的方法寻找黄色谱线的极限位置，按（4）的方法记录望远镜在 T_2 位置的角游标读数 v_1' 和 v_2'。

（7）同一游标左、右两次数值之差$|v_1'-v_1|$、$|v_2'-v_2|$是最小偏向角的 2 倍，即

$$\delta_{min}=\frac{(|v_1'-v_1|)+(|v_2'-v_2|)}{4}$$

（8）重复测量几次，求 δ_{min} 的平均值及其标准偏差。

4. 测棱镜的顶角 A

按实验 17 的方法，测棱镜的顶角 A。

5. 计算棱镜的折射率 n 及其不确定度

将测得的顶角 A 和偏向角 δ_{min} 代入式（27-1），计算棱镜的折射率 n 及其不确定度。

【数据记录与处理】

1. 数据记录

（1）自拟表格记录顶角 A 的测量数据。

（2）记录偏向角 δ_{min} 的测量数据。

表 27-1　偏向角的测量

次数	T_1 位置		T_2 位置		δ_{min}	$\overline{\delta_{min}}$	n
	v_1	v_2	v_1'	v_2'			
1							
2							
3							

2. 数据处理

（1）待测棱镜折射率的最佳估计值：$\bar{n}=\dfrac{\sin\dfrac{\overline{A}+\overline{\delta_{min}}}{2}}{\sin\dfrac{\overline{A}}{2}}=$ _____。

（2）不确定度的计算

① 求 δ_{min} 的不确定度

标准偏差：$S_{\delta_{min}}=\sqrt{\dfrac{\sum\limits_{i=1}^{n}(\delta_{min}-\overline{\delta_{min}})^2}{n-1}}=$ _____。

A 类不确定度为：$U_{\delta_{min}A}=\dfrac{t}{\sqrt{n}}S_{\delta_{min}}=$ _____；B 类不确定度为：$U_{\delta_{min}B}=\dfrac{\Delta_m}{2}=$ _____；

Δd 总的不确定度为：$U_{\delta_{min}}=\sqrt{U_{\delta_{min}A}^2+U_{\delta_{min}B}^2}=$ _____。

② 求 A 的不确定度（若 A 直接用 $60°$ 代入，则 $U_A\approx0$）

标准偏差：$S_A=\sqrt{\dfrac{\sum\limits_{i=1}^{n}(A-\overline{A})^2}{n-1}}=$ _____；

A 类不确定度为：$U_{AA}=\dfrac{t}{\sqrt{n}}S_A=$ _____；B 类不确定度为：$U_{AB}=\dfrac{\Delta_m}{2}=$ _____；

Δd 总的不确定度为：$U_A=\sqrt{U_{AA}^2+U_{AB}^2}=$ _____。

③由 $n=\dfrac{\sin\dfrac{A+\delta_{\min}}{2}}{\sin\dfrac{A}{2}}$ 得不确定度的传递公式

$$U_n=\sqrt{\left(\dfrac{\partial n}{\partial A}U_A\right)^2+\left(\dfrac{\partial n}{\partial\delta_{\min}}U_{\delta_{\min}}\right)^2}$$

$$\dfrac{\partial n}{\partial A}=\dfrac{-\dfrac{1}{2}\sin\overline{\dfrac{\delta_{\min}}{2}}}{\sin^2\overline{\dfrac{A}{2}}},\dfrac{\partial n}{\partial\delta_{\min}}=\dfrac{\dfrac{1}{2}\cos\overline{\dfrac{\delta_{\min}+\overline{A}}{2}}}{\sin\overline{\dfrac{A}{2}}}$$

合成的绝对不确定度：$U_n=\sqrt{\left(\dfrac{\partial n}{\partial A}U_A\right)^2+\left(\dfrac{\partial n}{\partial\delta_{\min}}U_{\delta_{\min}}\right)^2}=$ _____。

相对不确定度：$E_n=\dfrac{U_n}{\overline{n}}\times100\%=$ _____。

④ 结果表示：$n=\overline{n}\pm U_n=$ _____。

【注意事项】

1. 表示角度误差的数值要以弧度为单位。
2. 要调整到最小偏向角的位置后，才能记录此时望远镜的位置 T_1 和 T_2。
3. 钠光灯禁止频繁开启。
4. 禁止用手直接接触棱镜的光面，并要轻拿轻放以防止摔破棱镜。

【思考题】

何谓最小偏向角？它与棱镜材料的折射率及棱镜顶角有何关系？

【预习要求】

1. 如何调节和使用分光计？
2. 如何寻找最小偏向角？

附录　式(27－1)的证明

由图 27-1 可知

$$\frac{\sin i_1}{\sin i_2}=n,\frac{\sin i_4}{\sin i_3}=n,A=i_2+i_3$$

得　　　　$i_1=\arcsin(n\sin i_2),i_4=\arcsin(n\sin i_3)=\arcsin[n\sin(A-i_2)]$

而　　　　　　　$\delta=i_1-i_2+i_4-i_3=i_1+i_4-A$

则　　　　　　$\delta=\arcsin(n\sin i_2)+\arcsin[n\sin(A-i_2)]-A$

当 $\dfrac{\mathrm{d}\delta}{\mathrm{d}i_2}=\dfrac{n\cos i_2}{\sqrt{1-n^2\sin^2 i_2}}-\dfrac{n\cos(A-i_2)}{\sqrt{1-n^2\sin^2(A-i_2)}}=0$ 时，δ 取极小值 $\delta_{\min}$，即对于 $\delta_{\min}$，必有 $i_2=$

$A-i_2$，则 $i_2=\dfrac{A}{2}$，又从光的可逆性考虑，亦有：$i_3=\dfrac{A}{2}$，因而 $i_2=i_3$，$i_1=i_4$，则 $i_1=\dfrac{A+\delta_{\min}}{2}$，所以

$$n = \frac{\sin i_1}{\sin i_2} = \frac{\sin \dfrac{A + \delta_{\min}}{2}}{\sin \dfrac{A}{2}}$$

证毕。

第四章　综合性实验

实验 28　振动法测量气体比热容比

【实验导读】

气体比热容比 γ 是气体定压比热容 C_p 与定体比热容 C_V 的比值,又称为气体的绝热系数,在热学过程特别是绝热过程中是一个很重要的参量。在描述理想气体的绝热过程时,γ 是联系各状态参量(p、V 和 T)的关键参数。气体的比热容比除了在理想气体的绝热过程中起重要作用之外,在热力学理论及工程技术的实际应用中也有着重要的作用,如热机的效率、声波在气体中的传播特性都与之相关。

气体比热容比的传统测量方法是热力学方法(绝热膨胀法),其优点是原理简单,而且有助于加深对热力学过程中状态变化的了解,但是实验者的操作技术水平对测量数据影响很大,实验结果误差较大。本实验采用振动法来测量,即通过测定物体在特定容器中的振动周期来推算出 γ 值。振动法测量具有实验数据一致性好,波动范围小等优点。

【实验目的】

1. 了解振动法测量气体比热容比的原理;
2. 掌握智能计数计时器的使用方法;
3. 计算气体的比热容比及其不确定度。

【实验仪器】

智能计数计时器　烧瓶　二口烧瓶　小球　可调气泵　电源

【实验原理】

气体比热容比测定仪示意图如 28-1 所示。

以二口烧瓶内的气体(图 28-2)作为研究的热力学系统,在二口烧瓶正上方连接直玻管,并且其内有一可自由上下活动的小球。由于制造精度的限制,小球和直玻管之间有 0.01~0.02 mm 的间隙。为了弥补从这个小间隙泄漏的气体,通过气泵持续地从二口烧瓶的另一连接口注入气体,以维持瓶内压强。在直玻管上开有一小孔,可使直玻管内外气体连通。适当调节气泵输出的流量,可以使小球在直玻管内竖直方向上来回振动:当小球在小孔下方并向下运动时,二口烧瓶中的气体被压缩,压强增加;而当小球经过小孔向上运动时,气体由小孔膨胀排出,压强减小,小球又落下,以后重复上述过程。只要适当控制注入气体的流量,小球能在直玻管的小孔上下做简谐振动,振动周期可利用光电计时装置测定。

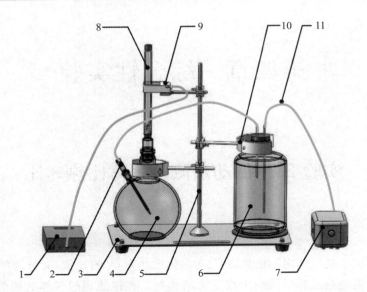

1. 智能计数计时器；2. 滴管；3. 底板部件；4. 二口烧瓶；5. 立柱部件；6. 储气瓶；
7. 气泵；8. 直玻管；9. 光电门部件；10. 夹持爪；11. 气管

图 28-1　ZKY-QB 气体比热容比测定仪

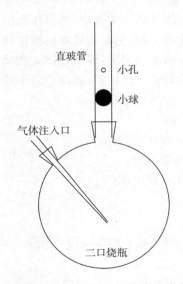

图 28-2　气体比热容比测量基本装置

小球质量为 m，半径为 r，当瓶内压力 p 满足下面条件时小球处于力平衡状态：

$$p = p_b + \frac{mg}{\pi r^2} \tag{28-1}$$

式中 p_b 为大气压强。若小球偏离平衡位置一个较小距离 x，容器内的压力变化 Δp，则小球的运动方程为：

$$m \frac{\mathrm{d}^2 x}{\mathrm{d} t^2} = \pi r^2 \Delta p \tag{28-2}$$

因为小球振动过程相当快，所以可以看作绝热过程，绝热方程：

$$p V^\gamma = C \tag{28-3}$$

C 为常数。将式(28-3)求导数得出：

$$\Delta p = -\frac{p\gamma\Delta V}{V} \tag{28-4}$$

其中 $\Delta V = \pi r^2 \Delta x$，$\Delta x$ 为任意位置与平衡位置的距离，记平衡位置为坐标原点，则：

$$\Delta V = \pi r^2 x \tag{28-5}$$

将式(28-4)(28-5)代入式(28-2)得：

$$\frac{\mathrm{d}^2 x}{\mathrm{d}t^2} + \frac{\pi^2 r^4 p\gamma}{mV}x = 0 \tag{28-6}$$

此式即为熟知的简谐振动方程，它的解为：

$$\omega = \sqrt{\frac{\pi^2 r^4 p\gamma}{mV}} = \frac{2\pi}{T} \tag{28-7}$$

$$\gamma = \frac{4mV}{T^2 pr^4} = \frac{64mV}{T^2 pd^4} \tag{28-8}$$

式中各量均可方便测得(d 为小球直径)，因而可算出 γ 值。由气体运动论可以知道，γ 值与气体分子的自由度数有关，对单原子气体(如氩)只有 3 个平动自由度，双原子气体(如氢)除上述 3 个平动自由度外还有 2 个转动自由度。对多原子气体，则具有 3 个转动自由度。比热容比 γ 与自由度 i 的关系为 $\gamma = \frac{i+2}{i}$。可得出气体自由度与比热容比的理论值(表 28-1)。

表 28-1 气体自由度与比热容比的理论值

气体类型	自由度 i	γ 理论值	举例
单原子气体	3	1.67	Ar，He
双原子气体	5	1.40	N_2，H_2，O_2
多原子气体	6	1.29	CO_2，CH_4

给定气体类型，计算出 γ 值，可与理论值做比较。

【实验内容】

1. 用天平称量小球的质量 m(或采用直玻管标签上的参考值)。用螺旋测微器多次测量小球的直径 d，将数据记录在表 28-2 中。

2. 按图 28-1 连接好仪器，调节光电门高度，使其与直玻管上的小孔等高。调节实验架，使直玻管沿竖直方向。

3. 确保气管、缓冲瓶、二口烧瓶无漏气。智能计数计时器和气泵上电预热 10 min 后，由小到大调节气泵的输出气量，使得小球有规律地均匀振动，直到观察到小球以小孔为中心做等幅振动。光电门上的指示灯应随着每次振动而有规律地闪烁。

4. 将智能计数计时器设置为"多脉冲"模式，待准备好后，按确定键，开始测量。

5. 待测量完成，将数据向前翻一页，可以查看 99 次挡光脉冲的时间，将数据记录在 28-3 中。

6. 重复步骤 4 和 5，计算算术平均值。

7. 实验完成后将气泵气量调至最小，关闭电源，实验结束。

【数据记录与处理】

1. 数据记录

表 28-2　测量小球直径

螺旋测微器零差 $d_0 = $ ____ mm

序号 i	1	2	3	4	5	6	平均值
直径 $d_{视i}$/mm							

表 28-3　测量小球通过光电门 N 次的总时间

挡光次数 $N=99$ 次

测量序号 i	1	2	3	4	6	7	平均值
测量时间 t/s							

注:小球振荡周期 $T=2t/N$。

2. 数据处理

(1)对表 28-2 和表 28-3 的数据进行处理。

(2)用大气压强计测量大气压强 p_b 或查询当地气象局查看大气压强值。气体体积见二口烧瓶标签上的参考值。

【思考题】

1. 实验的误差主要来源是什么?如何减小实验误差?

2. 试推导绝热过程的方程表达式。

3. 实验测量理论成立的条件是什么?

实验 29　准稳态法测导热系数和比热容

【实验导读】

　　热传导是热传递三种基本方式之一。导热系数定义为单位温度梯度下每单位时间内由单位面积传递的热量，表征物体导热能力的大小，单位为 W/(m · K)。

　　单位质量的某种物质，在温度升高（或降低）1 度时所吸收（或放出）的热量，叫作这种物质的比热容，单位为 J/(kg · K)。比热容反映单位质量物质的热容量。传统测量导热系数和比热容的方法大都用稳态法，使用稳态法要求温度和热流量均稳定，但在学生实验中实现这样的条件比较困难，因而导致测量的重复性、稳定性、一致性差，误差大。为了克服稳态法测量的误差，我们使用了一种新的测量方法——准稳态法，使用准稳态法只要求温差恒定和温升速率恒定，而不必通过长时间的加热达到稳态，就可通过简单计算得到导热系数和比热容。

【实验目的】

　　1. 了解准稳态法测量导热系数和比热容的原理；
　　2. 学习热电偶测量温度的原理和使用方法；
　　3. 用准稳态法测量不良导体的导热系数和比热容。

【实验仪器】

　　ZKY-BRDR 型准稳态法比热导热系数测定仪　实验样品两套（橡胶和有机玻璃，每套四块）　加热板　热电偶　导线　保温杯

【实验原理】

1. 准稳态法测量原理

　　如图 29-1 所示的一维无限大导热模型：一无限大不良导体平板厚度为 $2R$，初始温度为 t_0，现在平板两侧同时施加均匀的指向中心面的热流密度 q_c，则平板各处的温度 $t(x,\tau)$ 将随加热时间而变化。

　　以试样中心为坐标原点，上述模型的数学描述可表达如下：

$$\begin{cases} \dfrac{\partial t(x,\tau)}{\partial \tau} = a\,\dfrac{\partial^2 t(x,\tau)}{\partial x^2} \\[2mm] \dfrac{\partial t(R,\tau)}{\partial x} = \dfrac{q_c}{\lambda},\ \dfrac{\partial t(0,\tau)}{\partial x} = 0 \\[2mm] t(x,0) = t_0 \end{cases}$$

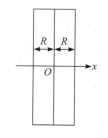

图 29-1　理想无限大不良
导体平板

式中 $a = \lambda/\rho c$，λ 为材料的导热系数，ρ 为材料的密度，c 为材料的比热容。

　　可以给出此方程的解为：

$$t(x,\tau) = t_0 + \frac{q_c}{\lambda}\left[\frac{a}{R}\tau + \frac{1}{2R}x^2 - \frac{R}{6} + \frac{2R}{\pi^2}\sum_{n=1}^{\infty}\frac{(-1)^{n+1}}{n^2}\cos\frac{n\pi}{R}x \cdot e^{-\frac{an^2\pi^2}{R^2}\tau}\right]$$

$$(29-1)$$

考察 $t(x,\tau)$ 的解析式(29—1)可以看到,随加热时间的增加,样品各处的温度将发生变化,式中的级数求和项由于指数衰减的原因,会随加热时间的增加而逐渐变小,直至所占份额可以忽略不计。

定量分析表明,当 $\frac{a\tau}{R^2} > 0.5$ 以后,上述级数求和项可以忽略。这时式(29—1)变成:

$$t(x,\tau) = t_0 + \frac{q_c}{\lambda}\left(\frac{a\tau}{R} + \frac{x^2}{2R} - \frac{R}{6}\right) \qquad (29-2)$$

这时,在试件中心处有 $x=0$,因而有:

$$t(0,\tau) = t_0 + \frac{q_c}{\lambda}\left(\frac{a\tau}{R} - \frac{R}{6}\right) \qquad (29-3)$$

在试件加热面处有 $x=R$,因而有:

$$t(R,\tau) = t_0 + \frac{q_c}{\lambda}\left(\frac{a\tau}{R} + \frac{R}{3}\right) \qquad (29-4)$$

由式(29—3)和(29—4)可见,当加热时间满足条件 $\frac{a\tau}{R^2} > 0.5$ 时,在试件中心面和加热面处温度和加热时间成线性关系,温升速率同为 $\frac{aq_c}{\lambda R}$,此值是一个和材料导热性能和实验条件有关的常数,此时加热面和中心面间的温度差为:

$$\Delta t = t(R,\tau) - t(0,\tau) = \frac{1}{2}\frac{q_c R}{\lambda} \qquad (29-5)$$

由式(29—5)可以看出,此时加热面和中心面间的温度差 Δt 和加热时间 τ 没有直接关系,保持恒定。系统各处的温度和时间是线性关系,温升速率也相同,我们称此种状态为准稳态。

当系统达到准稳态时,由式(29—5)得到

$$\lambda = \frac{q_c R}{2\Delta t} \qquad (29-6)$$

根据式(29—6),只要测量出进入准稳态后加热面和中心面间的温度差 Δt,并由实验条件确定相关参量 q_c 和 R,则可以得到待测材料的导热系数 λ。

另外在进入准稳态后,由比热容的定义和能量守恒关系,可以得到下列关系式:

$$q_c = c\rho R\frac{dt}{d\tau} \qquad (29-7)$$

比热容为:

$$c = \frac{q_c}{\rho R\dfrac{dt}{d\tau}} \qquad (29-8)$$

式中 $\frac{dt}{d\tau}$ 为准稳态条件下试件中心面的温升速率(进入准稳态后各点的温升速率是相同的)。

由以上分析可以得到结论:只要在上述模型中测量出系统进入准稳态后加热面和中心面间的温度差及中心面的温升速率,即可由式(29—6)和式(29—8)得到待测材料的导热系数和比热容。

2. 热电偶温度传感器

热电偶结构简单,具有较高的测量准确度,可测温度范围为 $-50\sim1\,600\,℃$,在温度测量中应用极为广泛。

由 A、B 两种不同的导体两端相互紧密地连接在一起,组成一个闭合回路,如图 29-2(a)所示。当两接点温度不等($T>T_0$)时,回路中就会产生电动势,从而形成电流,这一现象称为热电效应,回路中产生的电动势称为热电势。

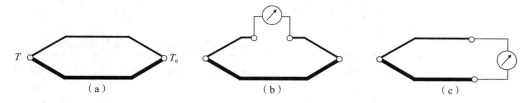

图 29-2　热电偶原理及接线示意图

上述两种不同导体的组合称为热电偶,A、B 两种导体称为热电极。两个接点,一个称为工作端或热端(T),测量时将它置于被测温度场中;另一个称为自由端或冷端(T_0),一般要求测量过程中恒定在某一温度。

理论分析和实践证明热电偶有如下基本定律:

热电偶的热电势仅取决于热电偶的材料和两个接点的温度,而与温度沿热电极的分布以及热电极的尺寸和形状无关(热电极的材质要求均匀)。

在 A、B 材料组成的热电偶回路中接入第三导体 C,只要引入的第三导体两端温度相同,则对回路的总热电势没有影响。在实际测温过程中,需要在回路中接入导线和测量仪表,相当于接入第三导体,常采用图 29-2(b)或(c)的接法。

热电偶的输出电压与温度并非线性关系。对于常用的热电偶,其热电势与温度的关系由热电偶特性分度表给出。测量时,若冷端温度为 $0\,℃$,由测得的电压,通过对应分度表,即可查得所测的温度。若冷端温度不为 $0\,℃$,则通过一定的修正,也可得到温度值。在智能式测量仪表中,将有关参数输入计算程序,则可将测得的热电势直接转换为温度显示。

【实验内容】

1. 安装样品并连接各部分连线

连接线路前,先用万用表检查 2 个热电偶冷端和热端的电阻值大小,一般在 $3\sim6\,\Omega$ 内,如果偏差大于 $1\,\Omega$,则可能是热电偶有问题,遇到此情况应请指导教师帮助解决。戴好手套,以尽量地保证 4 个实验样品初始温度保持一致。将冷却好的样品放进样品架中。热电偶的测温端应保证置于样品的中心位置,防止由于边缘效应影响测量精度。注意 2 个热电偶之间、中心面与加热面的位置不要放错,如图 29-3 所示,中心面横梁的热电偶应该放到样品 2

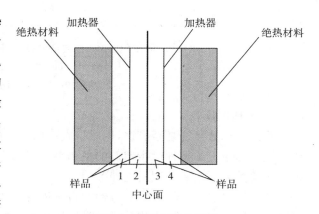

图 29-3　被测样件的安装

和样品 3 之间,加热面热电偶应该放到样品 3 和样品 4 之间。同时要注意热电偶不要嵌入加热薄膜里。旋动旋钮以压紧样品。在保温杯中加入自来水,水的容量约为保温杯容量的 3/5 为宜。根据实验要求连接好各部分连线,包括主机(图 29-4)与样品架放大盒、放大盒与横梁、放大盒与保温杯、横梁与保温杯之间的连线。

注意事项:在保温杯中加水时应注意不能将杯盖倒立放置,否则杯盖上热电偶处残留的水将倒流到内部接线处,导致接线处生锈,从而影响仪器性能和使用寿命。有条件的学校可以使用植物油代替水进行实验,如此可不需反复更换。

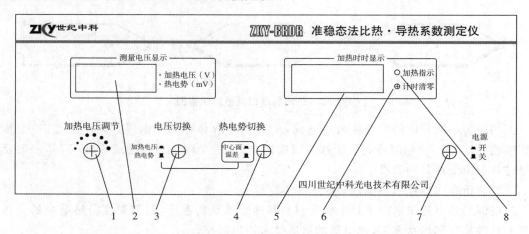

1. 加热电压调节;2. 测量电压显示;3. 电压切换;4. 热电势切换;
5. 加热计时显示;6. 清零;7. 电源开关;8. 加热指示灯
(a)主机前面板

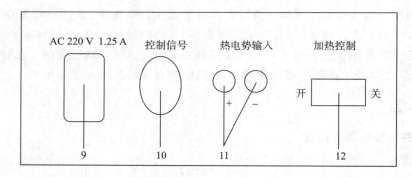

9. 电源插座;10. 控制信号;11. 热电势输入;12. 加热控制
(b)主机后面板
图 29-4 主机面板示意图

2. 设定加热电压

检查各部分接线是否有误,同时检查后面板上的"加热控制"开关是否关上(若已开机,可以根据前面板上加热计时指示灯的亮和不亮来确定,亮表示加热控制开关打开,不亮表示加热控制开关关闭),没有关则应立即关上。

开机后,先让仪器预热 10 分钟左右再进行实验。在记录实验数据之前,应该先设定所需要的加热电压,步骤为:先将"电压切换"钮按到"加热电压"挡位,再由"加热电压调节"旋钮来

调节所需要的电压。(参考加热电压:18 V,19 V)

3. 测定样品的温度差和温升速率

将测量电压显示调到"热电势"的"温差"挡位,如果显示温差绝对值小于 0.004 mV,就可以开始加热了,否则应等到显示降到小于 0.004 mV 再加热(如果实验要求精度不高,显示在 0.010 左右也可以,但不能太大,以免降低实验的准确性)。

保证上述条件后,打开"加热控制"开关并开始记数,记入表 29-1 中(记数时,建议每隔 1 分钟分别记录一次中心面热电势和温差热电势,这样便于后面的计算。一次实验最好在 25 分钟之内完成,一般在 15 分钟左右为宜)。当记录完一次数据需要换样品进行下一次实验时,其操作顺序是:关闭加热控制开关→关闭电源开关→旋螺杆以松动实验样品→取出实验样品→取下热电偶传感器→取出加热薄膜冷却。

注意:在取样品的时候,必须先将中心面横梁热电偶取出,再取出实验样品,最后取出加热面横梁热电偶。严禁以热电偶弯折的方法取出实验样品,这样将会大大缩短热电偶的使用寿命。

【数据记录与处理】

1. 数据记录

记录每分钟的温差热电势 V_t 和中心面热电势 V。

表 29-1　导热系数及比热容测定

时间 τ/min	1	2	3	4	5	6	7	8	9	10	11	12	13	14	15
温差热电势 V_t/mV															
中心面热电势 V/mV															
每分钟温升热电势 $\Delta V = V_{n+1} - V_n$															

2. 数据处理

准稳态的判定原则是温差热电势和温升热电势趋于恒定。实验中将有机玻璃加热至准稳态状态的时间一般在 8~15 分钟,橡胶一般在 5~12 分钟。记录达到准稳态时的温差热电势 V_t 值,计算每分钟温升热电势 ΔV 值。

由式(29-6)和式(29-8)计算最后的导热系数和比热容数值。式中各参量如下:样品厚度 $R=0.010$ m,有机玻璃密度 $\rho=1196$ kg/m^3,橡胶密度 $\rho=1374$ kg/m^3,热流密度 $q_c=\dfrac{V^2}{2Fr}$ (w/m^2)(其中 V 为两并联加热器的加热电压;$F=0.09$ m$\times$0.09 m,为加热面积;对于有机玻璃和橡胶,$r=110$ Ω,为每个加热器的电阻)。

铜-康铜热电偶的热电常数为 0.04 mV/K,即温度每差 1 ℃,温差热电势为 0.04 mV,据此可将温度差和温升速率的电压值换算为温度值。

温度差 $\Delta t = \dfrac{V_t}{0.04}$ (K),温升速率 $\dfrac{dt}{d\tau} = \dfrac{\Delta V}{60 \times 0.04}$ (K/s)。

【思考题】

如果冷端槽不处于冰水中,而是处于恒定温度的空气中,是否影响本实验导热系数和比热容的测量?

实验 30　冷却法测量金属比热容

【实验导读】

　　根据牛顿冷却定律,用冷却法测定金属或液体的比热容是量热学中常用的方法之一。若已知标准样品在不同温度的比热容,通过作冷却曲线可测得各种金属在不同温度时的比热容。本实验以铜样品为标准样品,测定铁、铝样品在 100 ℃时的比热容。通过实验了解金属的冷却速率和它与环境之间温差的关系,以及进行测量的实验条件。热电偶数字显示测温技术是当前生产实际中常用的测试方法,它比一般的温度计测温方法有着测量范围广,计值精度高,可以自动补偿热电偶的非线性因素等优点;同时,它的电量数字化还可以对工业生产自动化中的温度直接起着监控作用。

【实验目的】

　　1. 加深对牛顿冷却定律的理解;
　　2. 掌握冷却法测定金属比热容的实验方法。

【实验仪器】

　　DH4603 型冷却法金属比热容测量仪

【实验原理】

　　单位质量的物质,其温度升高 1 K(或 1 ℃)所需的热量称为该物质的比热容,其值随温度而变化。将质量为 M_1 的金属样品加热后,放到较低温度的介质(例如室温的空气)中,样品将会逐渐冷却。其单位时间的热量损失($\Delta Q / \Delta t$)与温度下降的速率成正比,于是得到下述关系式:

$$\frac{\Delta Q}{\Delta t} = c_1 M_1 \frac{\Delta \theta_1}{\Delta t} \qquad (30-1)$$

式中 c_1 为该金属样品在温度 θ_1 时的比热容,$\dfrac{\Delta \theta_1}{\Delta t}$ 为金属样品在 θ_1 温度的下降速率,根据冷却定律有:

$$\frac{\Delta Q}{\Delta t} = \alpha_1 S_1 (\theta_1 - \theta_0)^m \qquad (30-2)$$

式中 α_1 为热交换系数,S_1 为该样品外表面的面积,m 为常数,θ_1 为金属样品的温度,θ_0 为周围介质的温度。由式(30-1)和(30-2),可得

$$c_1 M_1 \frac{\Delta \theta_1}{\Delta t} = \alpha_1 S_1 (\theta_1 - \theta_0)^m \qquad (30-3)$$

　　同理,对质量为 M_2,比热容为 c_2 的另一种金属样品,可有同样的表达式:

$$c_2 M_2 \frac{\Delta \theta_2}{\Delta t} = \alpha_2 S_2 (\theta_2 - \theta_0)^m \qquad (30-4)$$

　　由式(30-3)和(30-4),可得:

$$\frac{c_2 M_2 \dfrac{\Delta\theta_2}{\Delta t}}{c_1 M_1 \dfrac{\Delta\theta_1}{\Delta t}} = \frac{\alpha_2 S_2 (\theta_2 - \theta_0)^m}{\alpha_1 S_1 (\theta_1 - \theta_0)^m} \tag{30-5}$$

所以

$$c_2 = c_1 \frac{M_1 \dfrac{\Delta\theta_1}{\Delta t}}{M_2 \dfrac{\Delta\theta_2}{\Delta t}} \frac{\alpha_2 S_2 (\theta_2 - \theta_0)^m}{\alpha_1 S_1 (\theta_1 - \theta_0)^m} \tag{30-6}$$

假设两样品的形状尺寸都相同(例如细小的圆柱体),即 $S_1 = S_2$;两样品的表面状况也相同(如涂层、色泽等),而周围介质(空气)的性质当然也不变,则有 $\alpha_1 = \alpha_2$。于是当周围介质温度不变(即室温 θ_0 恒定),两样品又处于相同温度 $\theta_1 = \theta_2 = \theta$ 时,上式可以简化为:

$$c_2 = c_1 \frac{M_1 \left(\dfrac{\Delta\theta}{\Delta t}\right)_1}{M_2 \left(\dfrac{\Delta\theta}{\Delta t}\right)_2} \tag{30-7}$$

如果已知标准金属样品的比热容 c_1、质量 M_1,待测样品的质量 M_2 及两样品在温度 θ 时冷却速率之比,就可以求出待测的金属材料的比热容 c_2。

实验中热电偶的热电动势与温度的关系在同一小温差范围内可以看成线性关系,即

$$\frac{\left(\dfrac{\Delta\theta}{\Delta t}\right)_1}{\left(\dfrac{\Delta\theta}{\Delta t}\right)_2} = \frac{\left(\dfrac{\Delta E}{\Delta t}\right)_1}{\left(\dfrac{\Delta E}{\Delta t}\right)_2}, \tag{30-8}$$

式(30-5)可以简化为:

$$c_2 = c_1 \frac{M_1 (\Delta t)_2}{M_2 (\Delta t)_1} \tag{30-9}$$

几种金属材料的比热容见表 30-1。

表 30-1　标准热容值

温度 100 ℃

$c_{Fe}/[\mathrm{cal}/(\mathrm{g} \cdot ℃)]$	$c_{Al}/[\mathrm{cal}/(\mathrm{g} \cdot ℃)]$	$c_{Cu}/[\mathrm{cal}/(\mathrm{g} \cdot ℃)]$
0.110	0.230	0.094

【仪器介绍】

实验装置由加热仪和测试仪组成(图 30-1)。加热仪的加热装置可通过调节手轮自由升降。被测样品安放在有较大容量的防风圆筒即样品室内的底座上,测温热电偶放置于被测样品内的小孔中。当加热装置向下移动到底后,对被测样品进行加热;样品需要降温时则将加热装置上移。仪器内设有自动控制限温装置,防止因长期不切断加热电源而引起温度不断升高。测量试样温度采用常用的铜-康铜做成的热电偶(其热电势约为 0.042 mV/℃),测量扁叉接到测试仪的"输入"端。热电势差的二次仪表由高灵敏、高精度、低漂移的放大器加上满量程为 20 mV 的三位半数字电压表组成。实验仪内部装有冰点补偿电器,数字电压表显示的毫伏数可直接查表换算成对应待测温度值。

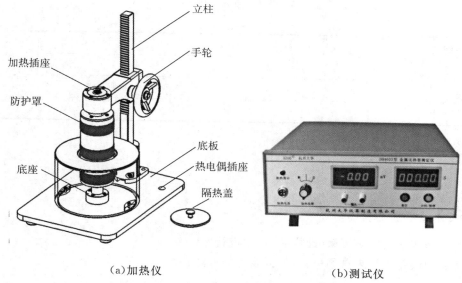

（a）加热仪　　　　　　　　　　　（b）测试仪

图 30-1　DH4603 型冷却法金属比热容测量仪

【实验内容】

开机前先连接好加热仪和测试仪,共有加热四芯线和热电偶线两组线。

1. 选取长度、直径、表面光洁度尽可能相同的三种金属样品(铜、铁、铝),用物理天平或电子天平称出它们的质量 M_0,再根据 $M_{Cu} > M_{Fe} > M_{Al}$ 这一特点,把它们区别开来。

2. 使热电偶端的铜导线(即红色接插片)与数字表的正端相连,康铜导线(即黑色接插片)与数字表的负端相连。当样品加热到 150 ℃(此时热电势显示约为 6.7 mV)时,切断电源移去加热源,样品继续安放在与外界基本隔绝的有机玻璃圆筒内自然冷却(筒口需盖上盖子),记录样品的冷却速率 $\left(\dfrac{\Delta\theta}{\Delta t}\right)_{\theta=100\,℃}$。记录数字电压表上示值约从 $E_1 = 4.36$ mV 降到 $E_2 = 4.20$ mV 所需的时间 Δt(因为数字电压表上的值显示数字是跳跃性的,所以 E_1、E_2 只能取附近的值),从而计算 $\left(\dfrac{\Delta E}{\Delta t}\right)_{E=4.28\,\text{mV}}$。按铁、铜、铝的次序,分别测量其温度下降速度,每一样品应重复测量 6 次,将数据记入表 30-2 中。

3. 仪器的加热指示灯亮,表示正在加热;如果连接线未连好或加热温度过高(超过 200 ℃)导致自动保护时,指示灯不亮。升到指定温度后,应切断加热电源。

4. 注意:测量降温时间时,按"计时"或"暂停"按钮应迅速、准确,以减小人为计时误差。

5. 加热装置向下移动时,动作要慢,应注意要使被测样品垂直放置,以使加热装置能完全套入被测样品。

【数据记录与处理】

记录样品由 4.36 mV 下降到 4.20 mV 所需时间。

样品质量:$M_{Cu} =$ ＿＿＿ g;　　　　$M_{Fe} =$ ＿＿＿ g;

热电偶冷端温度:＿＿＿ ℃。

表 30-2　测量冷却时间

单位:s

样品 ＼ 时间	Δt						平均值
	1	2	3	4	5	6	
Fe							
Cu							

以铜为标准:$c_1 = c_{Cu} = 0.0940$ cal/(g·K);

铁:$c_2 = c_1 \dfrac{M_1 (\Delta t)_2}{M_2 (\Delta t)_1} = $ _____ cal/(g·K)。

【思考题】

1. 为什么实验要在防风筒(即样品室)中进行?

2. 实验的误差主要来自哪里,有什么改进的方法?

实验 31 混合法测量冰的熔化热

【实验导读】

温度测量和量热技术是热学实验中最基本的问题。量热学以热力学第一定律为理论基础，所研究的范围就是如何计量物质系统随温度变化、相变、化学反应等吸收和放出的热量。量热学的常用实验方法有混合法、稳流法、冷却法、潜热法、电热法等。本实验主要学习利用混合法来测定冰的熔化热，使用的基本仪器为量热器。由于实验过程中量热器不可避免地要参与外界环境的热交换而改变系统内能，因此，本实验采用牛顿冷却定理克服和消除热量散失对实验的影响，以减小实验系统误差。

【实验目的】

1. 掌握混合法的基本原理；
2. 测定冰的熔化热。

【实验仪器】

DH-DT-1 数字温度计 量热器 电子天平 量杯 冰块

【实验原理】

在一定压强下，固体发生熔化时的温度称为熔化温度或熔点，单位质量的固态物质在熔点时完全熔化为同温度的液态物质所需要吸收的热量称为熔化热，用 L 表示，单位为 J/kg 或 J/g。

将质量为 m、温度为 0 ℃ 的冰块置入量热器内，与质量为 m_0、温度为 t_0 的水相混合，设量热器内系统达到热平衡时温度为 t_1。若忽略量热器与外界的热交换，根据热平衡原理可知，冰块熔化成水并升温吸热与水和内筒等的降温放热相等。即：

$$mL + mc_0 t_1 = (m_0 c_0 + m_1 c_1 + m_2 c_2)(t_0 - t_1) \qquad (31-1)$$

解得冰的熔化热为：

$$L = \frac{1}{m}(m_0 c_0 + m_1 c_1 + m_2 c_2)(t_0 - t_1) - c_0 t_1 \qquad (31-2)$$

式中，m 为冰的质量；m_0 为量热器内筒中所取温水的质量；$c_0 = 4.18$ J/(g·℃)，为水的比热；m_1、c_1 为量热器内筒及搅拌器的质量和比热（二者同材料，铝取 $c_1 = 0.90$ J/(g·℃)）；$m_2 c_2$ 是温度计插入水中部分的热容（对于水银温度计 $m_2 c_2 = 1.9V$，单位为 J/℃，其中 V 数值上等于温度计插入水中体积的毫升数，数字温度计的 $m_2 c_2$ 可忽略不计）；t_0、t_1 为投冰前、后系统的平衡温度。实验中可测出 m、m_0、m_1、$m_2 c_2$、t_0、t_1 值，c_0、c_1 为已知量，故可求出 L 值。

【仪器介绍】

1. DH-DT-1 数字温度计

数字温度计功能主要由两部分组成，一部分为计时表功能，另外一部分为测温功能。前面板如图 31-1 所示。

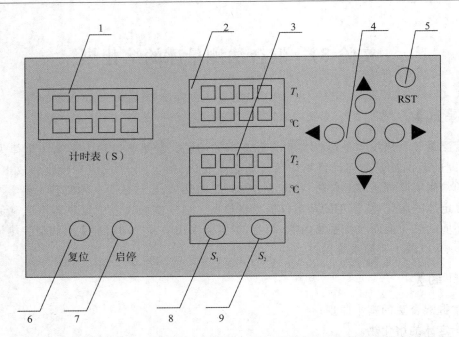

1. 计时表；2. 温度显示表 T_1；3. 温度显示表 T_2；4. 功能按键；5. 复位键（测温系统复位）；

6. 计时表复位；7. 计时表开启或停止；8. 温度传感器 S_1 接口；9. 温度传感器 S_2 接口

图 31-1　DH-DT-1 数字温度计前面板

2. 量热器

　　量热器的结构如图 31-2 所示，温度计插孔用于放置数字温度传感器探头或其他温度计，用于测量液体的温度；搅拌器用于在测量过程中对液体进行搅拌，使热传导均匀。

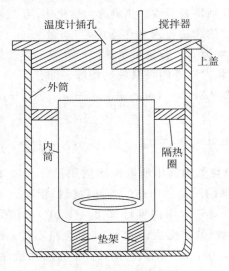

图 31-2　量热器结构示意图

【实验内容】

　　1. 用天平称量热器内筒及搅拌器的质量 m_1，由于材质为铝，取 $c_1 = 0.90\ \mathrm{J/(g \cdot ℃)}$。

2. 在内筒中注入高于室温 10 ℃左右温度的水,约为内筒容积 3/5,称量其总质量 $m_1 + m_0$,求出所取水的质量 m_0,安装好仪器装置,并放置 3 分钟左右。

3. 记录量热器中水初温 t_0 的同时,快速从事先准备的冰水混合物中,将擦干水的质量为 m 的 0 ℃的冰放入量热器内,盖好盖子,持续搅拌,记录量热器中水的最低末温 t_1。

4. 称量 $m_1 + m_0 + m$ 总质量,求出冰的质量 m。

5. 将仪器擦干水,整理复原。

6. 求出冰的熔化热及其相对误差(与标准值 334 J/g 相比),并分析误差来源,提出改进办法。

【数据记录与处理】

1. 数据记录

(1)质量测量

量热器内筒质量 $m_1 =$ _____;搅拌器的质量 $m_2 =$ _____;

量热器内筒加水的质量 $m_1 + m_0 =$ _____;

量热器内筒、水加冰的质量 $m_1 + m_0 + m =$ _____。

(2)温度测量

室温 $\theta =$ _____ ℃;

水的初温 t_0 _____,水的末温 t_1 _____。

2. 数据处理

计算水的质量 $m_0 = (m_1 + m_0) - m_1 =$ _____;

计算冰的质量 $m = (m_1 + m_0 + m) - (m_1 + m_0) =$ _____;

根据 $L = \dfrac{1}{m}[m_0 c_0 + (m_1 + m_2)c_1](t_0 - t_1) - c_0 t_1$ 计算 L,并与冰的熔化热的公认值 334 J/g 相比较,计算误差百分比。

【注意事项】

1. 请正确使用电子天平。

2. 量热器中温度计插入位置要适中,因为冰块浮在水面,致使水面局部温度较低。

3. 整个测温过程中,搅拌器都应持续地缓慢搅拌;放置冰块时应迅速且无水溅出。

4. 实验应远离热源,要保持环境温度基本恒定。

5. 实验完毕,取出温度计时要缓慢,尽量避免带出过多水,否则会影响质量测量准确性。

【思考题】

1. 分析本实验中带来测量误差的因素主要有哪些。

2. 请设计一种用混合法测定金属块比热的实验方法。

实验 32　水的比汽化热的测定

【实验导读】

单位质量的液体在温度保持不变的情况下转化为气体时所吸收的热量称为该液体的比汽化热。液体的比汽化热不但和液体的种类有关，而且和汽化时的温度有关，因为温度升高，液相中分子和气相中分子的能量差别将逐渐减小，因而温度升高液体的比汽化热减小。物质由气态转化为液态的过程称为凝结，凝结时将释放出在同一条件下汽化所吸收的相同的热量，因而，可以通过测量凝结时放出的热量来测量液体汽化时的比汽化热。

【实验目的】

1. 了解集成线性温度传感器 AD590 的工作原理，熟悉其精确测温的方法；
2. 学习液体比汽化热的测量方法，精确测量水的比汽化热。

【实验仪器】

HZDH 液体比汽化热测量仪

【实验原理】

本实验采用混合法测定水的比汽化热，方法是将烧瓶中接近 100 ℃的水蒸气，通过短的玻璃管加接一段很短的橡皮管（或乳胶管）插入量热器内杯中。如果水和量热器内杯的初始温度为 θ_1 ℃，而质量为 M 的水蒸气进入量热器的水中被凝结成水，当水和量热器内杯温度均一时，其温度值为 θ_2 ℃，那么水的比汽化热可由下式得到：

$$ML + Mc_W(\theta_3 - \theta_2) = (mc_W + m_1 c_{Al} + m_2 c_{Al})(\theta_2 - \theta_1) \qquad (32-1)$$

其中，c_W 为水的比热容；m 为原先在量热器中水的质量；c_{Al} 为铝的比热容；m_1 和 m_2 分别为铝量热器和铝搅拌器的质量；θ_3 为水蒸气的温度；L 为水的比汽化热。

实验装置图如 32-1 所示，其中集成电流型温度传感器 AD590（图 32-2）是由多个参数相同的三极管和电阻组成。当该器件的两引出脚加有某一定直流工作电压时（一般工作电压可在 4.5～20 V 范围内），如果该温度传感器的温度升高或降低 1 ℃，那么传感器的输出电流增加或减少 1 μA，它的输出电流的变化与温度变化满足如下关系：

$$I = K\theta + A \qquad (32-2)$$

其中，I 为 AD590 的输出电流，单位 μA/℃或 A/℃；θ 为摄氏温度；K 为斜率；A 为摄氏零度时的电流值，该值恰好与冰点的热力学温度 273 K 相对应（实际使用时，应在冰点温度时进行确定）。利用 AD590 集成电路温度传感器的上述特性，可以制成各种用途的温度计。在通常实验时，采取测量取样电阻 R 上的电压求得电流 I。

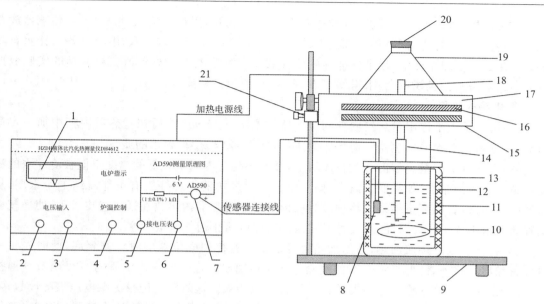

1. 四位半电压表(用于测量取样电阻上的电压);2,3. 电压表输出正极、负极;4. 电炉功率调节;5,6. 取样电阻压降输出负极、正极;7. AD590 传感器接口;8. AD590 传感器;9. 底座;10. 铝搅拌器;11. 量热器内杯;12. 绝热材料;13. 量热器外壳;14. 橡皮管;15. 绝热板;16. 电炉加热器;17. 托盘;18. 通气玻璃管;19. 三角烧瓶;20. 橡皮塞;21. 防滑座

图 32-1 实验装置图

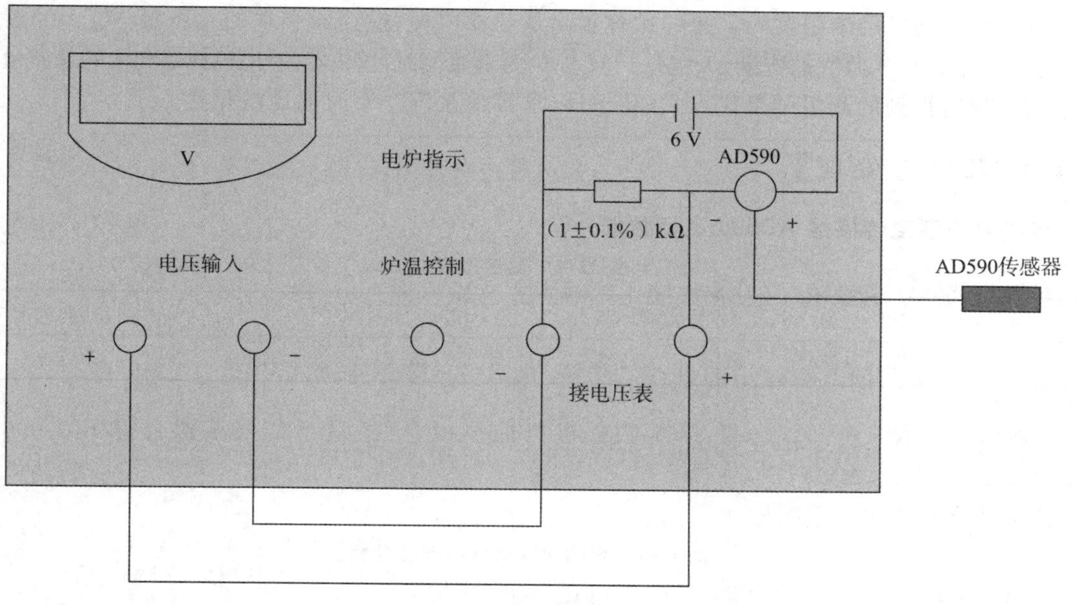

图 32-2 AD590 测温原理图

【实验内容】

1. 集成电路温度传感器 AD590 的定标

每个集成电路温度传感的灵敏度有所不同,在实验前,需要将其定标。按图 32-2 要求接线。将 AD590 传感器与仪器面板对应插座连接起来,取样电阻上的电压输出接口与电压表电

压输入接口相连,正极对应正极,负极对应负极(红色为正,黑色为负)。将 AD590 传感器放置在 35 ℃左右的水杯中,同时用标准温度计(量程 50 ℃,分辨率 0.01 ℃,用户自备),让水自然冷却或在水杯中加兑冷水,记录标准温度计读数以及测温电压表显示值。对测量的实验数据用最小二乘法进行直线拟合,求得斜率 K、截距 A 和相关系数 r。

2. 水汽化热的测量

(1)用电子天平称出量热器内杯和搅拌器的质量 m_1+m_2,然后在量热器内杯中加一定量的水,再称出盛有水的量热器和搅拌器的质量,减去 m_1+m_2 得到水的质量 m。

(2)将盛有水的量热器内杯放在冰块上,预冷却到室温以下较低的温度。但被冷却水的温度需高于环境的露点,如果低于露点,则实验过程中量热器内杯外表有可能凝结上薄水层,从而释放出热量,影响测量结果。将预冷过的内杯放回量热器内再放在通气橡皮管下,使通气橡皮管插入水中约 1 mm 深,注意气管不宜插入太深以防止通气管被堵塞。

(3)将盛有水的烧瓶加热,开始加热时可以将炉温控制电位器顺时针调到底,此时先将三角烧瓶橡皮塞移去,使低于 100 ℃的水蒸气从瓶口逸出。当烧瓶内水沸腾时可以调节炉温控制电位器,保证水蒸气输入量热器的速率符合实验要求。这时要先记录测温电压表的读数 θ_1。接着用橡皮塞盖好三角烧瓶(注意盖好,防止水蒸气从上端泄漏),继续让水沸腾,此时水蒸气将由通气玻璃管不断导入量热器,搅拌量热器内的水;通过一段时间,以尽可能使量热器中水的末温度 θ_2 与室温的差值同室温与初温 θ_1 差值相近,这样可使实验过程中量热器内杯与外界热交换相抵消。

(4)停止电炉通电,并打开三角烧瓶橡皮塞,不再向量热器通气,继续搅拌量热器内杯的水,读出水和内杯的末温度 θ_2。再一次称量出量热器内杯、搅拌器和水的总质量 $M_总$。经过计算,求得量热器中水蒸气的质量 $M=M_总-M_0$(M_0 为未通气前,量热器内杯、搅拌器和水的总质量)。

(5)将所得到的测量结果代入式(32-1),求得水在 100 ℃时的比汽化热。

【数据记录与处理】

1. 集成电路温度传感器 AD590 定标数据

表 32-1　温度拟合

θ/℃	14.85	20.15	25.5	30.15	34.6
U/mV	287.1	292.5	297.8	302.3	306.9

根据 $U=K \cdot \theta+A$,对表 32-1 数据进行曲线拟合;经最小二乘法拟合得 $K=0.998$ mV/℃;$A=272.3$ mV。

2. 水的比汽化热的测量数据

表 32-2　水的比汽化热的测量数据

量热器内杯 $m_1=$ ____ g;搅拌器 $m_2=$ ____ g;$\theta_3=100.00$ ℃

编号	M_0/g	m/g	U_1/mV	θ_1/℃	U_2/mV	θ_2/℃	$M_总$/g	M/g	M_b/g
1									
2									
3									

注:M_b 为实验中滴入量热器中凝结水的质量。

查表得:$c_W = 4.187 \times 10^3$ J/(kg·℃),$c_{Al} = 0.9002 \times 10^3$ J/(kg·℃)。

计算结果:

表 32-3 实验结果与误差百分比

编号	$L/(\text{J/kg})$	误差百分比 100×(公认值-测量值)/公认值
1		
2		
3		

水在 100 ℃时的比汽化热公认值等于 2.25×10^6 J/kg。

实验数据修正:

(1)本仪器温度传感器的水当量 w 约为 1.1 g,实验数据处理过程中需扣除。

(2)蒸汽在通气管道内凝结成约 100 ℃的水滴直接流入量热器对实验测量的准确度影响很大,应加以修正。修正的方法是:当下通气管道正常通气 5 分钟以上后,将量热器加内杯(不要盖盖子)放在下通气管下预热几分钟,迅速取下,倒掉水,用布擦干,再放到通气管下接滴下的水,同时记时 5 分钟,将量热杯取下,并测量内杯中的水的质量 M_s。实验过程中记录通气时间,则实验中直接滴入量热器中凝结水的质量为 $M_b = t \cdot M_s/300$。式(32-1)修正为

$$(M - M_b)L + Mc_W(\theta_3 - \theta_2) = (mc_W + m_1 c_{Al} + m_2 c_{Al} + wc_W)(\theta_2 - \theta_1) \quad (32-3)$$

式中 c_W 为水的比热容。

【思考题】

1. 实验误差主要来自哪些方面?如何改进实验设备减少实验误差?

2. 大气压如何影响水的比汽化热值?

实验 33　用交流电桥测量电感与电容

【实验导读】

　　交流电桥是一种比较式仪器,在电测技术中占有重要地位。它主要用于测量交流等效电阻及其时间常数、电容及其介质损耗、自感及其线圈品质因数以及互感等电参数的精密测量,也可用于非电量变换为相应电量参数的精密测量。常用的交流电桥分为阻抗比电桥和变压器电桥两大类。习惯上一般称阻抗比电桥为交流电桥。本实验中交流电桥指的是阻抗比电桥。交流电桥的线路虽然和直流单电桥线路具有同样的结构形式,但因为它的四个臂是阻抗,所以它的平衡条件、线路的组成以及实现平衡的调整过程都比直流电桥复杂。

【实验目的】

　　1. 掌握交流电桥的平衡条件和测量原理;
　　2. 设计各种实际测量用的交流电桥;
　　3. 验证交流电桥的平衡条件。

【实验仪器】

　　DH518 型交流电桥实验仪

【实验原理】

　　图 33-1 是交流电桥的原理线路图。在交流电桥中,四个桥臂一般是由交流电路元件如电阻、电感、电容组成;电桥的电源通常是正弦交流电源;交流平衡指示仪的种类很多,适用于不同频率范围。频率为 200 Hz 以下时可采用谐振式检流计,音频范围内可采用耳机作为平衡指示器,音频或更高的频率时也可采用电子指零仪器,也有用电子示波器或交流毫伏表作为平衡指示器的。本实验采用高灵敏度的电子放大式指零仪,有足够的灵敏度。指示器指零时电桥达到平衡。

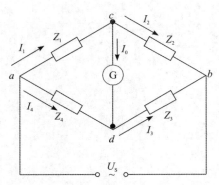

图 33-1　交流电桥原理

1. 交流电桥的平衡条件

我们在正弦稳态的条件下讨论交流电桥的基本原理。如图 33-1 所示,在交流电桥中,四个桥臂由阻抗元件组成,在电桥的一个对角线 cd 上接入交流指零仪,另一对角线 ab 上接入交流电源。调节电桥参数,使交流指零仪中无电流通过时(即 $I_0=0$),c,d 两点的电位相等,电桥达到平衡,这时有 $U_{ac}=U_{ad}$,$U_{cb}=U_{db}$,即 $I_1Z_1=I_4Z_4$,$I_2Z_2=I_3Z_3$,可以得到

$$\frac{I_1Z_1}{I_2Z_2}=\frac{I_4Z_4}{I_3Z_3} \tag{33-1}$$

当电桥平衡时,$I_0=0$,有 $I_1=I_2$,$I_3=I_4$,所以可以得到

$$Z_1Z_3=Z_2Z_4 \tag{33-2}$$

上式就是交流电桥的平衡条件,当交流电桥达到平衡时,相对桥臂的阻抗的乘积相等。

由图 33-1 可知,若第一桥臂由被测阻抗 Z_x 构成,则

$$Z_x=\frac{Z_2}{Z_3}Z_4 \tag{33-3}$$

当其他桥臂的参数已知时,就可决定被测阻抗 Z_x 的值。

2. 交流电桥平衡的分析

在正弦交流情况下,桥臂阻抗可以写成复数的形式 $Z=R+jX=Ze^{j\varphi}$,若将电桥的平衡条件用复数的指数形式表示,则可得 $Z_1e^{j\varphi_1} \cdot Z_3e^{j\varphi_3}=Z_2e^{j\varphi_2} \cdot Z_4e^{j\varphi_4}$。

根据复数相等的条件,等式两端的幅模和幅角必须分别相等,故有

$$Z_1Z_3=Z_2Z_4 \tag{33-4}$$

$$\varphi_1+\varphi_3=\varphi_2+\varphi_4 \tag{33-5}$$

上面就是平衡条件的另一种表现形式,可见交流电桥的平衡必须满足两个条件:一是相对桥臂上阻抗幅模的乘积相等;二是相对桥臂上阻抗幅角之和相等。由式(33-5)可以得出如下两个重要结论:

(1)交流电桥必须按照一定的方式配置桥臂阻抗;

(2)交流电桥平衡必须反复调节两个桥臂的参数。

3. 交流电桥的设计

本实验采用独立的测量元件,既可设计一个理论上能平衡的桥路类型,又可设计一个理论上不能平衡的桥路类型,以验证交流电桥的工作原理。交流电桥的四个桥臂要按一定的原则配以不同性质的阻抗,才有可能达到平衡。根据前面的分析,满足平衡条件的桥臂类型可以有许多种。设计一个好的实用的交流电桥应注意以下几个方面:

(1)桥臂尽量不采用标准电感。由于制造工艺上的原因,标准电容的准确度要高于标准电感,并且标准电容不易受外磁场的影响,所以常用的交流电桥,不论是测电感或测电容,除了被测臂之外,其他三个臂都采用电容和电阻。

(2)尽量使平衡条件与电源频率无关,这样才能发挥电桥的优点,使被测量只决定于桥臂参数,而不受电源的电压或频率的影响。有些形式的桥路的平衡条件与频率有关,这样,电源的频率不同将直接影响测量的准确性。

(3)电桥在平衡中需要反复调节,才能使幅角关系和幅模关系同时得到满足。通常将电桥趋于平衡的快慢程度称为交流电桥的收敛性。收敛性愈好,电桥趋向平衡愈快;收敛性差,则电桥不易平衡或者说平衡时间较长,需要测量的时间也较长。电桥的收敛性取决于桥臂阻抗的性质以及调节参数的选择。所以收敛性差的电桥,由于平衡比较困难,也不常用。当然,出

于对理论验证的需要,我们也可以组建自己需要的各种形式的交流电桥。

下面是几种常用的交流电桥。

4. 电容电桥

电容电桥主要用来测量电容器的电容量及损耗角,为了弄清电容电桥的工作情况,首先对被测电容的等效电路进行分析,然后介绍电容电桥的典型线路。

(1)被测电容的等效电路

实际电容器并非理想元件,它存在着介质损耗,所以通过电容器 C 的电流和它两端的电压的相位差并不是 90°,而且比 90°要小一个 δ 角,称为介质损耗角。具有损耗的电容可以用两种形式的等效电路表示,一种是理想电容和一个电阻相串联的等效电路,如图 33-2(a)所示。一种是理想电容与一个电阻相并联的等效电路,如图 33-3(a)所示。在等效电路中,理想电容表示实际电容器的等效电容,而串联(或并联)等效电阻则表示实际电容器的发热损耗。

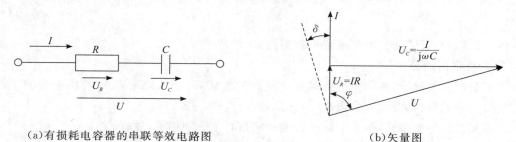

(a)有损耗电容器的串联等效电路图　　　　　　　　(b)矢量图

图 33-2　有损耗电容器的串联等效电路及电压、电流的相量图

图 33-2(b)及图 33-3(b)分别画出了相应电压、电流的相量图。必须注意,等效串联电路中的 C 和 R 与等效并联电路中的 C' 和 R' 是不相等的。在一般情况下,当电容器介质损耗不大时,应当有 $C \approx C'$,$R \le R'$。所以,如果用 R 或 R' 来表示实际电容器的损耗时,还必须说明它是对哪一种等效电路而言的。因此为了表示方便起见,通常用电容器的损耗角 δ 的正切 $\tan\delta$ 来表示它的介质损耗特性,并用符号 D 表示,通常称它为损耗因数,在等效串联电路中

$$D = \tan\delta = \frac{U_R}{U_C} = \frac{IR}{\dfrac{I}{\omega C}} = \omega RC \qquad (33-6)$$

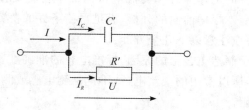

(a)有损耗电容器的并联等效电路　　　　　　　　(b)矢量图

图 33-3　有损耗电容器的并联等效电路及电压、电流的相量图

在等效的并联电路中

$$D = \tan\delta = \frac{I_R}{I_C} = \frac{U/R'}{\omega C'U} = \frac{1}{\omega C'R'} \qquad (33-7)$$

应当指出,在图 33-2(b)和图 33-3(b)中,$\delta = 90° - \varphi$ 对两种等效电路都是适合的,所以不管用哪种等效电路,求出的损耗因数是一致的。

（2）测量损耗小的电容电桥（串联电阻式）

图 33-4 为适合用来测量损耗小的被测电容的电容电桥，被测电容 C_x 接到电桥的第一臂，等效为电容 C_x' 和串联电阻 R_x'，其中 R_x' 表示它的损耗；与被测电容相比较的标准电容 C_n 接入相邻的第四臂，同时与 C_n 串联一个可变电阻 R_n，桥的另外两臂为纯电阻 R_b 及 R_a。当电桥调到平衡时，有

$$(R_x + \frac{1}{j\omega C_x})R_a = (R_n + \frac{1}{j\omega C_n})R_b \tag{33-8}$$

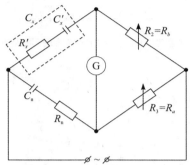

图 33-4　串联电阻式电容电桥

令上式实数部分和虚数部分分别相等

$$R_x = \frac{R_b}{R_a}R_n \tag{33-9}$$

$$C_x = \frac{R_a}{R_b}C_n \tag{33-10}$$

由此可知，要使电桥达到平衡，必须同时满足上面两个条件，因此至少调节两个参数。如果改变 R_n 和 C_n，便可以单独调节互不影响地使电容电桥达到平衡。通常标准电容都是做成固定的，因此 C_n 不能连续可变，这时我们可以调节 R_a/R_b 比值使式（33-10）得到满足，但调节 R_a/R_b 的比值时又影响到式（33-9）的平衡。因此要使电桥同时满足两个平衡条件，必须对 R_n 和 R_a/R_b 等参数反复调节才能实现，使用交流电桥时，必须通过实际操作取得经验，才能迅速获得电桥的平衡。电桥达到平衡后，C_x 和 R_x 值可以分别按式（33-10）和式（33-9）计算，其被测电容的损耗因数 D 为

$$D = \tan\delta = \omega C_n R_n = \omega C_x R_x \tag{33-11}$$

5. 电感电桥

电感电桥是用来测量电感的，电感电桥有多种线路，通常采用标准电容作为与被测电感相比较的标准元件，从前面的分析可知，这时标准电容一定要安置在与被测电感相对的桥臂中。根据实际的需要，也可采用标准电感作为标准元件，这时标准电感一定要安置在与被测电感相邻的桥臂中。一般实际的电感线圈都不是纯电感，除了电抗 $X_L = \omega L$ 外，还有有效电阻 R，两者之比称为电感线圈的品质因数 Q。即

$$Q = \frac{\omega L}{R} \tag{33-12}$$

测量高 Q 值的电感电桥的原理线路如图 33-5 所示，该电桥线路又称为海氏电桥。

电桥平衡时，根据平衡条件可得

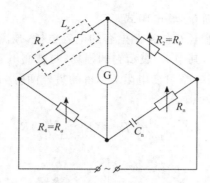

图 33-5　测量高 Q 值电感的电桥原理(海氏电桥线路)

$$(R_x+\mathrm{j}\omega L_x)(R_\mathrm{n}+\frac{1}{\mathrm{j}\omega C_\mathrm{n}})=R_aR_b \tag{33—13}$$

简化和整理后可得

$$L_x=\frac{R_bR_aC_\mathrm{n}}{1+(\omega C_\mathrm{n}R_\mathrm{n})^2} \tag{33—14}$$

$$R_x=\frac{R_bR_aR_\mathrm{n}\ (\omega C_\mathrm{n})^2}{1+(\omega C_\mathrm{n}R_\mathrm{n})^2} \tag{33—15}$$

由式(33—13)可知,海氏电桥的平衡条件与频率有关。因此在应用成品电桥时,若改用外接电源供电,必须注意要使电源的频率与该电桥说明书上规定的电源频率相符,而且电源波形必须是正弦波,否则,谐波频率就会影响测量的精度。

用海氏电桥测量时,其 Q 值为

$$Q=\frac{\omega L_x}{R_x}=\frac{1}{\omega C_\mathrm{n}R_\mathrm{n}} \tag{33—16}$$

由式(33—16)可知,被测电感 Q 值越小,则要求标准电容 C_n 的值越大,但一般标准电容的容量都不能做得太大。此外,若被测电感的 Q 值过小,则海氏电桥的标准电容的桥臂中所串的 R_n 也必须很大,但当电桥中某个桥臂阻抗数值过大时,将会影响电桥的灵敏度,可见海氏电桥线路宜于测 Q 值较大的电感参数。

【实验内容】

交流电桥采用的是交流指零仪,所以电桥平衡时指针位于左侧 0 位。实验时,指零仪的灵敏度应先调到适当位置,以指针位置处于满刻度的 30%～80% 为好,待基本平衡时再调高灵敏度,重新调节桥路,直至最终平衡。

1. 交流电桥测量电容

根据前面实验设计的介绍,用串联电阻式电容电桥测量两个损耗不同 C_x 电容,用并联电阻式电容电桥测量两个损耗不同 C_x 电容。试用交流电桥的测量原理对测量结果进行分析,计算电容值和其损耗电阻、损耗。

2. 交流电桥测量电感

根据前面实验设计的介绍,用串联电阻式电感电桥测量两个 Q 值不同的 L_x 电感,用并联电阻式电感电桥测量两个 Q 值不同 L_x 电感。试用交流电桥的测量原理对测量结果进行分析,计算电感值和其损耗电阻 Q 值。

说明:在电桥的平衡过程中,有时的指针不能完全回到 0 位,这对于交流电桥是完全可能的，一般来说有以下原因：

（1）测量电阻时，被测电阻的分布电容或电感太大。

（2）测量电容和电感时，损耗平衡 R_n 的调节细度受到限制，尤其是低 Q 值的电感或高损耗的电容测量时更为明显。另外，电感线圈极易感应外界的干扰，也会影响电桥的平衡，这时可以试着变换电感的位置来减小这种影响。

（3）用不合适的桥路形式测量，也可能使指针不能完全回到 0 位。

（4）由于桥臂元件并非理想的电抗元件，也存在损耗，如果被测元件的损耗很小甚至小于桥臂元件的损耗，也会造成电桥难以完全平衡。

（5）选择的测量量程不当，以及被测元件的电抗值太小或太大，也会造成电桥难以平衡。

（6）在保证精度的情况下，灵敏度不要调得太高，灵敏度太高也会引入一定的干扰，形成一定的指针偏转。

【数据记录与处理】

1. 串联电阻式测量电容

按图 33-4 连线，选择 $C_x = 0.01~\mu F$，频率 $f = 1000~Hz$。

表 33-1　实验数据表

实验参数	R_a/Ω	$C_n/\mu F$	测量结果		计算结果		
			R_b/Ω	R_n/Ω	$C_x/\mu F$	R_x/Ω	D
	1000	0.01					

2. 串联电阻式测量高 Q 电感

按图 33-5 连线，选择 $L_x = 10~mH$ 进行测量，R_a 为 $100~\Omega$，C_n 为 $0.1~\mu F$，调节 R_b 和 R_n 使检流计指示最小，可见这时 R_b 也该在 $1~k\Omega$ 左右。调节平衡的过程与串联电阻式测量电容时相同，再根据公式计算出 L_x、R_x、Q。

表 33-2　串联电阻式测量高 Q 值电感

频率 $f = 1000~Hz$

实验参数	R_a/Ω	$C_n/\mu F$	测量结果		计算结果		
			R_b/Ω	R_n/Ω	L_x/mH	R_x/Ω	Q
	100	0.1					

【思考题】

1. 交流电桥的桥臂是否可以任意选择不同性质的阻抗元件？应如何选择？

2. 为什么在交流电桥中至少需要选择两个可调参数？怎样调节才能使电桥趋于平衡？

3. 交流电桥对使用的电源有何要求？交流电源对测量结果有无影响？

实验 34　霍耳效应法测定螺线管磁场

【实验导读】

　　霍耳效应是导电材料中的电流与磁场相互作用而产生电动势的效应。1879 年美国霍普金斯大学研究生霍耳在研究金属导电机构时发现了这种电磁现象,故称霍耳效应。随着半导体材料和制造工艺的发展,人们利用半导体材料制成霍耳元件,由于它的霍耳效应显著而得到应用和发展。现在人们利用霍耳效应制成测量磁场的磁传感器,广泛用于电磁测量、非电量检测、电动控制和计算装置方面。在电流体中的霍耳效应也是目前在研究中的"磁流体发电"的理论基础。

　　近年来,霍耳效应不断有新发现。1980 年原西德物理学家冯·克利青（K. von Klitzing）研究二维电子气系统的输运特性,在低温和强磁场下发现了量子霍耳效应,这是凝聚态物理领域最重要的发现之一。目前对量子霍耳效应正在进行深入研究,并取得了重要应用,例如用于确定电阻的自然基准,可以极为精确地测量光谱精细结构常数等。在磁场、磁路等磁现象的研究和应用中,霍耳效应及其元件是不可缺少的,利用它观测磁场,直观、干扰小、灵敏度高。本实验利用霍耳效应测量螺线管的磁场。

【实验目的】

　　1. 了解霍耳效应原理;

　　2. 测绘霍耳元件的 V_H-I_s、V_H-I 曲线,了解霍耳电势差 V_H 与霍耳元件工作电流 I_s、励磁电流 I 之间的关系,计算霍耳元件的灵敏度 K_H;

　　3. 利用霍耳效应测量螺线管磁场分布;

　　4. 学习用"对称交换测量法"消除副效应产生的系统误差。

【实验仪器】

　　ZKY-LS 螺线管实验仪　　ZKY-H/L 霍耳效应螺线管磁场测试仪

【实验原理】

1. 霍耳效应

　　运动的带电粒子在磁场中受洛伦兹力的作用而偏转。当带电粒子（电子或空穴）被约束在固体材料中,这种偏转就导致在垂直电流和磁场的方向上产生正负电荷在不同侧的聚积,从而形成附加的横向电场。

　　如图 34-1 所示,磁场 B 沿 Z 的正向,与之垂直的半导体薄片上沿 X 正向通以工作电流 I_s,假设载流子为电子（N 型半导体材料）,它沿着与电流 I_s 相反的 X 负向运动。

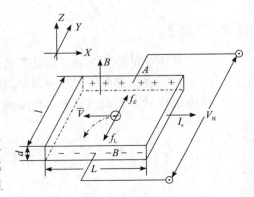

图 34-1　霍耳效应

洛伦兹力用矢量式表示为：

$$\vec{f}_L = -e\vec{V} \times \vec{B} \tag{34-1}$$

式中 e 为电子电量，$\vec{V}$ 为电子运动平均速度，$\vec{B}$ 为磁感应强度。

由于洛伦兹力 f_L 的作用，电子即向图中虚线箭头所指的位于 Y 轴负方向的 B 侧偏转，并使 B 侧形成电子积累，而相对的 A 侧形成正电荷积累。与此同时运动的电子还受到由于两种积累的异种电荷形成的反向电场力 f_E 的作用。随着电荷积累量的增加，f_E 增大，当两力大小相等（方向相反）时，$f_L = -f_E$，则电子积累便达到动态平衡。这时在 A、B 两端面之间建立的电场称为霍耳电场 E_H，相应的电势差称为霍耳电势 V_H。

电场作用于电子的力为

$$f_E = -eE_H = -eV_H/l \tag{34-2}$$

当达到动态平衡时

$$\overline{V}B = V_H/l \tag{34-3}$$

设霍耳元件宽度为 l，厚度为 d，载流子浓度为 n，则霍耳元件的工作电流为：

$$I_s = ne\overline{V}ld \tag{34-4}$$

由式（34-3）、（34-4）可得

$$V_H = \frac{1}{ne}\frac{I_sB}{d} = R_H\frac{I_sB}{d} \tag{34-5}$$

即霍耳电压 V_H 与 I_s、B 的乘积成正比，与霍耳元件的厚度成反比；比例系数 $R_H = 1/ne$ 称为霍耳系数，它是反映材料霍耳效应强弱的重要参数。

当霍耳元件的厚度确定时，设

$$K_H = R_H/d = 1/ned \tag{34-6}$$

则式（34-5）可表示为：

$$V_H = K_H I_s B \tag{34-7}$$

K_H 称为霍耳元件的灵敏度，它表示霍耳元件在单位磁感应强度和单位工作电流下的霍耳电压大小，其单位是 V/(A·T)，一般要求 K_H 愈大愈好。

由于金属的电子浓度 n 很高，所以它的 R_H 或 K_H 都不大，因此不适宜作霍耳元件。此外，元件厚度 d 愈薄，K_H 愈高，所以制作时，往往采用减少 d 的办法来增加灵敏度。

应当注意，当磁感应强度 B 和元件平面法线成一角度时（如图34-2），作用在元件上的有效磁场是其法线方向上的分量 $B\cos\theta$，此时 $V_H = K_H I_s B\cos\theta$，所以一般在使用时应调整元件方位，使 V_H 达到最大，即 $\theta = 0$。

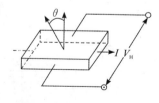

图 34-2

2. 螺线管磁场

由描述电流产生磁场的毕奥-沙伐-拉普拉斯定律，经计算可得出通电螺线管内部轴线上某点的磁感应强度为：

$$B = \frac{\mu_0}{2}nI(\cos\beta_2 - \cos\beta_1) \tag{34-8}$$

式中 $\mu_0 = 4\pi \times 10^{-7}$ H/m 为真空中的磁导率；n 为螺线管单位长度的匝数；I 为电流强度；β_1 和 β_2 分别表示该点到螺线管两端的连线与轴线之间的夹角，如图34-3所示。

在螺线管轴线中央，$-\cos\beta_1 = \cos\beta_2 = L/\sqrt{L^2+D^2}$，(34$-8$)式可表示为：

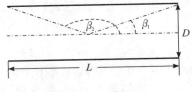

$$B = \mu_0 nI \frac{L}{\sqrt{L^2+D^2}} = \frac{\mu_0 NI}{\sqrt{L^2+D^2}} \quad (34-9)$$

式(34-9)中 N 为螺线管的总匝数。

图 34-3　β_1 和 β_2

如果螺线管为"无限长"，即螺线管的长度较管的直径为很大时，式(34-8)中的 $\beta_1 \to \pi$，$\beta_2 \to 0$，所以

$$B = \mu_0 nI \qquad\qquad\qquad\qquad (34-10)$$

这一结果说明，任何绕得很紧密的长螺线管内部沿轴线的磁场是匀强的，由安培环路定律易证明，无限长螺线管内部非轴线处的磁感应强度也由式(34-10)描述。

在无限长螺线管轴线的端口处 $\beta_1 = \pi/2$，$\beta_2 \to 0$，磁感应强度

$$B = \mu_0 nI/2 \qquad\qquad\qquad\qquad (34-11)$$

【仪器介绍】

本套仪器由 ZKY-LS 螺线管磁场实验仪和 ZKY-H/L 霍耳效应螺线管磁场测试仪两大部分组成。

1. ZKY-LS 螺线管磁场实验仪

霍耳元件测量磁场的基本电路如图 34-4，将霍耳元件置于待测磁场的相应位置，并使元件平面与磁感应强度 B 垂直，在其控制端输入恒定的工作电流 I_s，霍耳元件的霍耳电势输出端接毫伏表，测量霍耳电势 V_H 的值。

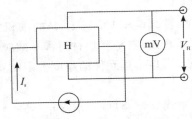

实验仪由螺线管、装在霍耳筒内的霍耳元件及引线和两个通断开关、两个换向开关组成，如图 34-5 所示。

霍耳元件处于霍耳筒中间位置（刻度尺上标有"■"处），霍耳筒在螺线管内轴向滑动，滑动范围大于 300 mm。霍耳元件的基本参数用铭牌标明，实验计算时可参考使用。

图 34-4　基本电路图

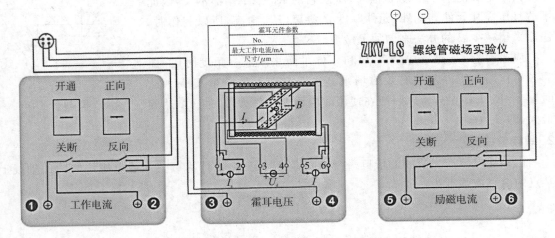

图 34-5　ZKY-LS 螺线管实验仪面板图（图中未含螺线管和霍耳筒）

　　两个通断开关和两个换向开关分别对螺线管电流 I、工作电流 I_s 进行通断和换向控制,可进行实验误差消除。

2. ZKY-H/L 霍耳效应螺线管磁场测试仪

　　仪器面板如图 34-6 所示,分为霍耳元件工作电流 I_s 的输出、调节、显示,霍耳电压 V_H 的输入、显示,以及励磁电流 I 的输出、调节、显示三大部分。

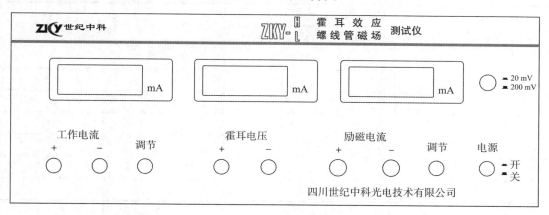

图 34-6　ZKY-H/L 面板示意图

　　工作电流输出直流电流,调节范围 0～10 mA,四位数码管显示输出电流值;励磁电流输出直流电流,调节范围 0～1000 mA,四位数码管显示输出电流值;霍耳电压测量范围 ±20.00 mV/±200.0 mV,其显示灵敏度可用面板右边的"L""H"按钮调节,四位数码管显示输入电压值。

【实验内容】

1. 仪器的连接与预热

　　将霍耳片接线接头插入仪器面板的对应插座上。将 ZKY-LS 上工作电流输入端用连接线接 ZKY-H/L"工作电流"座(红黑各自对应,下同)。将 ZKY-LS 上霍耳电压输出端用连接线接 ZKY-H/L"霍耳电压"座。将 ZKY-LS 上励磁电流输入端用鱼叉线接 ZKY-H/L"励磁电流"接线柱。将测试仪与 220 V 交流电源接通,开机预热,预热至少 15 分钟。

2. 测量霍耳电压 V_H 与磁感应强度 B 的关系

　　移动霍耳筒,使霍耳筒中心的霍耳元件处于螺线管中心位置。拨通工作电流开关和工作电流正向开关,调节工作电流 $I_s=6.00$ mA。拨通励磁电流开关和励磁电流正向开关,调节励磁电流 $I=0,100,200,\cdots,1000$ mA,并由式(34−9)算出螺线管中央相应的磁感应强度。分别测量霍耳电压 V_H 值填入表 34-1。为消除副效应对测量结果的影响,对每一测量点都要通过换向开关改变 I 及 I_s 的方向,取 4 次测量绝对值的平均值作为测量值。依据测量结果绘出 V_H-B 曲线。

【数据记录与处理】

1. 测量霍耳电压 V_H 与励磁电流 I 的关系

表 34-1　测量 V_H-I 关系 $I_s = 6.00$ mA

螺线管匝数 $N=$____;螺线管长度 $L=$_____;螺线管内径 $D_1=$_____;螺线管外径 $D_2=$_____。

I/mA	$B/$ $(\mathrm{Wb/m^2})$	V_1/mV $+I$、$+I_s$	V_2/mV $-I$、$+I_s$	V_3/mV $-I$、$-I_s$	V_4/mV $+I$、$-I_s$	$V_H = \dfrac{|V_1|+|V_2|+|V_3|+|V_4|}{4}$/mV
0						
100						
200						
300						
400						
500						
600						

2. 测量霍耳电压 V_H 与工作电流 I_s 的关系

移动霍耳筒,使霍耳元件处于螺线管中心位置。调节励磁电流 I 为 600 mA,调节工作电流 $I_s = 0, 1.00, 2.00, \cdots, 10.00$ mA,分别测量霍耳电压 V_H 值,填入表 34-2。对每一测量点都要通过换向开关改变 I 及 I_s 的方向,取 4 次测量绝对值的平均值作为测量值。依据测量结果绘出 V_H-I_s 曲线。

表 34-2　测量 V_H-I_s 关系

$I = 600$ mA

I_s/mA	V_1/mV $+I$、$+I_s$	V_2/mV $-I$、$+I_s$	V_3/mV $-I$、$-I_s$	V_4/mV $+I$、$-I_s$	$V_H = \dfrac{|V_1|+|V_2|+|V_3|+|V_4|}{4}$/mV
0					
1.00					
2.00					
3.00					
4.00					
5.00					
6.00					

3. 计算霍耳元件的灵敏度 K_H

由于 K_H 与载流子浓度 n 成反比,而半导体材料的载流子浓度与温度有关,故 K_H 随温度而变,使用前应用已知磁场进行标定。

根据式(34-7),已知 V_H、I_s 及 B,即可求得 K_H,也可由 V_H-B 或 V_H-I_s 直线的斜率求得 K_H,进而还可计算载流子浓度 n 等参量。

4. 测量螺线管中磁感应强度 B 的大小及分布情况

将霍耳元件置于螺线管中心,调节 $I_s = 5.00$ mA,$I = 600$ mA,测量相应的 V_H。将霍耳筒从左侧缓慢移出,直至刻度尺的"0"点刚好处于螺线管支架边沿,记录此时对应的 V_H 值。然后以 0 刻度起,每隔 10 mm 选一个点,测出相应的 V_H,填入表 34-3。

操作注意事项:刻度从 0～150 均在螺线管左侧读数,读数基准为螺线管左边沿。当从150～300,则在螺线管右侧读数,读数基准线为螺线管右边沿。

已知 V_H、K_H 及 I_s 值,由式(34-7)计算出各点的磁感应强度,并绘出 B-X 图,显示螺线管内 B 的分布状态。

表 34-3　测量 V_H-X 关系

$$I = 600 \text{ mA}, I_s = 5.00 \text{ mA}$$

X/mm	V_1/mV $+I、+I_s$	V_2/mV $-I、+I_s$	V_3/mV $-I、-I_s$	V_4/mV $+I、-I_s$	$V_H = \dfrac{|V_1|+|V_2|+|V_3|+|V_4|}{4}/\text{mV}$	B/mT
−150						
−140						
−130						
⋮						
140						
150						

【注意事项】

1. 霍耳筒可以滑动,请在实验要求范围内滑动,取出或超出范围将损坏连接线。

2. 为了不使螺线管过热而受到损害,或影响测量精度,除在短时间内读取有关数据时通以励磁电流 I 外,其余时间必须断开励磁电流开关。

【思考题】

1. 测量霍耳电压时,如何消除副效应的影响?

2. 为什么霍耳元件要用半导体材料而不用金属材料?

实验 35　用板式电位差计测量电池的电动势

【实验导读】

电位差计是利用补偿原理测量电位差的一种精密仪器。它的突出优点是用它来测电位差及其他电学量时,不会影响被测电路的状态,也不会从被测电路中吸取能量,测量结果仅仅依赖于准确度极高的标准电池、标准电阻以及高灵敏度的检流计,其测量准确度可达 0.01% 或更高。因此,它是精密测量中应用最广的仪器之一,除了可以用来测量电位差(或电动势)之外,还可以用来间接测量电流、电阻、功率以及校验电表、直流电桥等。电位差计还经常用在一些非电参量(如温度、位移和速度等)的电测法及自动测量和控制系统中。

【实验目的】

1. 掌握电位差计的工作原理和基本电路;
2. 掌握电位差计的使用方法并学会用电位差计测量电池的电动势。

【实验仪器】

YJ24-1 型直流稳压电源(6 V)1 台　　　BC9 型饱和式标准电池 1 只

ZX38A/11 型交/直流电阻箱 2 只　　　DH325 型 11 线电位差计 1 台

待测干电池及电池盒 1 个　　　　　　THPZ-1 型平衡指示仪 1 台

单刀开关 2 个　　　　　　　　　　　双刀双掷开关 1 个

导线 14 条

【实验原理】

电位差(电压)是电学实验中经常碰到的物理量,一般情况可用伏特计测量。但是,用伏特计测量时,由于测量支路的分流作用,所测的电位差必小于待测的真值。为了准确测量电位差,必须使测量支路上的电流等于零。电位差计就是为了满足这个要求而设计的。

1. 电位差计的补偿原理

图 35-1 是一个精确测量电位差的补偿电路,其中,E_0 是可调电压的电源,调节 E_0 使检流计 G 指零,这就表示在这回路中两电源 E_0 和 E_x 大小相等,方向相反,在数值上 $E_x = E_0$。

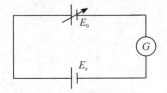

图 35-1　电位差计补偿电路

这时,我们称电路达到补偿,在补偿的条件下,如果 E_0 的数值已知,则 E_x 即可求出。据此原理构成的测量电动势或电位差的仪器称为电位差计,可见,构成电位差计需要一个 E_0,它要满足两个要求:

(1)它的大小便于调节,使 E_0 能和 E_x 补偿;

(2)它的电压很稳定,并能读出准确的伏特数。

在实际的电位差计中,E_0 是通过下述的方法得到的:

图 35-2 所示,电源 E、限流电阻 R_P 和精密电阻 R_{MN} 串成一个闭合回路,R_{MN} 是一根粗细很均匀的电阻丝,当有一个恒定的标准电流 I_0 通过电阻 R_{MN} 时,改变 R_{MN} 上两滑动头 a、b 的

位置(即改变 a、b 间电阻的大小),就能改变 a、b 间的电位差 U_{ab} 的大小。U_{ab} 正比于 a、b 间的电阻丝的长度,U_{ab} 相当于图 35-1 中所要求的 E_0。测量时把可滑动的 a、b 两端的电压引出来与未知电动势 E_x 进行比较,$E_x GabE_x$(或 $E_S GabE_S$)称为补偿电路。要注意的是在电路中,E 和 E_x(或 E_S)必须接成同极性相对抗,也即 E_x 的正极经检流计后要接在 ab 线上电位较高的一点,而 E_x 的负极要接 ab 线上电位较低的点。

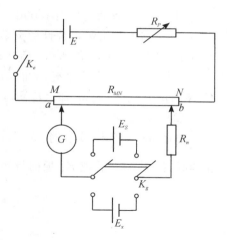

图 35-2　电位差计基本原理图

2. 电位差计的定标

电位差计使用前必须先给电位差计定标。所谓定标是使通过电阻 MN 中的电流为一个特定的值,称为标准电流,亦即使电阻丝上单位长度的电位差值等于一特定值。其方法如下:

根据待测电池 E_x 的电动势的大小和单位长度电阻丝所标定的电位差值,调整 a、b 两滑动头至适当的间隔。闭合 K_e,把 K_g 合向 E_S,调整限流电阻 R_P 的阻值,使检流计 G 指零,这就完成了定标工作。例如标准电池电动势 $E_S = 1.018\,60$ V,电位差计所要求的标定值为 $0.100\,000$ V/m,那么,应选取 a、b 两滑动点的间隔为 $10.186\,0$ m,调节 R_P 的大小,使 G 指零,电位差计上单位长度电阻丝的电位差即为 $0.100\,000$ V/m,即完成了定标工作,定标后不能再改变 R_P 的阻值。

定标原则:当标定值 K 确定后,要保证 11 m 长的电阻丝上的电压大于待测电动势,即 $11 \times K > E_x$,因此,定标前应先估计待测电动势的值,然后选取合理的标定值(本实验标定值直接给出)。

3. 电动势的测量

把 K_g 合向 E_x,调节 a、b 两滑动头,使检流计 G 指零,读测 a、b 两滑动头间的电阻丝长度值 L,如果电位差计的标定值为 K,那么待测电动势为 $E_x = K \cdot L$。

4. 测量误差的计算

电位差计的灵敏度受到检流计的限制,当觉察不出检流计偏转时,并不说明补偿电路的电流一定为零,因此,电位差计也有一个灵敏度问题。当电位差计达到平衡时,移动滑动头 b,使补偿电压变化 ΔE,这时检流计偏转 Δn,定义电位差计的灵敏度 $= \dfrac{\Delta n}{\Delta E}$,其倒数为分辨率($= \dfrac{\Delta E}{\Delta n}$),对应于刚能觉察的偏转 $\Delta n = 0.2$ 格(平衡指示仪显示 $\Delta n = 0.01$ μA)的 ΔE 也就是电位差计所能判别的 ΔE 的极限。测量电动势的误差,可由此时的分辨率来进行估计。

【仪器介绍】

1. 板式电位差计

(1)结构

板式电位差计(又名十一线电位差计),是物理实验的专用仪器。结构如图 35-3 虚框部分所示,长 110 cm,宽 20 cm,上面有十一根全长十一米截面积均匀的电阻丝,固定在木板上。其中 a 端通过导线和插头可与 1,2,3,…,10 插座中任何一个相连接。b 端是滑块与电阻丝接触点的引出端,其滑动范围为 1.000 0 m,在电位计平衡时起微调作用。滑块与电阻丝接触点的位置由米尺读出,如果电位计的灵敏度足够高,则可读到 0.1 mm。若要取 $L=10.186\ 0$ m,可将 a 插到"10"插座,b 移到 0.186 0 m 的位置,其中,最后一位数字 0 已属于估计位。如果测 E_x 时,电位差计已调到平衡,此时,a 的位置是 6,b 的位置指示 0.803 5 m,且电位差计的标定值 $K=0.200\ 000$ V/m,那么待测电动势 $E_x=0.200\ 000\times 6.803\ 5=1.360\ 70$ V。

(2)实验装置

如图 35-3 所示,实验时,先用标准电池 E_0 调好工作电流,使电位差计的电阻丝单位长度上电位差为 $\dfrac{E_0}{L_0}$,然后把 K_2 扳向待测的电动势 E_x,用滑键 D 找到平衡点,则

$$E_x=\frac{E_0}{L_0}\cdot L_x$$

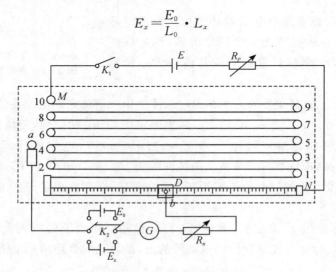

图 35-3　板式电位差计结构图

直流指针式检流计请参阅实验"惠斯登电桥测电阻"中的"仪器介绍"。

【实验内容】

1. 按图 35-3 接好电路,E 用直流稳压电源,取 6 V,限流电阻 R_P 采用电阻箱,R_n 为平衡指示仪的保护电阻,调整电路平衡时先将 R_n 调至最大,调节电路接近平衡后,再将 R_n 调至最小(即灵敏度最大)。重新调平衡进行测量以前,R_n 应置于最大的阻值。注意:调平衡过程中保护电阻要从大到小。

2. 测量电池电动势

(1)电位差计定标。本实验 E_S 采用饱和式标准电池,其电动势为 1.018 60 V,取标定值 $K=0.200\ 000$ V/m,根据此标定值计算 a、b 间电阻丝的长度,确定 a、b 的位置,然后 K_2 合向 E_S 进行定标。

(2)测量电动势。根据待测电池的电动势 E_x(估计或用伏特计粗测),估算 a、b 间电阻丝的长度($L_x=E_x/K$),以确定 a 端插头的大概位置。将 K_2 合向 E_x,调节滑动端 a、b 位置,使电路平衡,读测 a、b 间电阻的长度 L,计算 E_x($E_x=K\cdot L$)。

(3)电位差计分辨率 n 的测量:在上一步骤的基础上,调节 b 滑动端,使平衡指示仪偏离平衡位置 $\Delta n=10.00$ μA,读测此过程补偿电压的变化值 ΔE($\Delta E=K\cdot \Delta L$),计算出电位差计的分辨率 $n=\Delta E/\Delta n$,根据测得的 n 值,估计电池电动势的测量误差 $\Delta E_x=0.01n$。

【注意事项】

1. 标准电池只作为电动势标准,容许的电流很小(几微安),故不能当电源使用,也不能用伏特计等测其电动势,更不能短路。

2. 标准电池不能倒置以免漏液,也不能长时间通电。

3. 标准电池或待测电池应与电位差计相应的接线柱同极相连。

4. 平衡指示仪不能长时间通电或通太大电流以免损坏,因此,调整电路平衡时,应将平衡指示仪的保护电阻调至最大,然后在调节平衡过程中逐渐减小,直到最小。注意切换平衡指示仪"灵敏度选择"调节旋钮,先调至"20 mA"或"2 mA"挡位,避免超过量程,电流较小时,应调至"200 μA"或"20 μA"挡位,提高灵敏度。

5. 通电前一定要再检查接线是否正确,并让老师检查。

【数据记录与处理】

1. 重复测量 5 次 a、b 间电阻丝长度,自行设计表格将数据填入。取平均值 $\bar{L}$,并计算电动势。

2. 计算电动势不确定度 U_E。

3. 计算电位差计的分辨率 n 及电动势测量误差 ΔE_x。

【思考题】

1. 电位差计取代伏特计测电池的电动势,其优点是什么? 为什么?

2. 当用定标好的电位差计来测量电动势时,如果发现量程不够大,应如何处理?

【预习要求】

1. 如果在实验中检流计总偏向一边不能补偿,试分析有哪几种可能原因。如何排除?

2. 检流计的保护电阻为什么要遵守由大到小的原则?

3. 限流电阻的作用是什么?

4. 在实验中标准电池起什么作用? 使用中应注意什么问题?

实验 36　应用计算机观测磁滞回线

【实验导读】

　　磁性材料在工程、电力信息、交通等领域有着广泛的应用,铁磁物质是一种性能特异、用途广泛的材料。铁、钴、镍及其多种合金以及含铁的氧化物(铁氧体)均属铁磁物质。测定铁磁材料的磁化曲线和磁滞回线是电磁学中的一个重要内容,是研究和应用磁性材料最有效的方法之一。掌握这些特性的测量,无论对理论设计还是实际应用都具有重大的意义。

【实验目的】

　　1. 认识铁磁物质的磁化规律,比较两种典型的铁磁物质的动态磁化特性;

　　2. 测定样品的基本磁化曲线,作 μ-H 曲线;

　　3. 测定样品的 H_C、B_r、B_m 和 $H_m \cdot B_m$ 等参数;

　　4. 测绘样品的磁滞回线,估算其磁滞损耗。

【实验仪器】

　　电脑 1 套　KH-MHC 型智能磁滞回线实验仪 1 套　导线 13 条

【实验原理】

　　铁磁材料具有独特的磁化性质,其特征是在外磁场作用下能被强烈磁化,故磁导率 μ 很高。另一特征是磁滞,即磁化场作用停止后,铁磁质仍保留磁化状态。图 36-1 为铁磁物质的磁感应强度 B 与磁化场强度 H 之间的关系曲线。

　　图 36-1 中的原点 O 表示磁化之前铁磁物质处于磁中性状态,即 $B=H=0$,当磁场 H 从零开始增加时,磁感应强度 B 随之缓慢上升,如线段 Oa 所示,之后 B 随 H 迅速增长,如 ab 所示,再后 B 的增长又趋缓慢,并当 H 增至 H_S 时,B 到达饱和值 B_S,$OabS$ 称为起始磁化曲线。图 36-1 还表明,当磁场从 H_S 逐渐减小至零时,磁感应强度 B 并不沿起始磁化曲线恢复到 O 点,而是沿另一条新的曲线 SR 下降,比较线段 OS 和 SR 可知,H 减小 B 相应也减小,但 B 的变化滞后于 H 的变化,这种现象称为磁滞。磁滞的明显特征是当 $H=0$ 时,B 不为零,而保留剩磁 B_r。当磁场反向从 0 逐渐变至 H_C 时,磁感应强度 B 消失,说明要消除剩磁,必须施加反向磁场,称 H_C 为矫顽力,它的大小反映铁磁材料保持剩磁状态的能力,线段 RC 称为退磁曲线。

　　图 36-1 还表明,当磁场按 $H_S \rightarrow 0 \rightarrow H_C \rightarrow H_{S'} \rightarrow 0 \rightarrow H_{C'} \rightarrow H_S$ 次序变化,相应的磁感应强度 B 则沿闭合曲线 $SRCS'R'C'S$ 变化,这条闭合曲线称为磁滞回线。

　　所以,当铁磁材料处于交变磁场中时(如变压器中的铁芯),将沿磁滞回线反复被磁化→去磁→反向磁化→反向去磁。在此过程中要消耗额外的能量,并以热的形式从铁磁材料中释放,这种损耗称为磁滞损耗,可以证明,磁滞损耗与磁滞回线所围面积成正比。

　　应该说明,当初始态为 $H=B=0$ 的铁磁材料在交变磁场强度由弱到强依次进行磁化,可以得到面积由小到大向外扩张的一簇磁滞回线,如图 36-2 所示。这些磁滞回线顶点的连线称

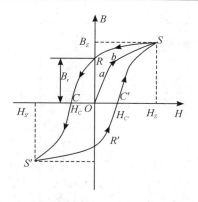

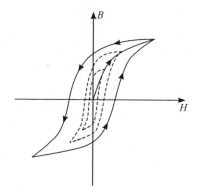

图 36-1　铁磁质起始磁化曲线和磁滞回线　　**图 36-2　同一铁磁材料的一簇磁滞回线**

为铁磁材料的基本磁化曲线,由此可近似确定其磁导率 $\mu=\dfrac{B}{H}$。因 B 与 H 非线性,故铁磁材料的 μ 不是常数而是随 H 而变化的(如图 36-3 所示)。铁磁材料的相对磁导率可高达数千乃至数万,这一特点是它用途广泛的主要原因之一。

磁化曲线和磁滞回线是铁磁材料分类和选用的主要依据,图 36-4 为常见的两种典型的磁滞回线,其中软磁材料的磁滞回线狭长,矫顽力、剩磁和磁滞损耗均较小,是制造变压器、电机和交流磁铁的主要材料。而硬磁材料的磁滞回线较宽,矫顽力大,剩磁强,可用来制造永久磁体。观察和测量磁滞回线和基本磁化曲线的线路如图 36-5 所示,面板图如图 36-6 所示。

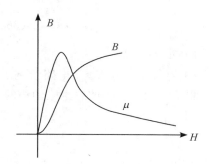

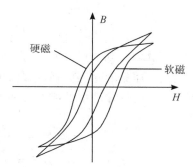

图 36-3　铁磁材料 μ 与 H 关系曲线　　**图 36-4　不同铁磁材料的磁滞回线**

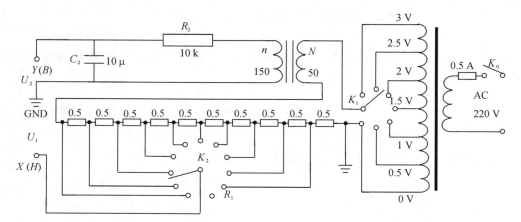

图 36-5　实验线路图

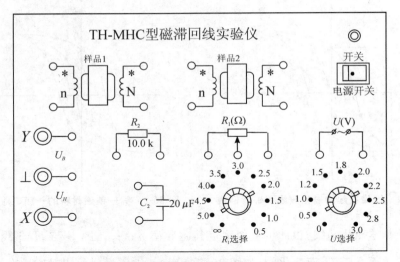

图 36-6　TH-MHC 型磁滞回线实验仪面板图

待测样品为 EI 型矽钢片，N 为励磁绕组，n 为用来测量磁感应强度 B 而设置的绕组。R_1 为励磁电流取样电阻，设通过 N 的交流励磁电流为 i，根据安培环路定理，样品的磁化强度

$$H = \frac{Ni}{L}(L \text{ 为样品的平均磁路})$$

又 $i = \dfrac{U_1}{R_1}$，所以

$$H = \frac{N}{LR_1} \cdot U_1 \tag{36-1}$$

式（36-1）中的 N、L、R_1 均为已知常数，所以由 U_1 可确定 H。

在交变磁场下，样品的磁感应强度瞬时值 B 是由测量绕组 n 和 R_2C_2 电路给定的，根据法拉第电磁感应定律，由于样品中的磁通 Φ 的变化，在测量线圈中产生的感生电动势的大小为

$$\varepsilon_2 = n\frac{\mathrm{d}\varphi}{\mathrm{d}t}, \Phi = \frac{1}{n}\int \varepsilon_2 \mathrm{d}t$$

$$B = \frac{\Phi}{S} = \frac{1}{nS}\int \varepsilon_2 \mathrm{d}t \tag{36-2}$$

S 为样品的截面积。

如果忽略自感电动势和电路损耗，则回路方程为

$$\varepsilon_2 = i_2 R_2 + U_2$$

式中 i_2 为感生电流，U_2 为积分电容 C_2 两端电压。设在 Δt 时间内，i_2 向电容 C_2 的充电电量为 Q，则 $U_2 = \dfrac{Q}{C_2}$，所以

$$\varepsilon_2 = i_2 R_2 + \frac{Q}{C_2}$$

如果选取足够大的 R_2 和 C_2，使 $i_2 R_2 \gg \dfrac{Q}{C_2}$，则

$$\varepsilon_2 = i_2 R_2$$

因为 $i_2 = \dfrac{\mathrm{d}Q}{\mathrm{d}t} = C_2\dfrac{\mathrm{d}U_2}{\mathrm{d}t}$，所以

$$\varepsilon_2 = C_2 R_2 \frac{\mathrm{d}U_2}{\mathrm{d}t} \tag{36-3}$$

由式(36-2)、式(36-3)可得

$$B = \frac{C_2 R_2}{nS} U_2 \tag{36-4}$$

上式中 C_2、R_2、n 和 S 均为已知常数,所以由 U_2 可确定 B。

综上所述,将图 36-5 中的 U_1 和 U_2 分别加到示波器的"X 输入"和"Y 输入"便可观察样品的 B-H 曲线;如将 U_1 和 U_2 加到测试仪的信号输入端可测定样品的饱和磁感应强度 B_S、剩磁 B_r、矫顽力 H_D、磁滞损耗 BH 以及磁导率 μ 等参数。

【实验内容】

(1)电路连线。选样品 1 按实验仪上所给的电路图连接线路,并令 $R_1 = 2.5\ \Omega$,"U 选择"置于 0 位,U_H 和 U_2(即 U_1 和 U_2)分别接示波器的"X 输入"和"Y 输入",插孔⊥为公共端。

(2)样品退磁。开启实验仪电源,对试样进行退磁,即顺时针方向转动"U 选择"旋钮,将 U 从 0 增至 3 V,然后逆时针方向转动旋钮,将 U 从最大值降为 0,其目的是消除剩磁,确保样品处于磁中性状态,即 $B = H = 0$,如图 36-7 所示。

(3)观察磁滞回线。开启示波器电源,令光点位于坐标网格中心,令 $U = 2.2\ V$,并分别调节示波器 X 和 Y 轴的灵敏度,使显示屏上出现图形大小合适的磁滞回线(若图形顶部出现编织状的小环,如图 36-8 所示,这时可降低励磁电压 U 予以消除)。

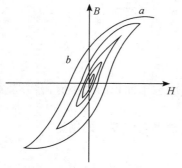

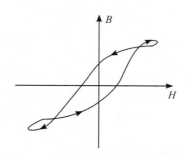

图 36-7　退磁示意图　　　　　图 36-8　U_2 和 B 相位差引起的畸变

(4)观察基本磁化曲线,按步骤(2)对样品进行退磁,从 $U = 0$ 开始,逐挡提高励磁电压,将在显示屏上得到面积由小到大一个套一个的一簇磁滞回线。这些磁滞回线顶点的连线就是样品的基本磁化曲线,借助示波器,便可观察到该曲线的轨迹。

(5)观察、比较样品 1 和样品 2 的磁化性能。

(6)测绘 μ-H 曲线。仔细阅读测试仪的使用说明,接通实验仪和测试仪之间的连线。开启电源,对样品进行退磁后,依次测定 $U = 0.5, 1.0, \cdots, 3.0\ V$ 时的十组 H_m 和 B_m 值,作 μ-H 曲线。

(7)令 $U = 2.0\ V$,$R_1 = 2.5\ \Omega$,测定样品 1 的 B_m、B_r、H_C 和 BH 等参数。

(8)取步骤(7)中的 H 和其相应的 B 值,用坐标纸绘制 B-H 曲线(如何取数?取多少组数据?自行考虑),并估算曲线所围面积。

KH-MHC 型智能磁滞回线测试仪除可以完成磁滞回线基本实验内容外,还具有与 PC 机数据通信的功能,用配带的串行通信线将测试仪后面板上的 RS-232 串行输出口与 PC 机的一个串行口相连接,在 PC 机中运行 HB36.EXE 程序,计算机就可以读取测试仪采集的数据信号,将实验数据保存在硬盘里,并可以在计算机显示屏上显示磁滞回线和其他曲线。

【注意事项】

1. 如按仪器事先设定值输入 N、L、n、S、R_1、R_2、C_2、H 与 B 的倍数代号等参数,则不必按确认键;如要改写上述参数,则改写后,务必按确认键,才能将数据输入。

2. 按常规操作至步骤 2.5.12(见附录Ⅱ,显示 H 与 B 的相位差)后,磁滞回线采样数据将自动消失,必须重新进行数据采样。

3. 测试过程中如显示器显示"COU"字符,表示应继续按动功能键。

【数据记录与处理】

1. 写出用微机观测磁滞回线的实验步骤。

2. 参考附录Ⅰ表格,记录实验数据。

3. 根据实验数据,利用 $\mu = \dfrac{B}{H}$ 计算铁磁材料的磁导率,并作基本磁化曲线(以 H 为横坐标,B 为纵坐标)及 $\mu\text{-}H$ 曲线。

4. 从计算机导出的数据中选取一定数量的采样点绘制观测的磁滞回线图,估算曲线所围的面积,并与测量值相比较。

【思考题】

1. 测定铁磁材料的磁化曲线和磁滞回线有什么意义?

2. 用示波法测量铁磁物质动态磁滞回线为什么要对示波器定标?

3. 为什么测量前要退磁?

【预习要求】

1. 什么叫磁滞回线?实验中如何观测?磁滞回线包围面积的大小有何物理意义?

2. 什么叫磁化曲线?测量它有何意义?

3. 软磁材料和硬磁材料的磁滞回线有何不同?说出它们各自的用途。

附录Ⅰ　参考表格

表 36-1　基本磁化曲线与 $\mu\text{-}H$ 曲线

U/V	$H/(\times 10^2\ \text{A/m})$	B/T	$\mu = \dfrac{B}{H}/(\times 10^{-2}\ \text{H} \cdot \text{m}^{-1})$
0.5			
1.0			
1.2			
1.5			
1.8			
2.0			
2.2			
2.5			
2.8			
3.0			

表 36-2 *B-H* 曲线

NO.	$H/$ $(\times 10^{-1}$ A/m$)$	$B/$ $(\times 10^{-3}$ T$)$	NO.	$H/$ $(\times 10^{-1}$ A/m$)$	$B/$ $(\times 10^{-3}$ T$)$	NO.	$H/$ $(\times 10^{-1}$ A/m$)$	$B/$ $(\times 10^{-3}$ T$)$

$H_C =$ _____ , $B_r =$ _____ , $B_m =$ _____ , $BH =$ _____ 。

附录 Ⅱ KH-MHC 型智能磁滞回线实验仪

1. 实验仪

它由励磁电源、试样、电路板以及实验接线图等部分组成。配合示波器,即可观察铁磁性材料的基本磁化曲线和磁滞回线。

1.1 励磁电源

由 220 V、50 Hz 的市电经变压器隔离、降压后供试样磁化。电源输出电压共分 11 挡,即 0、0.5、1.0、1.2、1.5、1.8、2.0、2.2、2.5、2.8 和 3.0 V,各挡电压通过安置在电路板上的波段开关来实现切换。

1.2 试样

样品 1 和样品 2 为尺寸(平均磁路长度 L 和截面积 S)相同而磁性不同的两只 EI 型铁芯,两者的励磁绕组匝数 N 和磁感应强度 B 的测量绕组匝数 n 亦相同,$N = 50$,$n = 150$,$L = 60$ mm,$S = 80$ mm^2。

1.3 电路板

该印刷电路板上装有电源开关、样品 1 和样品 2、励磁电源"U 选择"和测量励磁电流(即磁场强度 H)的取样电阻"R_1 选择",以及为测量磁感应强度 B 所设定的积分电路元件 R_2、C_2 等。

以上各元器件(除电源开关外)均已通过电路板与其对应的锁紧插孔连接,只需采用专用导线便可实现电路连接。

此外,设有电压 U_B(正比于磁感应强度 B 的信号电压)和 U_H(正比于磁场强度 H 的信号电压)的输出插孔,用以连接示波器,观察磁滞回线波形和连接测试仪作定量测试用。

1.4 实验连线

实验接线示意图如图 36-9 所示。

2. 测试仪

图 36-10 所示为测试仪原理图,测试仪与实验仪配合使用,能定量、快速测定铁磁性材料

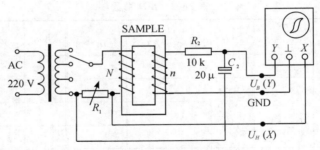

图 36-9 实验接线示意图

在反复磁化过程中的 H 和 B 之值,并能给出其剩磁、矫顽力、磁滞损耗等多种参数。

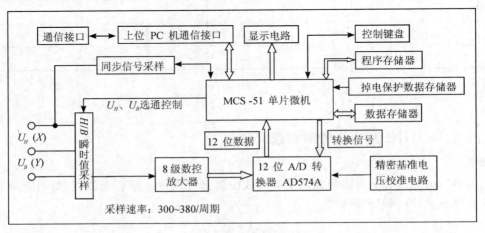

图 36-10 测试仪原理图

测试仪面板如图 36-11 所示。下面对测试仪的使用说明作介绍。

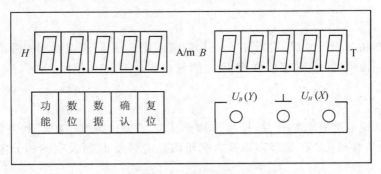

图 36-11 测试仪面板图

2.1 参数

L　待测样品平均磁路长度:$L=60$ mm。

S　待测样品横截面积:$S=80$ mm^2。

N　待测样品励磁绕组匝数:$N=50$。

n　待测样品磁感应强度 B 的测量绕组匝数:$n=150$。

R_1　励磁电流 i_H 取样电阻,阻值 $0.5\sim5$ Ω。

R_2　积分电阻,阻值 10 k。

C_2　　积分电容,容量 20 μF。

U_{HC}　　正比于 H 的有效值电压,供调试用,电压范围(0~1 V)。

U_{BC}　　正比于 B 的有效值电压,供调试用,电压范围(0~1 V)。

2.2　瞬时值 H 与 B 的计算公式

$$H=\frac{NU_H}{LR_1},B=\frac{U_BR_2C_2}{nS}$$

2.3　测量准备

先在示波器上将磁滞回线显示出来,然后开启测试仪电源,再接通与实验仪之间的信号连线。

2.4　测试仪按键功能

(1)功能键:用于选取不同的功能,每按一次键,将在数码显示器上显示出相应的功能。

(2)确认键:当选定某一功能后,按一下此键,即可进入此功能的执行程序。

(3)数位键:在选定某一位数码管为数据输入位后,连续按动此键,使小数点右移至所选定的数据输入位处,此时小数点呈闪动状态。

(4)数据键:连续按动此键,可在有小数点闪动的数码管输入相应的数字。

(5)复位键(RESET):开机后,显示器将依次巡回显示 P…8…P…8…的信号,表明测试系统已准备就绪。在测试过程中由于外来的干扰出现死机现象时,应按此键,使仪器进入或恢复正常工作。

2.5　测试仪的操作步骤

2.5.1　所测样品的 N 与 L 值

按 RESET 键后,当 LED 显示 P…8…P…8…时,按功能键,显示器将显示:

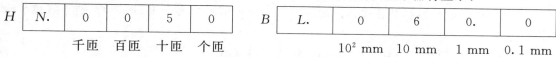

这里显示的 $N=50$ 匝,$L=60$ mm 为仪器事先的设定值(如要改写上述参数,可参阅附录Ⅲ)。

2.5.2　所测样品的 n 与 S 值

按功能键,将显示:

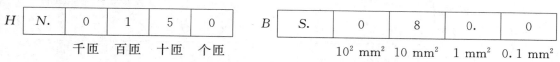

这里显示的 $n=150$ 匝,$S=80$ mm^2 为仪器事先的设定值(如要改写上述参数,可参阅附录Ⅲ)。

2.5.3　电阻 R_1 值和 H 与 B 值的倍数代号

按功能键,将显示:

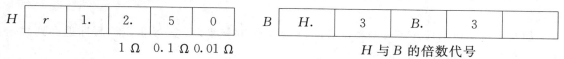

这里显示的 $R_1=2.5$ Ω,H 与 B 值的倍数代号 3 为仪器事先的设定值(如要改写上述参数,可参阅附录Ⅲ)。

注:H 与 B 值的倍数是指其显示值需乘上倍数。

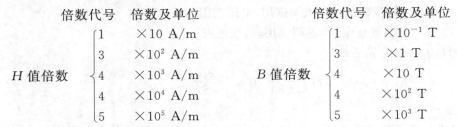

倍数代号	倍数及单位		倍数代号	倍数及单位
	1	$\times 10$ A/m		1	$\times 10^{-1}$ T
	3	$\times 10^2$ A/m		3	$\times 1$ T
H 值倍数	4	$\times 10^3$ A/m	B 值倍数	4	$\times 10$ T
	4	$\times 10^4$ A/m		4	$\times 10^2$ T
	5	$\times 10^5$ A/m		5	$\times 10^3$ T

2.5.4　电阻 R_2、电容 C_2 值

按功能键,将显示:

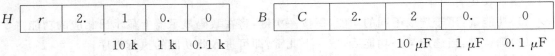

| H | r | 2. | 1 | 0. | 0 |
| | | 10 k | 1 k | 0.1 k | |

| B | C | 2. | 2 | 0. | 0 |
| | | 10 μF | 1 μF | 0.1 μF | |

这里显示的 $R_2=10$ kΩ、$C_2=20$ μF 为仪器事先的设定值(如要改写上述参数,可参阅附录Ⅲ)。

注:N、L、n、S、R_1、R_2、C_2、H 与 B 值的倍数代号等参数可根据不同要求进行改写,并可通过 SEEP 操作存入串行 EEROM 中,掉电后数据仍可保存。

2.5.5　定标参数显示(仅作调试用)

按功能键,将显示:

| H | | $U.$ | H | C | |

| B | | $U.$ | B | C | |

按确认键,将显示 U_{HC} 和 U_{BC} 电压值。

注:(1)无输入信号时,禁止操作此功能键;(2)显示值不能大于 1.000 0,否则必须减小输入信号。

2.5.6　显示每周期采样的总点数和测试信号的频率。

按功能键,将显示:

| H | | $n.$ | | | |

| B | | $F.$ | | | |

按确认键,将显示出每周期采样的总点数 n 和测试信号的频率 f。

2.5.7　数据采样

按功能键将显示:

| H | | $H.$ | | $B.$ | |

| B | t | e | s | t | |

按确认键,仪器将按步骤 2.5.6 所确定的点数对磁滞回线进行自动采样,显示器显示为:

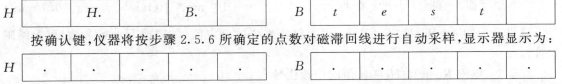

| H | . | . | . | . | . |

| B | . | . | . | . | . |

若测试系统正常,稍等片刻后,显示器将显示"GOOD",表明采样成功,即可进入下一步程序操作。

如果显示器显示"BAD"表明系统有误,查明原因并修复后,按"功能"键,程序返回到数据采样状态,重新进行数据采样。

2.5.8　显示磁滞回线采样点 H 与 B 的值

连续按两次功能键,将显示:

H	H.	S	H	0	W.

B	B.	S	H	0	W.

每按两次确认键,将显示曲线上一点的 H 与 B 的值(第一次显示采样点的序号,第二次显示出该点 H 与 B 之值),采样总点数参照步骤 2.5.6,H 与 B 值的倍数参照步骤 2.5.3。显示点的顺序依磁滞回线的第 4、1、2 和 3 象限的顺序进行,否则,说明数据出错或采样信号出错。

若在进行第 2.5.7 步骤中只按功能键而未按确认键(表明未完成数据采样就进入第 2.5.8 步骤),此时将显示:"NO DATA",表明系统或操作有误。

2.5.9　显示磁滞回线的矫顽力 H_c 和剩磁 B_r

按功能键,将显示:

H		H	C.		

B		B	r.		

按确认键,将按步骤 2.5.3 所确定的倍数显示出 H_c 与 B_r 之值。

2.5.10　显示样品的磁滞损耗

按功能键,将显示:

H		A.	=		

B		H.	B.		

按确认键,将按步骤 2.5.3 所确定的单位显示样品磁滞回线面积。

磁滞损耗的计算公式

$$W = \int_S H\,dB,\text{单位为焦耳／米}^3（参照步骤 2.5.3）。$$

2.5.11　显示 H 与 B 的最大值 H_m 与 B_m

H	H_m.				

B	B_m.				

按确认键,将按步骤 2.5.3 所确定的倍数显示出 H_m 与 B_m 之值。

2.5.12　显示 H 与 B 的相位差

H		P	H	R.	

B					C

按确认键,如显示为:

H		2	5.	5	0

B		H.	—	—	B.

表示 H 与 B 的相位差是 25.5°,在相位上 U_H 超前 U_B。

2.5.13　与 PC 联机测试操作

按功能键,将显示:

H		P.	C.	—	—

B	S	H	O	W.	

按确认键,进入联机状态。(参阅附录Ⅳ)

2.5.14　U_{HC} 电压校准操作

按功能键,将显示:

H			H.		

B	C	H	E	C.	

2.5.15　U_{BC} 电压校准操作(调试时用)

按功能键,将显示:

H			B.		

B	C	H	E	C.	

2.5.16 SEEP 操作（数据存入 EEPROM-93C46）

按功能键,将显示:

H					

B		S	E	E	P.

方法:在 H 显示器的最高两位上写入存入码"96";按确认键,片刻后,回显"85",说明数据已存入 EEPROM 中。

2.5.17 程序结束

按功能键,将显示:

H		0			

B					

附录Ⅲ 数位键和数据键操作

若改写样品的某项参数,如将 $N=50$ 匝,$L=60$ mm 改成 $N=100$ 匝,$L=80$ mm,可按如下步骤进行。

(1)将 N 由 50 匝改写为 100 匝。

按功能键,显示器将显示:

H	N.	0	0	5	0
	千匝	百匝	十匝	个匝	

B	L.	0	6	0.	0
		10^2 mm	10 mm	1 mm	0.1 mm

按动数位键,使位于 B 窗口数据框内"个毫米"处的小数点右移至"分毫米"处;再按动数位键,使小数点渐次移入 H 窗口"百匝"(即数据输入位)处。

H	N	0	0.	5	0

按动数据键,将小数点位处数码管数字"0"改写为"1"。

H	N	0	1.	5	0

再按动数位键,使小数点右移一位至"十匝"处(数据输入位)。

H	N	0	1	5.	0

按动数据键,将小数点位处数码管数字"5"改写为"0"。

H	N	0	1	0.	0

再按动数位键,使小数点右移一位至"个匝"处

H	N	0	1	0	0.

至此,样品匝数已由 50 改写为 100。

(2)将 L 由 60 mm 改写为 80 mm。

操作方法同上。

连续按动数位键,使小数点由 H 窗口的"个匝"处右移至 B 窗口"十毫米"处(数据输入位)。

B	L	0	6.	0	0

按动数据键,将小数点位处的数码管数字"6"改写为"8"。

B	L	0	8.	0	0

再按动数位键,使小数点右移一位至"个毫米"处。

B	L	0	8	0.	0

至此,样品平均磁路长度 L 已由 60 改写为 80。

(3)按确认键,当显示器显示"1",表明修改后的 N、L 值已输入。

(4)若要将改写后的数据存入 EEPROM 中,请参阅附录 Ⅱ 操作步骤 2.5.16。

附录Ⅳ　与 PC 机通信的功能和使用方法

1. 运行要求

HB36 可以在软盘或硬盘上运行,但由于速度上的原因,请将提供的软盘上的所有文件复制到硬盘的一个目录下,如 C:\HB36 目录。

2. 运行 HB36. EXE

假定 HB36. EXE 在 C 盘的 SB 目录下,进入 C:\SB 目录,双击 HB36。

C:\SB\HB36

屏幕出现如下提示:

60　60　0_

3. 进入联机操作状态

用配带的串行通信线将测试仪后面板上的 RS-232 串行输出口与 PC 机的一个串行口相连接,打开测试仪,首先用测试仪上的按键确认 N、L、n、S 四个参数,然后按"功能"键将功能调至"H、B"功能,按"确认"键进入测试,出现"GOOD"后按"功能"键,将功能调至"PC SHOW"功能,按"确认"键进入 PC 机联机操作状态,数码显示器显示"PC.F——"。

屏幕出现如下提示:

Read data of H,B from Device.

Copyright(c)1998-1999 by Hangzhou Tianhuang.

All rights reserved.

Get Sampling Count…

The sampling Count is:290

Reading the sampling data of H… please waiting…

此时 HB36 将指示从测试仪取采样点数及测试仪对 H 进行采样,出现如下提示:

Sampling … Please Waiting …

即"正在采样,请等候……",测试仪上的数码显示器同时显示正在采样。

然后,HB36 从测试仪中取 H 的采样数据,屏幕显示如下:

从 1% 跳到 100%

即读 H 采样数据结束,屏幕显示如下:

Reading the sampling data of B… please waiting.

即 HB36"正在从测试仪中取 B 的采样数据,请稍候……",屏幕显示如下:

从 1％跳到 100％

即读 B 采样数据结束。

在读 H、B 采样数据结束后,屏幕上出现 H 曲线、B 曲线及 B-H 曲线的画面。按任意键可以退出 HB36 画面。

从测试仪中读取的 H 和 B 的数据保存在当前目录下的数据文件 HYST. DATREADME 程序来阅读,方法是输入:

D:\SB36＞HYST. DAT

注:在操作过程中,如果由于意外情况使测试仪与 PC 机的联机出现问题,按"ESC"键可以中止正在进行的那一步操作。

实验 37　用透射光栅测定光波波长

【实验导读】

透射光栅(transmission grating)是平面衍射光栅的一种。平面衍射光栅是利用多缝衍射原理使光发生色散的一种重要的分光元件,它由大量等宽等距的平行狭缝紧密排列而成。通常分为透射光栅和平面反射光栅。透射光栅是用精密的刻线机(如金刚石刻刀)在平面玻璃或镀在玻璃上的铝膜上刻许多平行线而制成的,被刻划的线是光栅中不可透光的间隙。而平面反射光栅则是在磨光的硬质合金上刻许多平行线而制成。实验室使用的光栅通常是用树脂在优质母光栅上复制而成。20 世纪 60 年代以后,随着激光技术的发展,又采用全息照相的方法制作出了全息光栅。

由于光栅衍射条纹狭窄细锐,分辨本领比棱镜高,所以常用光栅作摄谱仪、单色仪等光学仪器的分光元件,用来测定谱线波长、研究光谱的结构和强度等;光栅还应用于计量、光通信和信息处理、光应变传感器等,如松下电器产业、柯尼卡美能达等公司在像差修正中就采用了衍射光栅。

【实验目的】

1. 加深对光栅分光原理的理解;
2. 学习利用透射光栅测定光栅常数、光波波长和光栅角色散的原理和方法;
3. 进一步熟悉分光计的调节与使用方法。

【实验仪器】

分光计　双面镜　平面透射光栅　汞灯

【实验原理】

如图 37-1 所示,若以波长为 λ 的单色平行光垂直照射在光栅平面上,则透过各狭缝的光因衍射将向各个方向传播,经透镜会聚后相互干涉,并在透镜焦平面的光屏上形成一系列明暗相间的条纹。明条纹由光栅方程决定:

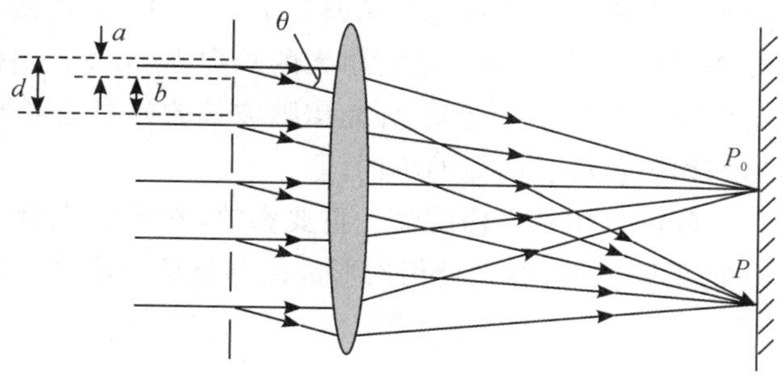

图 37-1　透射式平面衍射光栅截面示意图

$$d\sin\theta = k\lambda (k=0,\pm1,\pm2,\cdots) \tag{37-1}$$

式中,$d=a+b$ 为透射光栅常数,a 为透光狭缝的宽度,b 为狭缝间不透光部分的宽度,k 是明条纹的级数,θ 是 k 级明纹的衍射角。

如果入射光不是单色光,而是有几种不同波长的光组成的复色光,由光栅方程可以看出,对于同一级谱线,复色光的波长不同,其衍射角 θ 也各不相同,于是复色光被分解,而在中央 $k=0,\theta=0$ 处,各种波长的明纹重叠在一起,形成中央明条纹。在中央明条纹两侧对称地分布

着 $k=\pm1,\pm2\cdots$ 级光谱,各级光谱都按波长的大小依次排列成一组彩色谱线,称为光栅光谱,如图 37-2 所示。

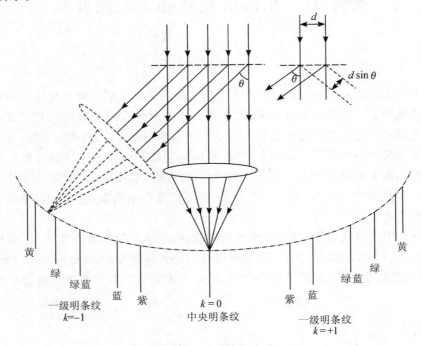

黄　绿　绿蓝　蓝　紫　　　紫　蓝　绿蓝　绿　黄

一级明条纹
$k=-1$

$k=0$
中央明条纹

一级明条纹
$k=+1$

图 37-2　光栅衍射光谱

因此,若光栅常数 d 已知,测出某谱线的衍射角 θ 和光谱级 k,则由式(37-1)可求出该谱线的波长 λ;反之,如果波长 λ 已知,则可求出光栅常数 d。

光栅作为一种色散元件,其基本特性可用角色散 D 和分辨本领 R 来描述。

由光栅方程式(37-1)对 λ 求微分,可得光栅的角色散

$$D=\frac{\mathrm{d}\theta}{\mathrm{d}\lambda}=\frac{k}{d\cos\theta} \tag{37-2}$$

角色散是光栅、棱镜等分光元件的重要参数,它表示单位波长间隔内两单色谱线之间的角间距。由式(37-2)可知,光栅常量 d 愈小,角色散愈大;此外,光栅的级次愈高,角色散也愈大,但角色散与光栅中衍射单元的总数 N 无关。当衍射角 θ 不大时,则 $\cos\theta$ 近似不变,光谱的角色散几乎与波长无关,即光谱随波长的分布比较均匀,故光栅光谱称为匀排光谱,这和棱镜的不均匀色散有明显的不同。

分辨本领是光栅的又一重要参数,它表征光栅分辨光谱细节的能力。设波长为 λ 和 $\lambda+\mathrm{d}\lambda$ 的不同光波,经光栅衍射形成的两条谱线刚刚能被分开,光栅分辨本领 R 定义为

$$R=\frac{\lambda}{\mathrm{d}\lambda} \tag{37-3}$$

根据瑞利判据,当一条谱线强度的极大值和另一条谱线强度的第一极小值重合时,则可认为两谱线刚能被分辨。由此可以推出,光栅的分辨本领为

$$R=kN \tag{37-4}$$

其中 k 为光谱级次,N 是光谱刻线的总数。

(问:设某光栅 $N=4\,000$,对一级光谱在波长为 500 nm 附近,它刚能辨认的两谱线的波长

差为多少?)

【实验内容】

1. 分光计的调节

　　(1)调节望远镜,使之能同时看清黑色十字准线和透光"十"字像。

　　(2)应用自准直原理,依照"各调一半法",使望远镜的光轴垂直于仪器的主轴。

　　(3)调节准直管,使之产生平行光,并使其光轴与望远镜的光轴重合。

　　注:分光计的调节方法详见实验 17 的有关内容。

2. 光栅位置的调节

　　光栅的调节要求:

　　(1)光栅平面应垂直于入射光;(2)光栅衍射面应和观察面一致。

　　当分光计的调节已完成时,方可进行这部分的调节。

　　光栅的调节步骤:

　　(1)调节光栅平面使之与准直管光轴垂直

　　首先,先用汞灯把准直管狭缝照亮,使望远镜对准准直管,从望远镜中观察被照亮的准直管狭缝的像,使其和黑色竖直准线重合,然后固定望远镜。

　　其次,参照图 37-3 放置光栅(根据目测尽可能做到使光栅平面垂直平分 b_1b_2 连线,而 b_3 应在光栅平面内,并使光栅平面大致垂直于望远镜),药膜面向着准直管。点亮目镜透光小"十"字照明小灯(移开或遮挡汞灯),左右转动游标盘(或载物平台),直到看到反射的透光"十"字像。用自准直原理调节光栅平面(调节 b_1 或 b_2),直到从光栅反射的透光"十"字像和目镜中的调整用十字准线重合,这时光栅面已垂直于入射光。

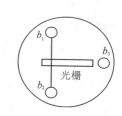

图 37-3　光栅放置方法

　　(2)调节光栅衍射面使之和观察面一致

　　再次用汞灯照亮准直管的狭缝,转动望远镜观察光谱线,并比较它们出现在分划板上的位置高低。如果左右两侧的光谱线相对于目镜中十字准线的水平线高低不等时(如图 37-4),说明光栅的衍射面和观察面不一致,这时可调节载物平台上的螺丝 b_3 使它们一致。(问:这时调节载物平台上的螺丝 b_1 或 b_2 可否? 为何?)

　　注意:光路调好后,游标盘应固定,测量过程中不要碰动光栅。

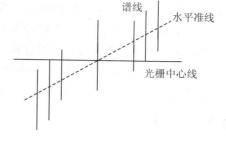

图 37-4　光栅衍射面调节参考图

3. 测光栅常数 d

　　根据式(37—1),只要测出第 k 级光谱中波长 λ 已知的谱线的衍射角 θ,就可以求出 d 值。

　　已知波长可以用汞灯光谱中的绿线($\lambda=546.07$ nm),也可用钠灯光谱中二黄线($\lambda_{D_1}=589.592$ nm,$\lambda_{D_2}=588.995$ nm)之一。

　　转动望远镜到光栅的一侧,使十字准线的竖直线对准已知波长的第 k 级谱线的中心,记录两游标值 v_k 和 v_k'。

　　将望远镜转向光栅的另一侧,同上测量,记录二游标值 v_{-k} 和 v_{-k}'。同一游标的两次读数

之差是 k 级谱线衍射角 θ 的 2 倍,即衍射角

$$\theta = \frac{1}{4}\left[(v_k - v_{-k}) + (v'_k - v'_{-k})\right] \tag{37-5}$$

重复测量几次。

4. 测量未知波长

由于光栅常量 d 已测出,因此只要测出未知波长的第 k 级谱线的衍射角 θ,就可求出其波长值 λ。可以选取汞灯光谱中几条强谱线作为波长未知的测量目标。衍射角的测量同上,重复测量几次。

5. 测量光栅的角色散

用钠灯或汞灯为光源,测量其 $k = \pm1$ 级光谱中二黄线的衍射角,二黄线的波长差 $\Delta\lambda$,对钠光谱为 0.597 nm,对汞光谱为 2.11 nm,结合测得的衍射角之差 $\Delta\theta(=\theta_2 - \theta_1)$,求角色散 $D = \dfrac{\Delta\theta}{\Delta\lambda}$。

【数据记录与处理】

1. 数据记录

自拟数据表格记录所有测量数据。

2. 数据处理

(1)根据光栅方程,计算光栅常数;

(2)计算所测谱线的波长;

(3)计算光栅的角色散;

(4)计算各测量值的不确定度。

【注意事项】

1. 光栅位置调节的两项逐一调节后,应重复检查,因为调节后一项时,可能对前一项的状况有些破坏。另外,不要用手触摸光栅刻痕。

2. 光栅位置调好之后,载物台不应移动。

3. 汞灯的紫外光很强,不可直视,以免灼伤眼睛。

4. 高压汞灯、钠灯点亮后,需预热数分钟才能正常工作,熄灭后要冷却数分钟才能再次启动,因此汞灯、钠灯一经点亮,就不要轻易熄灭。

【思考题】

1. 比较棱镜分光和光栅分光的主要区别。

2. 分析光栅面和入射平行光不严格垂直时对实验的影响。

【预习要求】

1. 本实验对分光计的调节有什么要求?

2. 利用光栅测定光波波长的原理是什么?角色散是怎么定义的?

3. 光栅应如何放置?如何调节?在调节过程中,如果发现光谱线倾斜,这说明什么问题?如何调整?

实验 38　用掠入射法测定透明介质的折射率

【实验导读】

折射率(refractive index)是描述材料光学性质的一个重要光学常数。材料的折射率与材料性质及其状态有关。另外,还与光波波长有关,同一材料,对不同波长的光具有不同的折射率,从而形成色散。通常材料的折射率是对钠光波长 589.3 nm 而言的。

对于不同的物质状态折射率的测量方法不尽相同,对于液体常利用掠入射的原理,用阿贝折射仪测量;对于固体可有多种测量方法,如偏振法、最小偏向角法等等。

【实验目的】

1. 进一步掌握分光计的调节和使用方法;
2. 掌握用掠入射法测定液体的折射率。

【实验仪器】

分光计　三棱镜(两块)　单色光源(钠光)　待测液体(水、乙醇)　读数小灯　毛玻璃屏

【实验原理】

将折射率为 n 的待测物质放在已知折射率为 N 的直角棱镜的折射面 AB 上,且 $n<N$。若以单色的扩展光源照射分界面 AB,则从图 38-1 可以看出:入射角为 $\frac{\pi}{2}$ 的光线 I 将掠射到 AB 界面而折射进入三棱镜内。显然,其折射角 i_c 应为临界角,因而满足关系式

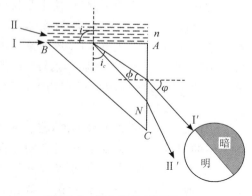

$$\sin i_c = \frac{n}{N} \qquad (38-1)$$

图 38-1　掠入射法原理图一

当光线 I 射到 AC 面,则会再次发生折射而进入空气,设在 AC 面上的入射角为 ϕ,出射角为 φ,则有:

$$\sin\varphi = N\sin\phi \qquad (38-2)$$

除掠入射光线 I 外,其他光线如光线 II 在 AB 面上的入射角均小于 $\frac{\pi}{2}$,因此经三棱镜折射而进入空气时,都在光线 I' 的左侧。当用望远镜对准出射光方向观察时,视场中将看到以光线 I' 为分界线的明暗半荫视场,如图 38-1 所示。

由图 38-2 可以看出,当三棱镜的棱镜角 A 大于角 i_c 时,A、i_c 和角 ϕ 有如下关系

$$A = i_c + \phi \qquad (38-3)$$

由式(38-1)、式(38-2)和式(38-3)消去 i_c 和 ϕ 后可得

$$n = \sin A \sqrt{N^2 - \sin^2\varphi} - \cos A \cdot \sin\varphi \qquad (38-4)$$

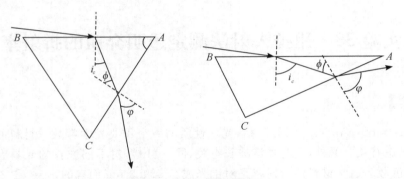

图 38-2　掠入射法原理图二

因此,当直角棱镜的折射率 N 为已知时,测出 φ 角后即可计算出待测物质的折射率 n。上述测定折射率的方法称为掠入射法,是基于全反射原理。

[问:如果 $A < i_c$ 时,式(38-3)、式(38-4)将有何变化? 观察的现象有何变化?]

【实验内容】

(1)调节好分光计。

①调节望远镜,使之能同时看清黑色十字准线和透光"十"字像。

②应用自准直原理,依照"各调一半法",使望远镜的光轴垂直于仪器的主轴。

(2)调节三棱镜的主截面,使之与仪器的转轴垂直。

(3)按图 38-3 所示,将待测液体滴一二滴在三棱镜的 AB 面(光面)上,并用另一辅助棱镜 $A'B'C'$ 的 $B'C'$ 面(磨砂面)与 AB 面相合,使液体在两棱镜接触面间形成一均匀液膜,然后置于分光计载物台上。

(4)点亮钠灯照亮毛玻璃屏,将它放在折射棱 BB' 的附近,先用眼睛在出射光的方向观察半荫视场。旋转载物台,改变光源和棱镜的相对方位,使半荫视场的分界线位于载物台近中心处,将载物台固定(或将游标盘固定)。松开望远镜止动螺丝,转动望远镜,并配合使用望远镜微调螺丝,使望远镜黑十字准线的竖线对准明暗分界线,记下两游标读数(v_1,v_2),重复测量几次,取其平均值。(注意:单独旋转载物台时,应把游标盘的止动螺丝锁紧,并把载物台的锁紧螺丝松开;也可松开游标盘的止动螺丝,而锁紧载物台的锁紧螺丝,通过转动游标盘使之带动载物台旋转。)

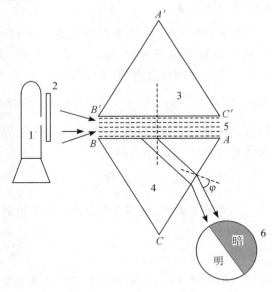

1. 钠灯;2. 毛玻璃屏;3. 辅助棱镜;4. 折射棱镜;
5. 待测液体薄膜;6. 用望远镜观察到的半荫视场
图 38-3　实验装置图

(5)再次转动望远镜,利用自准直的调节方法,测出 AC 面的法线方向(即使望远镜的光轴垂直于 AC 面),记下两游标读数(v'_1,v'_2)。重复测量几次,取其平均值。由此可得

$$\varphi=\frac{1}{2}\left[(v_1'-v_1)+(v_2'-v_2)\right]$$

（6）以 φ 值和 $A=60°$ 代入式（38-4），求得折射率 n。

（7）依同样方法，重复以上步骤，测定另一种液体的折射率。

【数据记录与处理】

1. 自拟数据表格，记录相关数据。

2. 计算所测液体的折射率及其不确定度。

【注意事项】

1. 注意审查看到的现象是否准确。（如何判断？）

2. 辅助棱镜 $A'B'C'$ 的作用是让较多的光线能投射到液面膜和折射棱镜的 AB 面上，使观察到的分界线更为清楚。在棱镜之间的液膜一定要均匀，不能含有气泡。滴入液体不宜过多，避免大量渗漏在仪器上。

3. 当改换另一种被测液体时，必须将棱镜擦拭干净。

【思考题】

1. 掠入射法测定液体折射率的理论依据是什么？具体计算公式是什么？

2. 本实验能否不用辅助棱镜，辅助棱镜的作用是什么？

【预习要求】

1. 掠入射法为什么要用辅助棱镜？它起什么作用？

2. 掠入射法对光源有什么具体要求？为什么？

3. 望远镜中明暗分界线的半荫视场是如何形成的？如何才能既快又清晰地在望远镜中寻找到半荫视场？

实验 39　　用平行光管测薄透镜焦距

【实验导读】

平行光管是用来产生平行光束的精密光学仪器。它有一个质量优良的准直物镜,其焦距的数值是经过精确测定的,是装校和调整光学仪器的重要工具之一,也是重要的光学量度仪器。配有不同的分划板、测微目镜或读数显微镜系统,可测定透镜或透镜组的焦距、分辨率及成像质量。

【实验目的】

1. 了解平行光管的结构及工作原理;
2. 掌握平行光管的调整方法;
3. 学会用平行光管测量薄透镜的焦距。

【实验仪器】

导轨　平行光管　分划板(玻罗板)　显微目镜　待测透镜

【实验原理】

根据几何光学原理,无限远处的物体经过透镜后将成像在焦平面上;反之,从透镜焦平面上发出的光线经透镜后将成为一束平行光。如果将一个物体放在透镜的焦平面上,那么它将成像在无限远处。

图 39-1 为平行光管的结构原理图。它由物镜及置于物镜焦平面上的分划板、光源以及为使分划板被均匀照亮而设置的毛玻璃组成。由于分划板置于物镜的焦平面上,因此,当光源照亮分划板后,分划板上每一点发出的光经过透镜后,都成为一束平行光。又由于分划板上有根据需要而刻成的分划线或图案,这些刻线或图案将成像在无限远处。这样,对观察者来说,分划板又相当于一个无限远距离的目标。

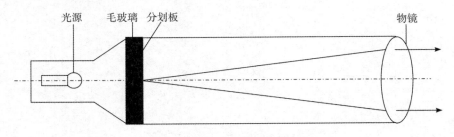

　　　　　光源　毛玻璃　分划板　　　　　　　　　　　　　　　　物镜

图 39-1　平行光管的结构原理图

根据平行光管要求的不同,分划板刻有各种各样的图案。图 39-2 是几种常见的分划板图案形式。图 39-2(a)是刻有十字线的分划板,常用于仪器光轴的校正。图 39-2(b)是带刻度分划的分划板,常用在距离测量上。图 39-2(c)是中心有一个小孔的分划板,又称为星点板。图 39-2(d)是鉴别率板,它用于检验光学系统的成像质量。鉴别率板的图样有许多种,这里只是其中的一种。图 39-2(e)是带有几组一定间隔线条的分划板,通常又称它为玻罗板,用在测量透镜焦距的平行光管上。

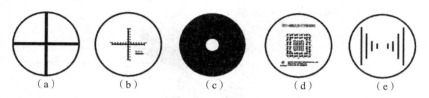

图 39-2　分划板的几种形式

用平行光管法测量凸透镜焦距的光路图如图 39-3 所示,由光路图中容易看出:

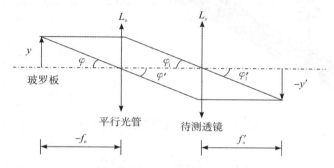

图 39-3　平行光管法测量凸透镜焦距光路图

$$\tan\varphi=-\frac{y}{f_\circ}, \tan\varphi_1'=-\frac{y'}{f_x'} \qquad (39-1)$$

平行光管射出的是平行光,且通过透镜光心的光线不改变方向,因此

$$\varphi=\varphi'=\varphi_1=\varphi_1' \qquad (39-2)$$

$$\frac{y}{f_\circ}=\frac{y'}{f_x'} \qquad (39-3)$$

$$f_x'=\frac{y'}{y}f_\circ \qquad (39-4)$$

其中 $f_\circ$ 为平行光管物镜焦距;y 为玻罗板上选择的线对的长度;y' 为用显微目镜读出的玻罗板上线对像的距离。用这种方法测量凸透镜焦距比较简单,关键是要保证各光学元件要等高共轴,平行光管出射平行光。

【实验内容】

1. 打开平行光管外盖,观察平行光管内部结构,了解基本原理。

2. 按照实验装配图(图 39-4)安装实验器件。注:安装平行光管的过程中,需调节平行光管,使得分划板保持水平分布;在安装平行光管的过程中,需要调节光源强度,即在保证眼睛舒适度的前提下尽可能保证视场照明。

3. 平行光管调整后,将被测凸透镜组置于平行光管后,在凸透镜的后方放上显微目镜,调节平行光管、被测凸透镜和显微目镜,使它们在同一光轴上,尽量让显微目镜拉近到方便观察的位置。

4. 前后移动凸透镜,使平行光管中的玻罗板成像于显微目镜的标尺和叉丝上,表明凸透镜的焦平面与显微目镜的焦平面重合。如背景光过强,可在被测透镜与平行光管之间加入可变光阑调整光强,此外加入可变光阑还可减少杂散光以提高成像质量,方便读取像的大小。

5. 用显微目镜测出玻罗板中两任意对称刻度线之间的距离 y'（单位：mm）。再根据图 39-5 的玻罗板读出刻度线的实际大小 y（单位：mm）和平行光管的焦距实测值 f_c。（仪器上有标注），重复测量 3 次，将各数据填入自拟表格中。

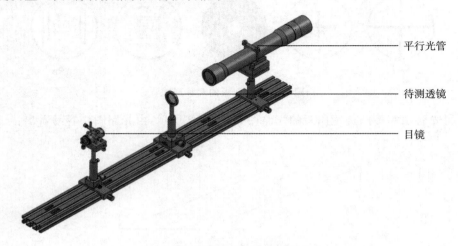

图 39-4 透镜焦距测量实验装配图

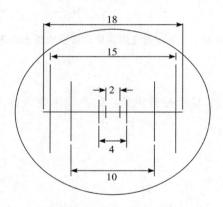

图 39-5 玻罗板线对结构

【数据记录与处理】

1. 自拟数据表格，记录相关实验数据；
2. 计算待测透镜的焦距及其不确定度。

【思考题】

平行光管测焦距的方法有哪些优点？还存在哪些系统误差？

【预习要求】

1. 平行光管由哪几部分组成？
2. 如何应用平行光管测透镜的焦距？

实验 40 显微镜的组装及放大率的测定

【实验导读】

显微镜主要是用来帮助人眼观察近处的微小物体,显微镜与放大镜的区别是显微镜是二级放大。通过本实验使学生更了解显微镜的原理,自己组装显微镜,测量相关参数。

【实验目的】

1. 了解显微镜的基本原理和结构;
2. 学习测定显微物镜的垂轴放大率及显微系统放大率的方法;
3. 进一步熟悉透镜的成像规律。

【实验仪器】

导轨 光源 白屏 显微物镜 显微目镜

【实验原理】

最简单的显微镜是由两个凸透镜构成。其中,物镜的焦距很短,目镜的焦距较长。它的光路如图 40-1 所示。

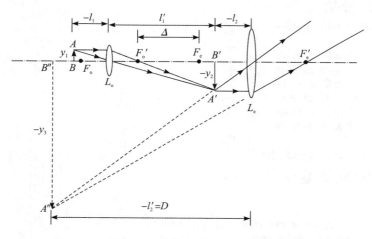

图 40-1 简单显微镜的光路图

图中的 L_o 为物镜(焦点在 F_o 和 F_o'),其焦距为 f_o;L_e 为目镜,其焦距为 f_e。将长度为 y_1 的被观测物体 AB 放在 L_o 的焦距外且接近焦点 F_o 处,物体通过物镜成一放大倒立实像 $A'B'$(其长度为 y_2),此实像在目镜的焦点以内,经过目镜放大,结果在明视距离 D 上得到一个放大的虚像 $A''B''$(其长度为 y_3)。虚像 $A''B''$ 对于被观测物 AB 来说是倒立的。由图 40-1 可见,显微镜的放大率为

$$\gamma=\frac{\tan\psi}{\tan\varphi}=\frac{\dfrac{y_3}{l_2'}}{\dfrac{y_1}{-l_2'}}=-\frac{y_3}{y_2}\cdot\frac{y_2}{y_1} \tag{40-1}$$

式中 φ 为明视距离处物体对眼睛所张的视角;ψ 为通过光学仪器观察时在明视距离处的成像对眼睛所张的视角;$\dfrac{y_3}{y_2}=\dfrac{-l_2'}{-l_2}\approx\dfrac{D}{f_e}=\beta_e$(因 $-l_2'=D$)为目镜的放大率;$-\dfrac{y_2}{y_1}=-\dfrac{l_1'}{l_1}\approx\dfrac{\Delta}{f_o}=\beta_o$(因 l_1' 比 f_o 大得多)为物镜的放大率;Δ 为显微物镜焦点 F_o' 到目镜焦点 F_e 之间的距离,称为物镜和目镜的光学间隔。因此式(40-1)可改写成

$$\gamma=\frac{D}{f_e}\frac{\Delta}{f_o}=\beta_e\beta_o \tag{40-2}$$

由式(40-2)可见,显微镜的放大率等于物镜放大率和目镜放大率的乘积。在 f_o、f_e、Δ 和 D 为已知的情形下,可以利用式(40-2)算出显微镜的放大率。

分辨力板广泛用于光学系统的分辨率、景深、畸变的测量及机器视觉系统的标定中。本实验用到的是国标 A 型分辨力板 A3,如图 40-2 和图 40-3 所示,它是根据国家分辨力板相关标准设计的分辨力测试图案。一套 A 型分辨力板由图形尺寸按一定倍数关系递减的七块分辨力板组成,其编号为 A1~A7。每块分辨力板上有 25 个组合单元,每一线条组合单元由相邻互成 45°、宽等长的 4 组明暗相间的平行线条组成,线条间隔宽度等于线条宽度。分辨力板相邻两单元的线条宽度的公比为 $1/\sqrt[12]{2}$(近似 0.94),如图 40-2 所示。国标 A3 分辨力板所有单元的线条宽度详见表 40-1。

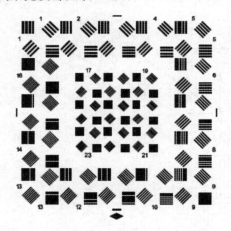

图 40-2　国标 A3 分辨力板　　　　　　　　　图 40-3　国标 A3 分辨力板部分放大图

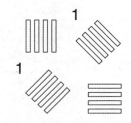

表 40-1 国标分辨率对照表

单元编号	国际 A3	单元编号	国际 A3
	线宽/μm		线宽/μm
1	40	14	18.9
2	37.8	15	17.8
3	35.6	16	16.8
4	33.6	17	15.9
5	31.7	18	15
6	30	19	14.1
7	28.3	20	13.3
8	26.7	21	12.6
9	25.2	22	11.9
10	23.8	23	11.2
11	22.4	24	10.6
12	21.2	25	10
13	20		

【实验内容】

实验装配如图 40-4 所示。

1. 调整物镜。打开光源，依次放置 A3 国标板、显微物镜和白屏。之后，调整显微物镜的高度，使得 A3 板中的图案能够清晰成像在白板上。调整的过程中，可将白屏放置在显微物镜后观察。前后小心移动显微物镜，待白板上的图案清晰可见，即物镜调整完毕。

2. 调整目镜。取下白板，在显微物镜后加入目镜，调整目镜高度使之同轴。人眼通过目镜观察 A3 国标板的图案。前后移动目镜使成像最清晰即调整完毕。旋转 Y 向旋钮，让分辨力板上的一个或多个数字出现在视野中，直至可以分辨出所测量的是哪一个编号的图案，以便查出对应的线宽。

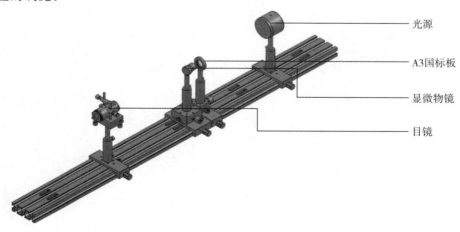

图 40-4 显微系统的视觉放大率测量实验装配图

　　3. 旋转显微目镜,使叉丝其中一轴与待测图案的线条平行,另一轴穿过待测图案,记录像高,把数据记录到自拟表格中,重复测量 3 次。

　　4. 测量目镜的视觉放大率。从目镜上可直接读出。

　　5. 测量显微系统的视觉放大率及物镜的垂轴放大率。通过系统读取物体的像,利用像高比物高得到显微系统的视觉放大率(物体的实际尺寸可根据国标板的序号查表得到单个线宽)。根据式(40-2),物镜的垂轴放大率 β_o 可根据目镜的视觉放大率 β_e 和系统的视觉放大率 γ 计算得到。

【数据记录与处理】

　　1. 自拟数据表格,记录相关实验数据;
　　2. 计算显微系统的视觉放大率及其不确定度。

【思考题】

　　为什么显微镜的焦距要做得很短,相应的口径也要做得较小?

【预习要求】

　　显微镜和望远镜有哪些相同之处与不同之处?

第五章 设计性实验

第一节 设计实验的基础知识

1. 设计性实验的性质与任务

设计性实验是一种介于基础教学实验与实际科学实验之间的,具有对科学实验全过程进行初步训练特点的教学实验。这类实验课题一般由实验室提出,课题和项目的内容必须经过精心挑选,使它具有综合性、典型性和探索性。同时,要考虑让实验者有可能在给定的教学时间内独立地完成(即具有可行性)。做设计性实验时,根据题目的要求,学生自行查阅资料,推证有关理论,确定实验方案和测量方法,选择测量仪器和测量条件,拟定实验步骤,进行实验,最后写出合格的实验报告。

设计性实验的中心任务是设计和选择实验方案,并在实验中检验设计方案的正确性与合理性。设计时一般包括以下几个方面:根据研究课题的要求确定实验种类及应用理论;根据实验精度的要求及现有的主要仪器,确定所应用的原理,选择实验方案和测量方法,选择测量条件与配套仪器以及测量数据的合理处理等。

在进行设计性实验时,应考虑各种系统误差出现的可能性,分析其产生的原因,估算其大小,并消除或减少系统误差的影响。

2. 设计实验方案的选择

实验方案的选择一般来说应包括:实验方法和测量方法的选择,测量仪器和测量条件的选择,数据处理方法的选择,进行综合分析和不确定度合理估算等。

在下面的讨论中,涉及不确定度估算的分析时,主要考虑不确定度 B 类分量中仪器误差 Δ_m。

2.1 实验方法的选择

根据课题所要研究的对象,尽量收集各种可能的实验方案,即根据一定的实验原理,确定在被测量与可测量之间建立关系的各种可能方法。然后,比较各种方法所能达到的测量精度、适用条件、实现的难易程度以及现有仪器情况等,从中确定出能满足课题要求的最佳实验方法。

例如,设计性实验"重力加速度的研究",该课题研究任务是测定重力加速度,要求测定值与本地区标准值相比,相对不确定度要小于 0.05%。经收集资料可提供的实验方法有单摆法、复摆法、开特摆法、自由落体法和气垫导轨法等。各种方法都有各自的优缺点,要进行综合分析并加以比较,分析各种方法可能引入的系统误差以及消除误差的办法,对于待测物理量要制定具体的测量方法,并确定数据处理方法等,必要时可进行初步实践,然后选择最佳实验方法。

2.2　测量方法的选择

实验方法选定后,有时可能有几种测量方法可供选择。此时应分析哪一种测量方法测量精度高,引入系统误差小。为使各物理量测量结果的不确定度最小,需要进行不确定度来源及不确定传递的分析,并结合可能提供的仪器,确定合适的具体测量方法。

如上述"重力加速度的研究"实验,若选用自由落体法做实验,则在时间测量方法上,就有光电计时法、火花打点法和频闪照相法等多种测量方法。下面举一个例子来进一步说明。

例1　要测量一个电压源输出电压,要求测量结果的相对不确定度 $E_x \leqslant 0.05\%$。给定的条件是:电压表 2.5 级,电位差计 0.5 级,可变标准电压表 0.01 级。如何选择测量方法?

根据给定的条件,根据前面已学过的知识,可设想运用比较法——直接与电压表比较或利用电位差计的补偿法测量。

若用电压表直接比较,由于 $E_x = \dfrac{\Delta U}{U_x} \leqslant 0.05\%$,要求所选用的电压表准确度等级至少为 0.05 级,而现有的电压表级别为 2.5 级,因此,无法达到课题要求。若改用电位差计来进行,则测量相对不确定度将大于 0.5%,同样也不能满足课题要求。

在仔细分析实验精度要求和现有仪器条件后,可运用微差法进行测量,即不直接测量未知电压 U_x,而是通过测量标准可控电压 U_S 与 U_x 的差值 δ 来达到测量 U_x 的目的。由于 δ 比 U_x 可以小很多,所以测量 δ 的不确定度也就比测量 U_x 的不确定度小很多,这样就能最终提高 U_x 的测量精度。下面我们做一定量分析,"微差法"原理如图 5-1 所示。

图 5-1　微差法原理

因为
$$U_x = U_S + \delta$$
所以
$$\Delta U_x = \Delta U_S + \Delta \delta$$
$$\frac{\Delta U_x}{U_x} = \frac{\Delta U_S}{U_x} + \frac{\Delta \delta}{U_x} \approx \frac{\Delta U_S}{U_S} + \frac{\delta}{U_x} \frac{\Delta \delta}{\delta}$$

可见,微差 δ 越小,测量差值所引入的不确定度对测量结果的影响就越小。为便于理解,以具体数值计算来说明。

现有 0.01 级的标准电压源 $\left(\dfrac{\Delta U_S}{U_S} \leqslant 0.01\% \right)$,若微差 δ 取为 $\delta = \dfrac{U_x}{100}$,则由上式可得

$$\frac{\Delta \delta}{\delta} \approx \left(\frac{\Delta U_x}{U_x} - \frac{\Delta U_S}{U_S} \right) \frac{U_x}{\delta} \leqslant (0.05\% - 0.01\%) \times 100 = 4\%$$

可见,利用这一方法只要微差值的相对不确定度不超过 4%,选用 0.5 级电位差计就可以满足课题的要求。

2.3　测量仪器的选择

在实验室进行设计性实验选择测量仪器时一般从以下几个方面考虑:仪器的精度(分度值或准确度等级)、仪器的灵敏度(分辨率)、仪器的量程(测量范围)等。在满足精度要求的前提下尽量选用级别低的仪器,因为高精度的仪器不但价格昂贵,而且调整操作比较麻烦,实验条件的要求也比较苛刻。下面举例说明:

例2　要求测量圆柱体的体积 V,相对不确定度 $E_V \leqslant 0.5\%$,试问应如何正确选用测量

仪器?

直径为 D,高度为 h 的圆柱体的体积 V 为

$$V = \frac{\pi}{4} D^2 h$$

圆柱体的相对不确定度为

$$E_V = \frac{U_V}{V} = \sqrt{\left(\frac{2U_D}{D}\right)^2 + \left(\frac{U_h}{h}\right)^2}$$

可分为下列情况讨论:

(1)当圆柱体的高度 h 远大于直径 D(即为圆棒或细丝)。

因为 $h \gg D$,所以不确定度中的 U_D 项对总不确定度 U_V 的影响远大于 U_h 项的影响,则

$$E_V = \frac{U_V}{V} \times 100\% = \frac{2U_D}{D} \times 100\% \leqslant 0.50\%$$

当 $D \approx 5$ mm 时,要求 $U_D \leqslant 0.012\ 5$ mm,$\Delta_m \approx U_D$,即要选用 $\Delta_m = 0.004$ mm 的螺旋测微计。

(2)当圆柱体的直径 D 远大于高度 h(即为圆板)

因为 $D \gg h$,所以类似有

$$E_V = \frac{U_V}{V} \times 100\% = \frac{U_h}{h} \times 100\% \leqslant 0.5\%$$

当 $h \approx 10$ mm 时,要求 $U_h \leqslant 0.05$ mm,即要选用 $\Delta_m = 0.02$ mm 的游标卡尺。

2.4 测量条件的选择

在实验方法、测量方法及仪器已选定的情况下,有时还需确定测量的最有利条件。这主要靠对不确定度来源进行分析,即确定在什么条件下进行测量引起的不确定度最小。这个条件可以由不确定度函数对自变量求偏导并令其为零而得到。对一元函数,只需求一阶和二阶导数,令一阶导数等于零,解出相应的变量表达式,代入二阶导数式,若二阶导数大于零,则该表达式即为测量的最有利条件。分析时应从相对不确定度入手,举例如下:

例 3 如图 5-2 所示,用滑线式惠斯登电桥测电阻时,问滑线臂在什么位置测量时,才能使待测电阻的相对不确定度最小?

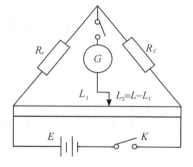

图 5-2 用滑线电桥测电阻电路

设 R_S 为可调的标准电阻,L_1 和 L_2($L_2 = L - L_1$)为滑线电阻的两臂长。当电桥平衡时

$$R_x = R_S \frac{L_1}{L_2} = R_S \left(\frac{L - L_2}{L_2}\right)$$

其相对不确定度为

$$E_{R_x} = \frac{\Delta R_x}{R_x} = \frac{L}{(L - L_2)L_2} \Delta L_2$$

因为相对不确定度 E_{R_x} 是 L_2 的函数,要求相对不确定度为最小的条件是

$$\frac{\partial E_{R_x}}{\partial L_2} = \frac{L(L - 2L_2)}{(L - L_2)^2 L_2^2} = 0$$

可解得

$$L_2 = \frac{L}{2}$$

因此，$L_1 = L_2 = \dfrac{L}{2}$ 是滑线式电桥测量电阻最有利的测量条件。

又如：电学仪表在选定准确度等级后，还要注意选择合适的量程进行测量，才能使相对不确定度最小。

设：仪表级别为 f 级，量程为 $U_{\max}$，则

$$\Delta_m = U_{\max} f \%$$

若待测量为 U_x，则其相对不确定度为

$$E_x = \frac{\Delta_m}{U_x} = \frac{U_{\max}}{U_x} f \%$$

当 $U_x = U_{\max}$ 时，相对不确定度最小。量程与被测量的比值越大，相对不确定度就越大，根据这一结论可指导正确选用电表的量程。

3. 实验仪器的配套

完成一项实验工作，往往需要使用多种仪器，因而还应注意仪器的合理配套问题。所谓配套，就是要在电源的选择、精度和灵敏度选择等方面进行认真分析，使仪器的特性得到充分发挥，在操作上不造成困难，又不造成经济上的浪费。

如何合理地配套测量仪器？一般的方法是按"不确定度均分原理"选择配套仪器，即规定各仪器的分项测量不确定度对总不确定度的影响都相同。

设　　　　　　　　　　　$N = f(x, y, z, \cdots)$ 　　　　　　　　　　　(5-1)

$$U_N = \sqrt{\left(\frac{\partial f}{\partial x}\right)^2 U_x^2 + \left(\frac{\partial f}{\partial y}\right)^2 U_y^2 + \left(\frac{\partial f}{\partial z}\right)^2 U_z^2 + \cdots} \qquad (5-2)$$

采用"不确定度均分原理"，即各直接测量量 $x, y, z\cdots$ 的不确定度对间接测量量 N 的总不确定度影响相同。

$$U_N = \sqrt{n}\left(\frac{\partial f}{\partial x}\right) U_x = \sqrt{n}\left(\frac{\partial f}{\partial y}\right) U_y = \cdots \qquad (5-3)$$

由此，可根据指定被测量 N 的不确定度 U_N 或相对不确定度 E_N 的要求，计算各直接测量分量的不确定度（式中 n 为独立变量的个数）

$$U_x = \frac{U_N}{\sqrt{n}\left(\frac{\partial f}{\partial x}\right)}, U_y = \frac{U_N}{\sqrt{n}\left(\frac{\partial f}{\partial y}\right)}, \cdots \qquad (5-4)$$

$$E_x = \frac{1}{\sqrt{n}} E_N, E_y = \frac{1}{\sqrt{n}} E_N, \cdots \qquad (5-5)$$

根据各分量不确定度的计算结果，选择合适的测量仪器。

例 4　要求用秒摆（周期为秒的单摆）测定重力加速度 g 的结果精确到 1.0%，则测量秒摆摆长 L 和周期 T 的仪器应如何配套？

根据题意，摆是秒摆，所以周期 $T = 1.00$ s，假设摆长 $L = 50.0$ cm，要求 g 的不确定度为 1.0%，即 $\dfrac{U_g}{g} \leqslant 0.01$，预先约定 $g = 980$ cm/s²，则

$$U_g = 9.80 \text{ cm/s}^2$$

按理论公式

$$g = \frac{4\pi^2 L}{T^2}$$

由式(5-4)可得

$$U_L = \frac{U_g}{\sqrt{n}\left(\frac{\partial g}{\partial L}\right)} = \frac{9.80}{\sqrt{2}\frac{4\pi^2}{T^2}} = \frac{9.80}{\sqrt{2}\frac{4\times3.141\,6^2}{1.00^2}} = 0.18(\text{cm})$$

$$U_T = \frac{U_g}{\sqrt{2}\left(\frac{\partial g}{\partial T}\right)} = \frac{9.80}{\sqrt{2}\frac{8\pi^2 L}{T^2}} = \frac{9.80}{\sqrt{2}\frac{8\times3.141\,6^2\times50.0}{1.00^2}} = 0.001\,8(\text{s})$$

$$U_{Lm} = U_L = 0.18 \text{ cm}$$

$$U_{Tm} = U_T = 0.001\,8 \text{ s}$$

根据估算结果秒摆的摆长和周期的测量应各挑选一种最接近计算结果的仪器。测摆长可选择最小分度值为 1 mm 的米尺。若测摆动一个周期的时间,则应选 1 ms 数字毫秒仪。若用积累放大测量法,测 50 个周期的时间,则可选用 0.01 s 的电子秒表与之配套。

不确定度均分原理是一种一般的测量方法,在实际工作中,要完全严格地做到"仪器不确定度均分"既不可能,也没有必要,我们可以根据实际情况予以调整。但按此原则选择各直接测量量的测量仪器的不确定度,使它们在数量级上大致均衡,应作为仪器配套的一个重要方面。

第二节 设计实验的基本环节

设计实验的教学实施程序一般包括:

(1)确定题目。教师应提前将设计性实验题目布置给学生,并指定相应的参考文献。

(2)设计实验方案。学生根据课题的任务和要求自行查阅文献资料,制定实验方案,选择合适的实验仪器,拟定实验程序。

(3)检查方案。教师对每个学生的实验方案逐一检查,实验方案通过者方可进行实验。

(4)进行实验。根据拟定的实验方案和程序,在实验室完成观测任务。

(5)完成实验报告。学生利用课外时间处理数据,分析实验结果,得出结论,写出实验报告。

实验报告包括以下内容

①设计实验题目;

②实验目的、任务和要求,或对整个实验的主要内容及结果的简述;

③实验原理、实验方法的描述(含原理图和理论公式);

④实验仪器(实验选用的仪器设备及确定规格参数);

⑤实验内容及步骤;

⑥实验的数据记录表格及数据处理(含不确定度的估算、结果表示);

⑦实验结果与分析,评定实验方案(可提出改进的意见);

⑧参考文献(列出设计实验方案时参考的所有资料)。

实验报告可以以小论文的形式完成。

实验 41　万用电表的设计制作和定标

【实验目的】

1. 掌握万用电表的基本原理；
2. 培养具有初步设计万用电表的能力；
3. 学会校准万用电表。

【实验仪器】

直流稳压电源 1 台　　　　直流伏特表 C31-V 1 只
交流毫伏表 1 只　　　　　直流安培表 C31-A 1 只
交/直流电阻箱 1 只　　　　自装万用电表整套 1 套
电烙铁 1 只　　　　　　　滑线式变阻器 1 只
单向开关 1 个　　　　　　导线、焊锡电阻等若干

【实验原理】

　　万用电表(万用表)又称三用表,主要用来测量电路中的电压、电流和电阻,其结构简单,使用方便,是实验中最常见的检测仪表之一。

　　万用电表的结构:由一只磁电式电流表(又称表头)、选择开关(又称转换开关)和测量电路三部分组成。转换开关的结构和使用将在实验课中结合实物进行介绍,下面将主要介绍测量电路的原理和设计。

1. 直流电流挡的设计

　　万用电表的表头是一只灵敏度较高的电流表,一般量程为 50~500 μA。而实际被测量的电流往往比此值大得多,因此需要扩程。在多量程的电流表中,扩程的电路形式有两种:开路置换式和闭路抽头式,如图 41-1 所示,在万用电表中一般采用闭路抽头式,其各量程的分流电阻与表头组成环形回路,故闭路抽头式又称环形分流式。

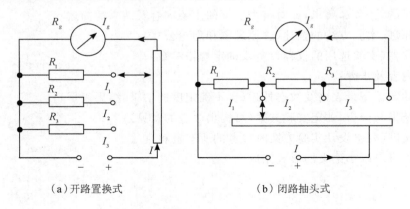

　　　　(a)开路置换式　　　　　　　　　(b)闭路抽头式

图 41-1　直流电流挡的设计原理图

在闭路抽头式的电路中,待测电流从抽头[图 41-1(b)中的 I_1、I_2、I_3 等]接入,改变接入抽头,即可改变分流电阻,因此,量程也不同,有几个量程就有几个抽头。

当转换开关置于 I_1 挡时,待测电流从抽头 I_1 流入,当指针偏转为满度时,由欧姆定律得

$$(I_1 - I_g)R_1 = I_g(R_2 + R_3 + R_g)$$
$$I_1 R_1 = I_g(R_1 + R_2 + R_3 + R_g) \tag{41-1}$$

当转换开关置于 I_2 挡时,有

$$(I_2 - I_g)(R_1 + R_2) = I_g(R_3 + I_g)$$
$$I_2(R_1 + R_2) = I_g(R_1 + R_2 + R_3 + R_g) \tag{41-2}$$

当转换开关置于 I_3 挡时,同理有

$$I_3(R_1 + R_2 + R_3) = I_g(R_1 + R_2 + R_3 + R_g) \tag{41-3}$$

从以上式(41-1)、式(41-2)、式(41-3)可看出,等式左边为电流量程值乘以该量程的分流电阻,右边是表头满偏电流 I_g 乘以环形分流电路的总电阻,对于同一环形电路的不同量程来说,等式右边的乘积是不变的,并称为环形回路电压,记作 U_O。

由上讨论得出结论:采用环形分流电路(即闭路抽头式)的多量程电流表,量程的电流值与其分流电阻的乘积等于环形回路的电压值。此结论具有普遍意义。下面的一些关于环形回路分流电阻的计算将要应用此结论,以使计算简化。

在环形分流电路中,环形回路的总电阻值应如何选取?为节省测量时间,可选取环形回路的总电阻尽可能略大于电流表的临界电阻 $R_{临}$。详细参见实验 32"灵敏电流计特性的研究"。

例 1　已知一只表头的量程,内阻和临界电阻分别为 $I_g = 37.5~\mu A$,$R_g = 2.00~k\Omega$,$R_{临} = 7.60~k\Omega$,要求设计一个有量程 500 mA、50.0 mA、5.00 mA、0.500 mA、50.0 μA 的多挡闭路抽头式电流表。

解　(1)取环形回路总电阻

由题意知道,要设计的电流表为 5 个量程,若选用闭路抽头式的电路,则电路形式如图 41-2 所示。

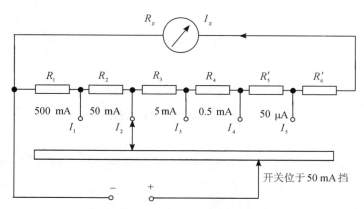

图 41-2　闭路抽头式电路原理图

为节省测量时间,取环形回路总电阻($R_S + R_g$)略大于 $R_{临} = 7.60~k\Omega$,其中 $R_S = R_1 + R_2 + R_3 + R_4 + R_5' + R_6'$ 为电流表总外电阻,则取 $R_S + R_g = 8.00~k\Omega$。

(2)计算各挡分流电阻

应用上面关于环形分流式电路的结论来计算较为方便。

环形回路的电压值 U_O:

$$U_O = I_S(R_S + R_g) = I_g(R_1 + R_2 + R_3 + R_4 + R'_5 + R'_6 + R_g)$$
$$= 3.75 \times 10^{-2} \times 8.00 = 0.300(\text{V})$$

500 mA(即 I_1)挡的分流电阻：

$$R_1 = \frac{U_O}{I_1} = \frac{0.300}{500.0} = 6.00 \times 10^{-4}(\text{k}\Omega) = 0.600(\Omega)$$

50 mA(即 I_2)挡的计算：

$$R_1 + R_2 = \frac{U_O}{I_2} = \frac{0.300}{50.0} = 6.00 \times 10^{-3}(\text{k}\Omega) = 6.00(\Omega)$$

则 50 mA(即 I_2)挡的分流电阻

$$R_2 = 6.00 - 0.600 = 5.40(\Omega)$$

5 mA(即 I_3)挡的计算：

$$R_1 + R_2 + R_3 = \frac{U_O}{I_3} = \frac{0.300}{5.00} = 6.00 \times 10^{-2}(\text{k}\Omega) = 60(\Omega)$$

5 mA(即 I_3)挡的分流电阻

$$R_3 = 60.0 - 6.00 = 54.0(\Omega)$$

同理可计算出：

$$R_4 = 540(\Omega), R'_5 = 5.40(\text{k}\Omega)$$

因为 $R_1 + R_2 + R_3 + R_4 + R'_5 + R_g = 8.00$ kΩ，所以 $R'_6 = 0.00$ Ω 即不要 R'_6 电阻。

将直流电流挡完整电路重新画出，如图 41-3 所示。

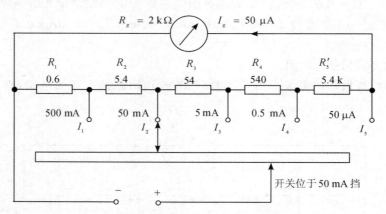

图 41-3　直流电流挡完整电路图

2. 直流电压挡的设计

　　表头所能测量的电压是很小的，要把它应用到实际电压的测量，需要扩大量程。常用的电压扩程电路是串联分压式，如图 41-4 所示。电路由一个小量程的电流表与高电阻串接。由图 41-4，显然可得

$$U = I_g(R_g + R_m), 或 R_m = \frac{U}{I_g} - R_g = U \cdot ® - R_g$$

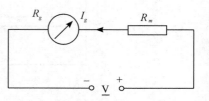

图 41-4　串联分压式

其中 $® = \frac{1}{I_g}$，称为每伏欧姆数，表示在 1 伏电压作用下，使表针偏转满度时所需的欧姆数。电流表的灵敏度越高(即 I_g 越小)，则 R 值越大，测量电压时，对待测电路的接入影响(指分流作

用)越小,所以 ⑧ 值是万用电表电压挡的重要指标之一。一般万用电表的 ⑧ 值为 $1 \sim 20$ kΩ/V。

由于万用电表的直流电流电压挡是共用一只电流表,设计直流电压挡时,应首先确定直流电压挡所可能选取的最大每伏欧姆数 ⑧。一般选取比表头的 $\dfrac{1}{I_g}$ 小一些,而且凑成整数。直流电压挡的电路是这样设计的:根据所选取的 ⑧ 值,在电流挡的环形分流电路中,在适当的抽头处,将电压挡的分压电路接入,如图 41-5 所示,为计算方便,可将图 41-5(a)简化为图 41-5(b)所示,图中 I_g、R_g 为图 41-5(a)中虚线框内的等效表头的灵敏度和内阻。由图 41-5(b)和 ⑧,很容易计算直流电压挡的各量程分压电阻。

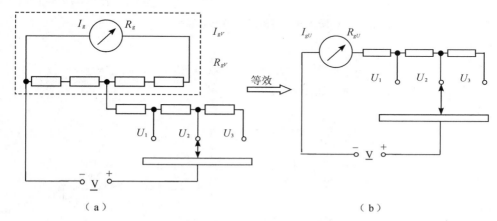

（a）　　　　　　　　　　　　　　　　　　（b）

图 41-5　直流电压挡的分压电路的接入

例 2　将例 1 多挡环形回路抽头式的电流表改制为每伏欧姆数 ⑧ 为 20.0 kΩ/V,量程为 1.00 V、5.00 V 和 25.0 V 的三挡电压表,计算出各分压电阻。

解　表头的灵敏度 $I_g = 37.5$ μA,$\dfrac{1}{I_g} = 26.7$ kΩ/V,取每伏欧姆数 ⑧ $= 20.0$ kΩ/V(比 $\dfrac{1}{I_g}$ 小一些)。

(1)计算分流电阻,即计算从环形回路的何处接入分压电路。

将图 41-6(a)中所示虚线框内的电路视为等效直流电压表表头,等效表头灵敏度设为 I_{gU},等效表头内阻设为 R_{gU}。

$$I_{gU} = \frac{1}{⑧} = \frac{1}{20.0} = 50.0 \times 10^{-3}(\text{mA})$$

显然 I_{gU} 恰好是直流电流挡的 I_5(50 μA)量程。分流电阻 R_{SU} 就是

$$R_S = R_1 + R_2 + R_3 + R_4 + R'_5 = 6.00(\text{kΩ})$$

所以 $R'_7 = 0$。

$$R_{gU} = R_{SU} /\!/ R_g = (R_1 + R_2 + R_3 + R_4 + R'_5) /\!/ R_g = 6.00 /\!/ 2.00 = 1.50(\text{kΩ})$$

这样图 41-6(a)就等效于图 41-6(b)。

(2)计算各量程分压电阻

$U_1 = 1.00$ V 挡:

$$R_2 = U_1 \cdot ⑧ - R_{gU} = 1.00 \times 20.0 - 1.5 = 18.5(\text{kΩ})$$

$U_2 = 5.00$ V 挡:

$$R_8 = (U_2 - U_1) \cdot ⑧ = (5.00 - 1.00) \times 20.0 = 80.0(\text{kΩ})$$

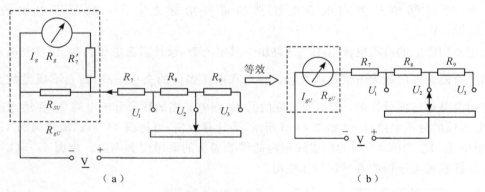

图 41-6　等效直流电压表表头

$U_3 = 25.0$ V 挡:

$$R_9 = (U_3 - U_2) \cdot \textcircled{R} = (25.00 - 5.00) \times 20.0 = 400.0 (k\Omega)$$

将电压挡的完整电路画出来,如图 41-7 所示。

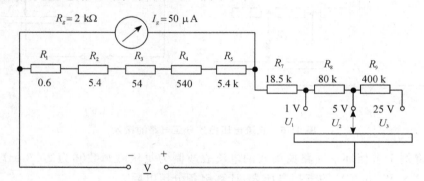

图 41-7　直流电压挡完整电路图

3. 交流电压挡的设计

万用电表的表头是一只磁电式电流表,它只能测量直流,因此,要测量交流电压需要将待测的交流电先经过整流后使其变成直流电,再接到表头。常见的万用电表交流电压挡的整流电路如图 41-8 所示,图中 D_1、D_2 为晶体二极管,接成半波整流电路,即图中虚线框内的部分,其输入为交流电流 $I_{gU\sim}$,输出为直流电流 I_{gU-},两者之间的关系为:

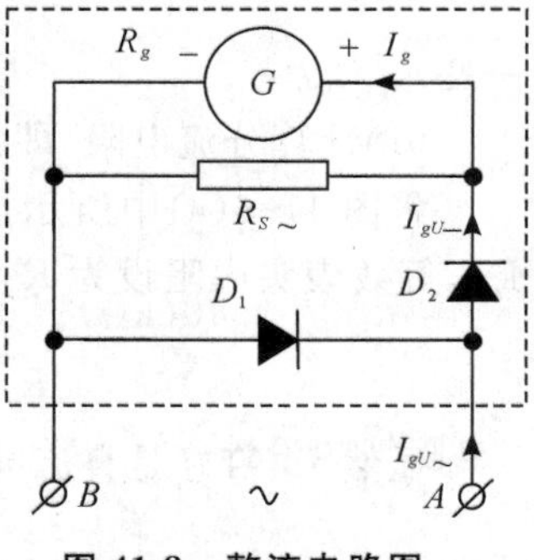

$$I_{gU-} = \eta I_{gU\sim} = \eta_1 \cdot \eta_2 \cdot I_{gU\sim} = 0.981 \times 0.450 I_{gU\sim} = 0.441 I_{gU\sim}$$

其中,η_1 为整流效率,一般取 0.981;η_2 为整流系数,半波整流时

图 41-8　整流电路图

为 0.450。交流电压挡与直流电压挡不同,就在于多了一个整流电路,其余部分都相同,分压电阻的计算方法与直流电时的情况相同。

计算分压电阻时,首先要确定交流电压的每伏欧姆数 $\textcircled{R}\sim$,因为半波整流时 $I_{gU-} = 0.441 I_{gU\sim}$,又 $\textcircled{R} = \dfrac{1}{I_g}$,故 $\textcircled{R}\sim$ 可能选取的最大值为 $0.441\textcircled{R}$,通常选取比此值略小一些,而且凑成整数。

例 3　用例 2 中的多挡环形抽头式直流电流表改制成交流电压表,其每伏欧姆数 $\textcircled{R}\sim =$

5.00 kΩ/V,量程为 10.0 V、100 V、500 V 三挡。

解　(1)计算交流电压表等效表头的灵敏度 $I_{gU\sim}$ 和 $U_{gU\sim}$,见图 41-9。

经过整流后:

$$I_{gU\sim}=\frac{1}{\circledR_\sim}=\frac{1}{5.00}=0.200(\text{mA})$$

$$I_{gU-}=0.441I_{gU\sim}=0.441\times200=88.2(\mu\text{A})$$

由 I_{gU-} 值可确定交流电压挡的分压电路应从电流挡的环形分流电路何处抽头接入,如图 41-9 所示。

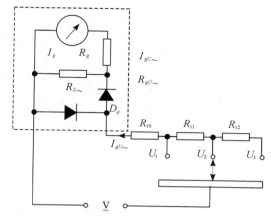

图 41-9　交流电压挡等效表头

(2)计算交流电压挡在环形回路中的分流电阻 $R_{S\sim}$:

$$R_{S\sim}=\frac{U_o}{I_{gU-}}=\frac{0.300}{88.2\times10^{-3}}=3.40(\text{k}\Omega)$$

交流电压挡等效表头内阻 $R_{gU\sim}$ 即图 41-9 中虚线框内的内阻。

$$R_{gU\sim}=R_d+R_{S\sim}\,/\!/\,(R_1+R_2+R_3+R_4+R'_5+R_g-R_{S\sim})$$
$$=2.70+3.40\,/\!/\,(8.00-3.40)=4.66(\text{k}\Omega)$$

其中 R_d 为二极管 D 的内阻,约为 2.70 kΩ。

(3)计算各量程分压电阻

$U_1=10$ V 挡:

由图 41-9,显然有

$$(R_{gU-}+R_{10})=U_1\cdot\circledR_\sim=10.0\times5.00=50.0(\text{k}\Omega)$$
$$R_{10}=50.0-4.66=45.3(\text{k}\Omega)$$

$U_2=100$ V 挡:

$$R_{11}=(U_2-U_1)\cdot\circledR_\sim=(100-10.0)\times5.00=450(\text{k}\Omega)$$

$U_3=500$ V 挡:

同理可算出 $R_{12}=2.00(\text{M}\Omega)$。

将交流电压挡完整电路重新画出,如图 41-10 所示。图中 $R_1+R_2+R_3+R_4+R_5$ 即为分流电阻 $R_{S\sim}=3.40(\text{k}\Omega)$。

$$R_1+R_2+R_3+R_4+R_5+R''_5+R_g=8.0(\text{k}\Omega)$$

4. 电阻挡的设计

4.1　万用表测量电阻的原理

在万用电表中,是将电阻转换为电流来测量的,原理电路如图 41-11 所示,待测电阻 R_x 接到一个含有直流电源 E、限流电阻 R_d 和表头串联的电路中,则电路中的电流

$$I=\frac{E}{R_d+R_g+R_x}$$

由上式可以看出:

(1)在 E、R_d、R_g 一定的情况下,R_x 与 I 有一一对应的关系,I 的值由电流表测出,即可求出 R_x 值。因此,万用电表的欧姆挡的标度是根据电流来确定的。

(2)当 $R_x=0$ 时,

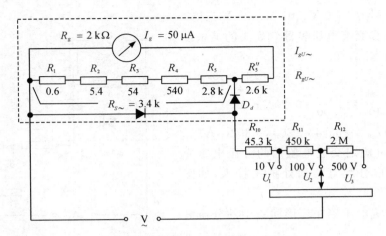

图 41-10　交流电压挡完整电路图

$$I = \frac{E}{R_d + R_g} = I_{g\Omega}(\text{电流表指针应在满刻度处})$$

（3）当 $I_x = \infty$（开路）时，

$$I = 0(\text{电流表指针应指在"0"位置})$$

（4）当 $R_x = R_g + R_d$ 时，

$$I = \frac{E}{2(R_d + R_g)} = \frac{I_{g\Omega}}{2} = (\text{电流表指针恰好应指在刻度中央})$$

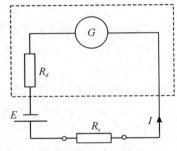

图 41-11　欧姆表原理图

称此时 R_x 为中心阻值，记作 $R_{\text{中}}$，$R_{\text{中}} = R_d + R_g$（即欧姆表内阻），所以，欧姆表的内阻即等于其中心阻值 $R_{\text{中}}$。

当万用电表用作测量电阻时，常简称为欧姆表或 Ω 表，当它作为测量电压时简称为电压表，其余类同。

4.2　调零电路

万用电表中的直流电源通常用干电池，使用时间长了，电池的内阻增大，电压下降，当 $R_x = 0$ 时，电路中的电流 I 将小于满刻度电流 $I_{g\Omega}$，即指针不能指在满刻度，这将给电阻带来附加误差。为此，采用补偿措施（即调零电路）。

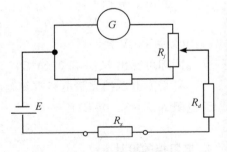

图 41-12　调零电路的原理

调零电路的原理如图 41-12 所示，表头并接有一个可变的分流电路，当电池因使用日久，电压下降时，可将电位器的滑动端向上移，使得当 $R_x = 0$，虽然因电池电压下降，电路中总电流减小，但分流作用也减小，这样仍然可维持流向表头的电流不变，指针能偏满度，反之亦然。这样电池电压在一定范围内变化时，Ω 表都能调零，可变电阻 R_j 称为调零电位器。

4.3　电阻挡的设计

（1）确定中心阻值

欧姆表中的直流电源通常是干电池（一般是一节干电池），为使电池电压在 1.25～1.65 V 范围内，欧姆表都能够正常工作，则当 $R_x = 0$ 时

$$R_{中} \leqslant \frac{E_{\min}}{I'_{\min}}$$

其中，$E_{\min}$ 为电池最低电压（即 1.25 V），$I'_{\min}$ 为万用电表电流挡所能选取的最小量程，为计算方便，一般 $R_{中}$ 取一、二位，而且为整数。

（2）调零电位器的计算

首先计算当 $R_x = 0$ 时，在电池电压为最大值 $E_{\max} = 1.65$ V 和最小值 $E_{\min} = 1.25$ V 时，电路中对应的电流 $I_{\max}$ 和 $I_{\min}$：

$$I_{\max} = \frac{E_{\max}}{R_{中}}, I_{\min} = \frac{E_{\min}}{R_{中}}$$

一般万用表装 1.5 V 电池一节，设 $E_{\max} = 1.65$ V，$E_{\min} = 1.25$ V，对应于 $I_{\max}$ 和 $I_{\min}$ 的分流电阻 R_S，如图 41-13 所示：

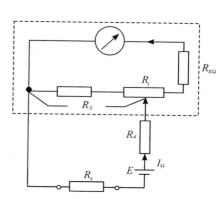

$$R_{S\max} = \frac{U_O}{I_{\max}}, R_{S\min} = \frac{U_O}{I_{\min}}$$

其中，U_O 仍为环形回路电压值，显然，调零电位器 R_j 应满足：

$$R_j \geqslant R_{S\min} - R_{S\max}$$

一般电位器应选取略比上述值略大，而且为系列标称值。

（3）计算限流电阻 R_d

由于电池电压是变化的，电池电压以标称值 1.50 V 来计算。

图 41-13　欧姆挡等效表头

在 $R_x = 0$ 时：

$$R_{中} = R_d + R_{g\Omega} \text{ 或 } R_d = R_{中} - R_{g\Omega}$$

上式中 $R_{中}$ 为欧姆表的中心阻值，$R_{g\Omega}$ 为欧姆挡等效表头（如图 41-13 虚线框内）的内阻，其值由下面计算。

当 $R_x = 0$ 时，欧姆表的工作电流 I_Ω、欧姆挡的分流电阻 $R_{S\Omega}$ 为

$$I_\Omega = \frac{E}{R_{中}}, R_{S\Omega} = \frac{U_O}{I_\Omega}$$

$$R_{g\Omega} = R_{S\Omega} /\!/ (R_1 + R_2 + R_3 + R_4 + R'_5 + R_g + R_{S\Omega})$$

（4）计算各电阻挡的并联电阻

一般万用电表的表头 $I_g \leqslant 500$ μA，设欧姆表 E 为一节 1.5 V 的干电池，当 $R_x = 0$ 时

$$R_{中} = \frac{E_{\min}}{I_{\min}}$$

$E_{\min}$ 为电池最低电压 1.25 V，$I_{\min}$ 为万用表所可能选取的最小电流量程，显然有

$$I_{\min} \geqslant I_g$$

如例 1 中，若取 $I_{\min} = 50$ μA，则 $R_{中} = \frac{E_{\min}}{I_{\min}} = 25(\text{k}\Omega)$。

由上可知，$R_{中}$ 的数量级为 kΩ。

这样，欧姆表有可能为 4 挡，即 $R \times 1$ Ω、$R \times 10$ Ω、$R \times 100$ Ω、$R \times 1$ kΩ，上面我们所计算的实际上就是 $R \times 1$ kΩ 挡，其余的三挡都比较小。为了使欧姆表有 4 挡，必须在上述的欧姆表中再并联一个适当的小电阻，如图 41-14(a) 所示中的 r_1、r_2、r_3，这些电阻应满足下面关系：

$$r_1 // R_{中\times1\ k\Omega} = R_中 \times 1\ \Omega, r_2 // R_{中\times1\ k\Omega} = R_中 \times 10\ \Omega, r_3 // R_{中\times1\ k\Omega} = R_中 \times 100\ \Omega$$

例 4　试用上述的多量程环形回路抽头式电流表改制成一个多量程的欧姆表(采用1.5 V 电池一节)。

解　(1)确定中心电阻值 $R_中$

电池最低电压为 1.25 V,电流挡可能选取的最小电流量程 I_{min},在例 1 中,$I_{min}=50\ \mu A$, 这样图 41-14(a)所示的 $R'_8=0$。

$$R_{中\times1\ k\Omega} \leqslant \frac{E_{min}}{I_{min}} = \frac{1.25}{50.0\times10^{-3}} = 25.0(k\Omega)$$

取 $R_中 = 25.0\ k\Omega$。

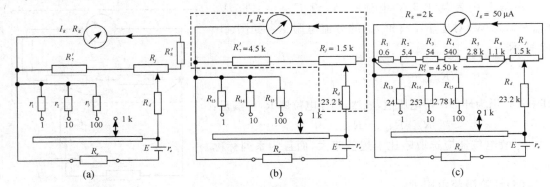

图 41-14　欧姆挡完整电路图

(2)计算调零电位器 R_j

当 $R_x=0$,电池电压为最大值和最小值时,欧姆表的工作电流:

$$I_{max} = \frac{E_{max}}{R_{中\times1\ k\Omega}} = \frac{1.65}{25.0} = 66.0\times10^{-3}(mA)$$

$$I_{min} = \frac{E_{min}}{R_{中\times1\ k\Omega}} = \frac{1.25}{25.0} = 50.0\times10^{-3}(mA)$$

对应于 I_{max} 和 I_{min} 时,电流表环形回路的分流电阻值 R_S,如图 41-13 所示:

$$R_{Smax} = \frac{U_O}{I_{max}} = \frac{0.300}{66.0\times10^{-3}} = 4.55(k\Omega)$$

$$R_{Smin} = \frac{U_O}{I_{min}} = \frac{0.300}{50.0\times10^{-3}} = 6.00(k\Omega)$$

调零电位器:$R_j \geqslant (R_{Smin} - R_{Smax}) = 6.00 - 4.55 = 1.45(k\Omega)$,取 $R_j = 1.50(k\Omega)$,这样在图 41-14(a)中,$R'_7 + R_j + R_g = 8.00(k\Omega)$,则 $R'_7 = 4.50(k\Omega)(R'_8=0)$。

(3)限流电阻 R_d 的计算

首先计算欧姆表等效表头内阻 $R_{g\Omega}$ 和欧姆表的分流电阻 $R_{S\Omega}$,然后计算限流电阻 R_d。

当 $R_x=0$ 时,欧姆表的工作电流 I_Ω,如图 41-13 所示:

$$I_\Omega = \frac{E}{R_{中\times1\ k\Omega}} = \frac{1.50}{25.0} = 60.0\times10^{-3}(mA)$$

$$R_{S\Omega} = \frac{U_O}{I_\Omega} = \frac{0.300}{60.0\times10^{-3}} = 5.00(k\Omega)$$

$$R_{g\Omega} = R_S // (R_1 + R_2 + R_3 + R_4 + R'_5 + R_g - R_S)$$
$$= 5.00 // (8.00 - 5.00) = 1.88(k\Omega)$$

$$R_d = R_{中 \times 1k\Omega} - R_{g\Omega} = 25.0 - 1.88 = 23.2(k\Omega)$$

（4）各挡分流电阻的计算

设电池有内阻 r_e，假定 $r_e = 1 \Omega$［见图41-14(b)］，则

$R \times 1 \Omega$ 挡（图中虚线框部分的等效电阻即 $R_{中 \times 1k\Omega}$）：

$$(R_{中 \times 1k\Omega} /\!/ R_{13}) + r_e = R_{中} \times 1 \Omega$$
$$(25.0 \times 10^3 /\!/ R_{13}) + 1 = 25.0$$
$$R_{13} = 24.0(\Omega)$$

$R \times 10 \Omega$ 挡：

$$(R_{中 \times 1k\Omega} /\!/ R_{14}) + r_e = R_{中} \times 10 \Omega$$
$$(25.0 \times 10^3 /\!/ R_{14}) + 1 = 250$$
$$R_{14} = 253(\Omega)$$

$R \times 100 \Omega$ 挡：

同理可求出 $R_{15} = 2.78(k\Omega)$。

今将欧姆挡完整电路重新画出，如图41-14(c)所示，图中

$$R_1 + R_2 + R_3 + R_4 + R_5 + R_6 = R' = 4.5(k\Omega)$$
$$R_1 + R_2 + R_3 + R_4 + R_5 + R_6 + R_j + R_g = 8.00(k\Omega)$$

为了简化电路，减少元件，一般用一个选择开关把电流挡、直流电压挡、交流电压挡和电阻挡综合成一个电路，如图41-15所示，图中选择开关位于欧姆挡 $R \times 10 \Omega$ 量程上，环形回路用粗实线表示。

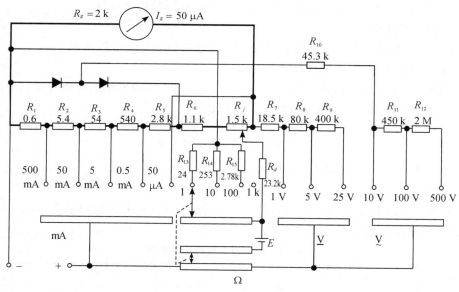

图41-15　万用表完整电路图

其中，电阻挡的转换开关的触头有两对（其他各挡均为1对），其目的是使干电池 E 在 Ω 挡的位置上才接入测量电路，其余各挡均不接入。

【设计要求】

1. 本实验要求每一个学生自行设计一个万用表

已知表头：灵敏度 $I_g = 50.0(\mu A)$，内阻 $R_g = 4.2(k\Omega)$，外临界总电阻约为 $8.00 k\Omega$。要求：直

流电流挡有 5 mA、25 mA 两量程,直流电压挡有 5 V、25 V 两量程,交流电压挡有 10 V、250 V 两量程,电阻挡有 $R\times1$、$R\times10$、$R\times100$、$R\times1\,k$ 四个量程,E 直流电源使用 1.5 V 干电池 1 节。

2. 安装焊接万用电表

根据学生自行设计的万用表电路,实验室提供万用表全部套件,由学生自行安装、焊接。

安装以前,首先要检查万用电表的所有元件的数量、规格是否符合要求,例如,电阻阻值是否正确。其次是焊接和安装。焊接前要预先清洁处理元件的引脚,再用电烙铁进行焊接。最后检查万用表的所有元件的焊接和安装是否正确。有关焊接技术,将在实验课中进行介绍。

3. 万用电表的校验

电流挡、电压挡的校验。

3.1　作校准曲线

取直流电流挡 5 mA 量程、直流电压挡 5 V 量程、交流电压挡 10 V 量程,各测五个点,将自制万用表与标准表进行比较。以电流挡为例,设标准电流表的指示值为 $I_{准}$,自制万用表电流挡的指示值为 I_x,以 $\Delta I_x=(I_{准}-I_x)$ 为纵坐标,I_x 为横坐标,画出标准曲线 ΔI_x-I_x。

3.2　确定电表的准确度

电表准确度的定义:如电流挡

$$\frac{|标准值-指示值|_{\max}}{满量程值}\times100\%=\frac{|I_{准}-I_x|_{\max}}{I_{量程}}100\%$$

对直流电流挡、交直流电压挡校准用的数据表格,请同学们自行设计。

4. 欧姆表的校准与定标

(1)调零检查,取新旧不同的干电池作电源,检查欧姆表是否可以调零。

(2)对电阻挡 $R\times1\,k\Omega$ 量程进行定标。

用电阻箱作待测电阻 R_x,适当选取 5~10 个点,读出在不同电阻值时所对应的电流值 I_x。待测电阻 R_x 所对应的电流 I 的理论值,由下式计算:

$$I_{理}=\frac{E}{R_{中\times1\,k\Omega}+R_x}=\frac{1.50}{25+R_x}$$

R_x 取表 41-1 几个数值,记下相应的电流值 I_x。

(3)校准 $R_{中}$

用电阻箱作待测电阻 R_x,改变电阻值,使指针位于正中,记下中心阻值 $R_{中\times1\,k\Omega}$,并与理论值比较,计算其相对误差。

表 41-1　电阻挡量程的定标数据

$R_x/k\Omega$	0.0	5.0	10	25	50	80	100
I_x/mA							
$I_{理}=\dfrac{E}{R_{中\times1\,k\Omega}+R_x}$							

【思考题】

1. 一个量程 100 μA 的表头,能否改装成每伏欧姆数 ®=100 kΩ/V,量程为 100 V 的电压表? 为什么?

2. 用自组惠斯登电桥测量电阻,若电路的接线正确无误,但测量时,检流计始终偏向一方,如何用万用表检查故障?

3. 若将万用表 10.0 mA 电流挡误作直流电压挡去测 100 V 电压,将会产生什么后果?为什么?

实验 42　设计和组装欧姆表

【实验目的】

1. 了解欧姆表的原理和结构;
2. 学会组装欧姆表及其使用方法。

【实验仪器】

TKDG-2 型电表改装与校准实验仪 1 台

【实验原理】

电流计允许通过的最大电流称为电流计的量程,用 I_g 表示,电流计的线圈有一定内阻,用 R_g 表示,I_g 与 R_g 是两个表示电流计特性的重要参数。

电流计可以改装成毫安表、伏特表、欧姆表。现就改装成欧姆表介绍如下。

1. 串接式欧姆表

串接式欧姆表的原理如图 42-1 所示,E 为电源,表头内阻为 R_g,满刻度电流为 I_g,R 和 R_w 为限流电阻,R_x 为待测电阻。由欧姆定律可知,电路中电流由下式决定:

$$I_x = \frac{E}{R_x + R_g + R + R_w} \qquad (42-1)$$

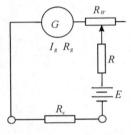

图 42-1　串接式欧姆表改装原理图

对于给定的欧姆表(R_g、R、R_w、E 已给定),I_x 仅由 R_x 决定,即 I_x 与 R_x 之间有一一对应的关系。在表头刻度上,将 I_x 表示为 R_x,即成欧姆表。

由图 42-1 和式(42-1)可知,当 R_x 为无穷大时,$I_x=0$;当 $R_x=0$ 时,回路中电流最大,$I_x=I_g$,由此可知:

(1)当 $R_x = R_g + R + R_w$ 时,$I_x = \frac{1}{2} I_g$,指针正好位于满刻度的一半,即欧姆表标尺的中心电阻值 $R_{中}$,它等于欧姆表的总内阻。这就是欧姆表中心的意义。可将式(42-1)改写为

$$I_x = \frac{E}{R_x + R_{中}} \qquad (42-2)$$

(2)改变中心电阻 $R_{中}$ 的值,即可改变电阻挡的量程,如 $R_{中}=100\ \Omega$,测量范围为 20 Ω 至 500 Ω;$R_{中}=1\,000\ \Omega$,测量范围为 200 Ω 至 5 000 Ω,以此类推(注:对于大阻值测量应相应提高电源 E 的电压)。

(3)I_x 与 $R_{中}+R_x$ 是非线性关系。当 $R_x \ll R_{中}$ 时,有 $I_x \approx \frac{E}{R_{中}} = I_g$,此时偏转接近满刻度,随 R 的变化不明显,因而测量误差大;当 $R_x \gg R_{中}$ 时,$I_g \approx 0$,此时测量误差也大。所以,在实际测量时,只在 $\frac{1}{5} R_{中} < R_x < 5 R_{中}$ 的范围内测量才比较准确。

(4)由于在实际过程中电表多采用干电池,电源电压在使用过程会变化,因此用 R_w 来调零。

2. 并接式欧姆表

并接式欧姆的原理如图 42-2 所示，E 为电源。表头内阻为 R_g，满刻度电流为 I_g，R 和 R_w 为限流电阻，R_x 为待测电阻，流过表头的电流由下式决定

$$I_x = \frac{R_x}{R_x + R_g} \cdot \frac{E}{R + R_w + R'} \qquad (42-3)$$

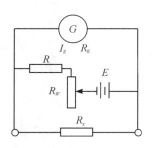

式中 $R' = \dfrac{R_g R_x}{R_g + R_x}$，当 $R + R_w \gg R'$ 时，式（42-3）可以改写为

$$I_x = \frac{R_x}{R_x + R_g} \cdot \frac{E}{R + R_w} \qquad (42-4)$$

图 42-2　并接式欧姆表改装原理图

对于给定的欧姆表（R_g、R、R_w、E 已给定），I_x 仅由 R_x 决定，即 I_x 与 R_x 之间有一一对应的关系。在表头刻度上，将 I_x 表示成 R_x，即成欧姆表。

由图 42-2 和式（42-4）可知，当 R_x 为无穷大时，$I_x = I_g$；当 R_x 为零时，$I_x = 0$。

由此可知：

（1）当 $R_x = R_g$ 时，$I_x = \dfrac{1}{2} I_g$，指针正好位于满刻度的一半，即欧姆表标尺的中心电阻值，它等于表头的内阻。这就是并接式欧姆表中心的意义。

（2）I_x 与 R_x 是非线性关系。当 $R_x \ll R_g$ 时，有 $I_x \approx 0$，此时偏转接近零刻度，随 R 的变化不明显，因而测量误差大；当 $R_x \gg R_g$ 时，$I_x = I_g$，此时误差也大。所以，在实际测量时，只在 $\dfrac{1}{5} R_{中} < R_x < 5 R_{中}$ 的范围内测量才比较准确。

（3）由于在实际过程中电表多采用干电池，电源电压在使用过程会变化，因此用 R_w 来调零。

【仪器介绍】

TKDG-2 型电表改装与校准实验仪。

TKDG-2 型电表改装与校准实验仪集成了可调电压源（带三位半数显）、被改装表的表头、可变电阻箱、校准用三位半数字电压表和电流表等部件。

1. 结构

实验仪器面板结构图如图 42-3 所示，它主要由用作校准用的三位半数字式电压表、三位半数字式电流表及用作被改装的指针式大面板模拟表头、可调电阻与可变电阻箱、固定电阻、可调直流稳压电源等组成。

2. 技术指标

可调直流电压源：0～2 V 输出可调，三位半数字显示。

指针表头：量程 1 mA，内阻 R_g 为 100 Ω。

470 Ω 可调电阻：与表头串联，用于改装表头的内阻。

750 Ω 固定电阻：与 470 Ω 可调电阻一起用于把表头改装为串接式和并接式欧姆计。

可变电阻箱：量程 0～9 999.9 Ω。

数字电压表：量程 0～2 V。

数字电流表：量程 0～20 mA。

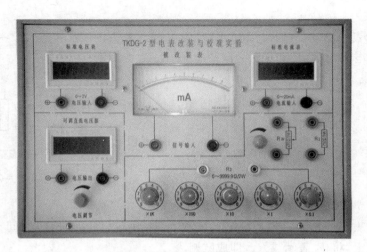

图 42-3　TKDG-2 型电表改装与校准实验面板结构

3. 使用注意事项

(1)注意接入改装表电信号的极性与量程大小,以免指针反偏或过量程时出现"打针"现象。

(2)实验仪提供的标准电流表和标准电压表仅作校准时的标准。

【设计要求】

实验中 $E=1.0\ \mathrm{V}$,$R=750\ \Omega$,可调电位器 $R_w=470\ \Omega$,用电阻箱作为可变外接电阻。

1. 把电流计改装为串接式欧姆表;

2. 把电流计改装为并接式欧姆表;

3. 作 I_x 对 R_x 的电流电阻曲线。

【思考题】

1. 在欧姆表中为什么要设有调零的装置?

2. 试说明用欧姆表测电阻,如果表头的指针正好指在满刻度的一半处,则从标尺读出的电阻值就是该欧姆表的内阻值。

实验 43　用迈克耳孙干涉仪测薄玻璃片的折射率

【实验目的】

1. 进一步熟悉迈克耳孙干涉仪工作的光学原理；
2. 学会用迈克耳孙干涉仪测量薄玻璃片的折射率。

【实验仪器】

迈克耳孙干涉仪　待测薄玻璃片　激光源与白光源　千分尺

【设计要求】

1. 研究迈克耳孙干涉仪的工作原理，及各种干涉条纹的形成条件和变化规律；
2. 研究如何用迈克耳孙干涉仪测量透明薄片的折射率；
3. 设计实验，观察等倾干涉、等厚干涉和白光干涉；
4. 设计实验，利用干涉现象测量透明薄片的折射率。

【参考指南】

1. 章志鸣,沈元华,陈惠芬.光学[M].3 版.北京:高等教育出版社,2000.
2. 杨述武,孙迎春,沈国土.普通物理实验 3:光学部分[M].5 版.北京:高等教育出版社, 2015.
3. 钟双英,郭守晖,李寅.普通物理实验[M].北京:科学出版社,2020.

【实验报告要求】

1. 写明实验的目的、意义；
2. 阐述实验的设计原理；
3. 设计实验步骤；
4. 设计数据记录表格,记录数据并处理；
5. 对测量的结果进行分析和评价。

实验 44　利用双棱镜干涉测单色光波长

【实验目的】

1. 观察双棱镜产生的双光束干涉现象；
2. 学会用双棱镜测定光波波长。

【实验仪器】

双棱镜及其支架　单色光源　不同焦距的透镜　宽度可调的狭缝　读数显微镜（测微目镜）　白屏　光学平台　二维与三维调节架　二维与三维平移底座　升降调节架及其他光学实验室常用的仪器和元件

【设计要求】

1. 内容的研究

(1)分析两束光相干的条件,及相干光、非相干光、部分相干光的区别；
(2)分析干涉相长与干涉相消的条件；
(3)分析两束光的干涉条纹清晰度与哪些因素有关；
(4)分析双棱镜干涉与杨氏双缝干涉的异同；
(5)分析双棱镜干涉实验对光源的大小、强度和单色性的具体要求；
(6)分析双棱镜干涉条纹的清晰度与哪些因素有关。

2. 实验的设计

(1)设计实验,分别测量双棱镜的楔角和折射率；
(2)设计实验,测量双棱镜产生的两虚光源之间的距离；
(3)设计实验,利用双棱镜干涉观察单色光的光谱,并测量单色光的波长；
(4)设计实验,研究双棱镜干涉条纹的清晰度与哪些因素有关,讨论其原因。

【参考指南】

1. 赵凯华,钟锡华.光学(重排本)[M].北京:北京大学出版社,2018.
2. 丁慎训,张孔时.物理实验教程[M].北京:清华大学出版社,1992.
3. 杨述武,孙迎春,沈国土.普通物理实验 3:光学部分[M].5 版.北京:高等教育出版社,2015.
4. 钟双英,郭守晖,李寅.普通物理实验[M].北京:科学出版社,2020.
5. 朱基珍.大学物理实验(提高部分)[M].武汉:华中科技大学出版社,2018.

【实验报告要求】

1. 写明实验的目的、意义；
2. 阐述实验的设计思想、设计过程和设计结果；
3. 进行实验过程的详细记录及数据处理；

4. 记录实验中发现的问题及解决方法；
5. 对实验结果进行分析和讨论；
6. 谈谈对本实验的收获、体会和改进意见。

附　录

附录 A　国际单位制

物理量名称	单位名称	单位中文符号	国际符号	SI 单位形式
长度	米	米	m	
质量	千克(公斤)	千克(公斤)	kg	
时间	秒	秒	s	
电流	安培	安	A	
热力学温标	开尔文	开	K	
物质的量	摩尔	摩	mol	
发光强度	坎德拉	坎	cd	
平面角	弧度	弧度	rad	
立体角	球面度	球面度	sr	
面积	平方米	米^2	m^2	
速度	米每秒	米/秒	m/s	
加速度	米每秒平方	米/秒^2	m/s^2	
密度	千克每立方米	千克/米^3	kg/m^3	
频率	赫兹	赫	Hz	s^{-1}
力	牛顿	牛	N	m・kg・s^{-2}
压力、压强、应力	帕斯卡	帕	Pa	N・m^{-2}
功、能量、热量	焦耳	焦	J	N・m
功率、辐射通量	瓦特	瓦	W	J・s^{-1}
电量、电荷	库仑	库	C	s・A
电位、电压、电动势	伏特	伏	V	W・A^{-1}
电容	法拉	法	F	C・A^{-1}
电阻	欧姆	欧	Ω	V・A^{-1}
磁通量	韦伯	韦	Wb	V・s
磁感应强度	特斯拉	特	T	Wb・m^{-2}
电感	亨利	亨	H	Wb・A^{-1}
光通量	流明	流	lm	cd・sr
光照度	勒克斯	勒	lx	lm・m^{-2}
黏度	帕斯卡秒	帕秒	Pa・s	
表面张力系数	牛顿每米	牛/米	N/m	
比热容	焦耳每千克开尔文	焦/(千克・开)	J・kg^{-1}・K^{-1}	
热导率	瓦特每米开尔文	瓦/(米・开)	W・m^{-1}・K^{-1}	
电容率(介电常数)	法拉每米	法/米	F・m^{-1}	
磁导率	亨利每米	亨/米	H・m^{-1}	

附录 B　物理实验中常用仪器的基本误差允许极限(Δ 值)

仪器名称	条件说明	Δ 值
钢直尺	分度值 1 mm,测量范围 1～300 mm、1～1 000 mm	$\Delta=0.1$ mm(1～300 mm) $\Delta=0.2$ mm(1～1 000 mm)
钢卷尺	分度值 1 mm,测量范围 1 m、2 m	$\Delta=0.8$ mm(1 m) $\Delta=1.2$ mm(2 m)
游标卡尺	测量范围 0～150 mm,分度值 0.02 mm	$\Delta=0.02$ mm
	测量范围 0～150 mm,分度值 0.05 mm	$\Delta=0.05$ mm
螺旋测微计	测量范围 0～25 mm,分度值 0.01 mm	$\Delta=0.004$ mm
物理天平	WL-05,分度值 0.02 g,最大称量 500 g	$\Delta=0.02$ g
	WL-05,分度值 0.05 g,最大称量 500 g	$\Delta=0.05$ g
砝码	1～10 g	$\Delta=0.001$ g
	20 g	$\Delta=0.002$ g
	50 g	$\Delta=0.003$ g
	100 g	$\Delta=0.005$ g
	200 g	$\Delta=0.01$ g
	1 kg	$\Delta=0.005$ kg
机械秒表	型号 505,二级,分度值 0.2 s	物理实验中单次计时(起动和停表各一次)取 $\Delta=0.2$ s
数字式电子秒表	显示最小单位 0.01 s	物理实验中单次计时(起动和停表各一次)取 $\Delta=0.2$ s
数字毫秒计	JSJ-Ⅲ型,显示 4 位,显示最小单位 0.1 ms,最大量程 99.99 s	光电门起动和停止计时,取 $\Delta=0.5$ ms($t<10$ s)
玻璃温度计	全浸温度计,分度值 1℃,测量范围 -30～100℃	$\Delta=1$℃
实验室直流多值电阻器	ZX21 型,各挡×10 000,×1 000,×100,×10,×1,×0.1 等级分别为 0.1,0.1,0.1,0.2,0.5,5 级	$\Delta=\sum a_i\%R_i$ Ω 式中 a_i 为第 i 挡等级指标,R_i 为第 i 挡的示值
	符合部标的 ZX21 型电阻箱,准确度等级 0.1 级	$\Delta=(0.1\%R+0.005)$Ω,R 为电阻箱示值
读数显微镜	JXD 型,分度值 0.01 mm,测量范围 0～50 mm	约为分度值的 $\frac{1}{2}$
磁电系电流表和电压表	量程为 U_m,等级为 a 的电压表	$\Delta=a\%U_m$
	量程为 I_m,等级为 a 的电流表	$\Delta=a\%I_m$

续表

仪器名称	条件说明		Δ 值
直流电桥	QJ23 型,所选倍率为 K		$\Delta = K(0.2\%R_3 + 0.2)\ \Omega$
直流电势差计	UJ36 型	倍率×1	$\Delta = (0.1\%U_x + 50\times10^{-6})\ \mathrm{V}$
		倍率×0.2	$\Delta = (0.1\%U_x + 10\times10^{-6})\ \mathrm{V}$
低频信号发生器	XD-7 型		$\Delta = (2\%f + 1)\ \mathrm{Hz}$
分光计	JJY 型,分度值 1′		$\Delta = 1'$

附录 C　常用物理常数

表 C-1　基本物理常数(1986 年国际推荐值)

物理量名称	符号	数值	单位	不确定度/10^{-6}
真空中的光速	c	$2.997\ 924\ 58 \times 10^8$	$m \cdot s^{-1}$	(精确)
真空磁导率	μ_0	$4\pi \times 10^{-7}$	$H \cdot m^{-1}$	(精确)
真空介电常数	ε_0	$8.854\ 187\ 817 \times 10^{-12}$	$F \cdot m^{-1}$	(精确)
牛顿引力常数	G	$6.672\ 59(85) \times 10^{-11}$	$m \cdot kg^{-1} \cdot s^{-2}$	128
普朗克常数	h	$6.626\ 075\ 5(40) \times 10^{-34}$	$J \cdot s$	0.60
基本电荷	e	$1.602\ 177\ 33(49) \times 10^{-19}$	C	0.30
电子质量	m_e	$0.910\ 938\ 97(54) \times 10^{-30}$	kg	0.59
电子荷质比	$-\dfrac{e}{m_e}$	$-1.758\ 819\ 62(53) \times 10^{11}$	$C \cdot kg^{-1}$	0.30
里德伯常数	R_∞	$1.097\ 373\ 153\ 4(13) \times 10^7$	m^{-1}	0.001 2
阿伏伽德罗常数	N_A	$6.022\ 136\ 7(36) \times 10^{36}$	mol^{-1}	0.59
摩尔气体常数	R	$8.314\ 510(70)$	$J \cdot mol^{-1} \cdot K^{-1}$	8.4
玻尔兹曼常数	K	$1.380\ 658(12) \times 10^{-23}$	$J \cdot K^{-1}$	8.4
精细结构常数	α	$7.297\ 353\ 08(33) \times 10^{-3}$		0.045

表 C-2　常用液体和固体的密度(20℃)

物质	密度/$(kg \cdot m^{-3})$	物质	密度/$(kg \cdot m^{-3})$	物质	密度/$(kg \cdot m^{-3})$
甲醇	792	水银	13 546.2	冰(0℃)	800~920
乙醇	789.4	铝	2 698.9	石英玻璃	2 900~3 000
乙醚	714	铜	8 960	普通玻璃	2 400~2 700
汽油	710~720	铁	7 874	石英	2 500~2 800
变压器油	840~890	银	10 500	钢	7 600~7 900
甘油	1 260	金	19 320	黄铜	8 400~8 700
海水	1 025	锡	7 298	软木	220~260
煤油	800~810	铅	11 350		

表 C-3　在不同纬度处的重力加速度(海平面上)

纬度/度	$g/(m \cdot s^{-2})$	纬度/度	$g/(m \cdot s^{-2})$
0.0	9.780 49	50.0	9.810 79
5.0	9.780 88	55.0	9.815 15
10.0	9.782 04	60.0	9.819 24
15.0	9.783 94	65.0	9.822 94
20.0	9.786 52	70.0	9.826 14
25.0	9.789 69	75.0	9.828 73
30.0	9.793 38	80.0	9.830 65
35.0	9.797 46	85.0	9.831 82
40.0	9.801 80	90.0	9.832 21
45.0	9.806 29	厦门	9.789 03

表 C-4 在 20℃ 时金属的杨氏模量

金属	杨氏模量/(10^{11} N·m^{-2})	金属	杨氏模量/(10^{11} N·m^{-2})
铝	0.69～0.70	铬	2.35～2.45
铁	1.86～2.06	钨	4.07
铜	1.03～1.27	合金钢	2.06～2.16
银	0.69～0.80	碳钢	1.96～2.06
金	0.77	铸钢	1.72
锌	0.78	康铜	1.60
镍	2.03	硬铝合金	0.71

表 C-5 在 0～100℃ 某些固体的线胀系数

金属	线胀系数/(10^{-6}℃)	金属	线胀系数/(10^{-6}℃)
铝	23.8	铅	29.2
铁	12.2	铂	9.1
铜	17.1	钨	4.5
银	19.6	钢(0.05%碳)	12
金	14.3	康铜	15.2
锌	32		

表 C-6 物质中的声速

物质	声速/m·s^{-1}	物质	声速/m·s^{-1}
氧气 0℃(标准状态)	317.2	NaCl 14.8%水溶液 20℃	1 542
氩气 0℃	319	甘油 20℃	1 923
干燥空气 0℃	331.45	铅	1 210
10℃	337.46	金	2 030
20℃	343.37	银	2 680
30℃	349.18	锡	2 730
40℃	354.89	铂	2 800
氮气 0℃	337	铜	3 750
氢气 0℃	1 269.5	锌	3 850
二氧化碳 0℃	258.0	钨	4 320
一氧化碳 0℃	337.1	镍	4 900
四氯化碳 20℃	935	铝	5 000
乙醚 20℃	1 006	不锈钢	5 000
乙醇 20℃	1 168	重硅钾铅玻璃	3 720
丙酮 20℃	1 190	轻氯铜银冕玻璃	4 540
汞 20℃	1 451.0	硼硅酸玻璃	5 170
水 20℃	1 482.9	熔融石英	5 760

表 C-7　部分液体的黏度 η

液体	温度/℃	黏度 η/(10^{-3} Pa·s)	液体	温度/℃	黏度 η/(10^{-3} Pa·s)
汽油	0	1.788	甘油	−20	1.34×10^5
	18	0.530		0	0.121×10^5
变压器油	20	19.8		20	1.50×10^3
葵花籽油	20	50.0		100	12.9
蓖麻油	0	5.30×10^3	乙醇	−20	2.780
	10	2.42×10^3		0	1.780
	15	1.5×10^3		20	1.190
	20	0.986×10^3	水银	−20	1.855
	25	0.621×10^3		0	1.685
	30	0.451×10^3		20	1.544
	35	0.312×10^3	蜂蜜	20	6.5×10^3
	40	0.230×10^3		80	1×10^3

表 C-8　不同温度下与空气接触的水的表面张力系数

温度/℃	表面张力系数/(10^{-3} N·m^{-1})	温度/℃	表面张力系数/(10^{-3} N·m^{-1})	温度/℃	表面张力系数/(10^{-3} N·m^{-1})
0.0	75.62	16.0	73.34	30.0	71.15
5.0	74.90	17.0	73.20	40	69.55
6.0	74.76	18.0	73.05	50	67.90
8.0	74.48	19.0	72.89	60	66.17
10.0	74.20	20.0	72.75	70	64.41
11.0	74.07	21.0	72.60	80	62.60
12.0	73.92	22.0	72.44	90	60.74
13.0	73.78	23.0	72.28	100	58.84
14.0	73.64	24.0	72.12		
15.0	73.48	25.0	71.96		

表 C-9　某些固体和液体的比热容

物质	温度/℃	C/(10^2 J·kg^{-1}·℃$^{-1}$)	物质	温度/℃	C/(10^2 J·kg^{-1}·℃$^{-1}$)
铝（Al）	20	9.04	陶瓷	20~200	7.116~8.791
铁（Fe）	20	4.479	木材	20	12.558
金（Au）	18.15	1.296	水	25	41.73
银（Ag）	18.15	2.364	甲醇	20	24.7
铜（Cu）	18.15	3.850	乙醇	20	24.7
黄铜（Cu70Zn30）	0	3.696	乙醚	20	23.4
玻璃	20	5.9~9.2	变压器油	0~100	18.800
水泥	18~30	8.581	氟利昂-12	20	8.400

表 C-10　铜—康铜热电偶分度表(自由端温度 $T_0 = 0℃$)

温度/℃	热电势/mV									
	0	1	2	3	4	5	6	7	8	9
−10	−0.383	−0.421	−0.458	−0.496	−0.534	−0.571	−0.608	−0.646	−0.683	−0.720
−0	0.000	−0.039	−0.077	−0.116	−0.154	−0.193	−0.231	−0.269	−0.307	−0.345
0	0.000	0.039	0.078	0.117	0.156	0.195	0.234	0.273	0.312	0.351
10	0.391	0.430	0.470	0.510	0.549	0.589	0.629	0.669	0.709	0.749
20	0.789	0.830	0.870	0.911	0.951	0.992	1.032	1.073	1.114	1.155
30	1.196	1.237	1.279	1.320	1.361	1.403	1.444	1.486	1.528	1.569
40	1.611	1.653	1.695	1.738	1.780	1.882	1.865	1.907	1.950	1.992
50	2.035	2.078	2.121	2.164	2.207	2.250	2.294	2.337	2.380	2.424
60	2.467	2.511	2.555	2.599	2.643	2.687	2.731	2.775	2.819	2.864
70	2.908	2.953	2.997	3.042	3.087	3.131	3.176	3.221	3.266	3.312
80	3.357	3.402	3.447	3.493	3.538	3.584	3.630	3.676	3.721	3.767
90	3.813	3.859	3.906	3.952	3.998	4.044	4.091	4.137	4.184	4.231
100	4.277	4.324	4.371	4.418	4.465	4.512	4.559	4.607	4.654	4.701
110	4.749	4.796	4.844	4.891	4.939	4.987	5.035	5.083	5.131	5.179
120	5.227	5.275	5.324	5.372	5.420	5.469	5.517	5.566	5.615	5.663
130	5.712	5.761	5.810	5.859	5.908	5.957	6.007	6.056	6.105	6.155
140	6.204	6.254	6.303	6.353	6.403	6.452	6.502	6.552	6.602	6.652
150	6.702	6.753	6.803	6.853	6.903	6.954	7.004	7.055	7.106	7.156
160	7.207	7.258	7.309	7.360	7.411	7.462	7.513	7.564	7.615	7.666
170	7.718	7.769	7.821	7.872	7.924	7.975	8.027	8.079	8.131	8.183
180	8.235	8.287	8.339	8.391	8.443	8.495	8.548	8.600	8.652	8.705
190	8.757	8.810	8.863	8.915	8.968	9.024	9.074	9.127	9.180	9.233
200	9.286	9.339	9.392	9.446	9.499	9.553	9.606	9.659	9.713	9.767

表 C-11　汞灯光谱线波长

颜色	波长/nm	相对强度	颜色	波长/nm	相对强度
	237.83	弱		292.54	弱
	239.95	弱		296.73	强
	248.20	弱		302.25	强
紫	253.65	很强	紫	312.57	强
外	265.30	强	外	313.16	强
部	269.90	弱	部	334.15	强
分	275.28	强	分	365.01	很强
	275.97	弱		366.29	强
	280.40	弱		370.42	弱
	289.36	弱		390.44	弱

续表

颜色	波长/nm	相对强度	颜色	波长/nm	相对强度
紫	404.66	强	黄绿	567.59	弱
紫	407.78	强	黄	576.96	强
紫	410.81	弱	黄	579.07	强
蓝	433.92	弱	黄	585.93	弱
蓝	434.75	弱	黄	588.89	弱
蓝	435.83	很强	橙	607.27	弱
青	491.61	弱	橙	612.34	弱
青	496.03	弱	橙	623.45	强
绿	535.41	弱	红	671.64	弱
绿	536.51	弱	红	690.75	弱
绿	546.07	很强	红	708.19	弱
	773	弱		1 530	强
	925	弱		1 692	强
红	1 014	强	红	1 707	强
外	1 129	强	外	1 813	弱
部	1 357	强	部	1 970	弱
分	1 367	强	分	2 250	弱
	1 396	弱		2 325	弱

表 C-12　常用光源的光谱线波长

光源	λ/nm	光源	λ/nm
H(氢)	656.28 红		626.65 橙
	486.13 蓝绿		621.73 橙
	434.05 紫		614.31 橙
	410.17 紫		588.19 黄
	397.01 紫		585.25 黄
He(氦)	706.52 红	Na(钠)	589.592(D1)黄
	667.8 红		588.995(D2)黄
	587.56(D3)黄	Hg(汞)	623.44 橙
	501.57 绿		579.07 黄$_2$
	492.19 蓝绿		576.96 黄$_1$
	471.31 蓝		546.07 绿
	447.15 紫		491.60 蓝绿
	402.62 紫		435.83 紫$_2$
	388.87 紫		404.66 紫$_1$
Ne(氖)	650.65 红	He-Ne 激光	632.8 橙
	640.23 橙	Cd(镉)	643.847 红
	638.30 橙		508.582 绿

表 C-13　某些液体的折射率

物质名称	温度/℃	折射率
水	20	1.333 0
乙醇	20	1.361 4
甲醇	20	1.328 8
苯	20	1.501 1
乙醚	22	1.351 0
丙酮	20	1.359 1
二硫化碳	18	1.625 5
三氯甲烷	20	1.446
甘油	20	1.474
加拿大橡胶	20	1.530

表 C-14　某些固体的折射率

固体	折射率	固体	折射率
氯化钾	1.490 44	火石玻璃 F8	1.605 51
冕玻璃 K6	1.511 10	重冕玻璃 ZK6	1.612 60
K8	1.515 90	ZK8	1.614 00
K9	1.516 30	钡火石玻璃	1.625 90
钡冕玻璃	1.539 90	重火石玻璃 ZF1	1.647 50
氯化钠	1.544 27	ZF6	1.755 00

参考文献

[1]张昱,秦平力.大学物理实验:基础篇[M].北京:北京大学出版社,2022.

[2]吴泳华,霍剑青,浦其荣.大学物理实验:第一册[M].2 版.北京:高等教育出版社,2005.

[3]张兆奎,缪连元,张力,等.大学物理实验[M].4 版.北京:高等教育出版社,2016.

[4]王永祥,耿志刚.大学物理实验[M].北京:高等教育出版社,2016.

[5]张春玲,刘丽飒,牛紫平.大学基础物理实验[M].北京:高等教育出版社,2019.

[6]杨延欣.大学物理实验[M].3 版.北京:科学出版社,2021.

[7]钟双英,郭守晖,李寅.普通物理实验[M].北京:科学出版社,2020.

[8]杨述武,孙迎春,沈国土.普通物理实验 1:力学、热学部分[M].5 版.北京:高等教育出版社,2015.

[9]杨述武,孙迎春,沈国土.普通物理实验 2:电磁学部分[M].5 版.北京:高等教育出版社,2015.

[10]杨述武,孙迎春,沈国土.普通物理实验 3:光学部分[M].5 版.北京:高等教育出版社,2015.

[11]杨述武,孙迎春,沈国土.普通物理实验 4:综合设计部分[M].5 版.北京:高等教育出版社,2015.

[12]朱基珍.大学物理实验:提高部分[M].武汉:华中科技大学出版社,2018.

[13]吕斯骅,段家忯.新编基础物理实验[M].北京:高等教育出版社,2006.

[14]沈元华.设计性研究性物理实验教程[M].上海:复旦大学出版社,2004.

[15]潘云,朱娴,杨强.大学基础物理实验[M].重庆:重庆大学出版社,2021.